U0332055

溶剂萃取锌理论及技术

Theory and Technique of Zinc Solvent Extraction

杨声海　编著
Yang Shenghai

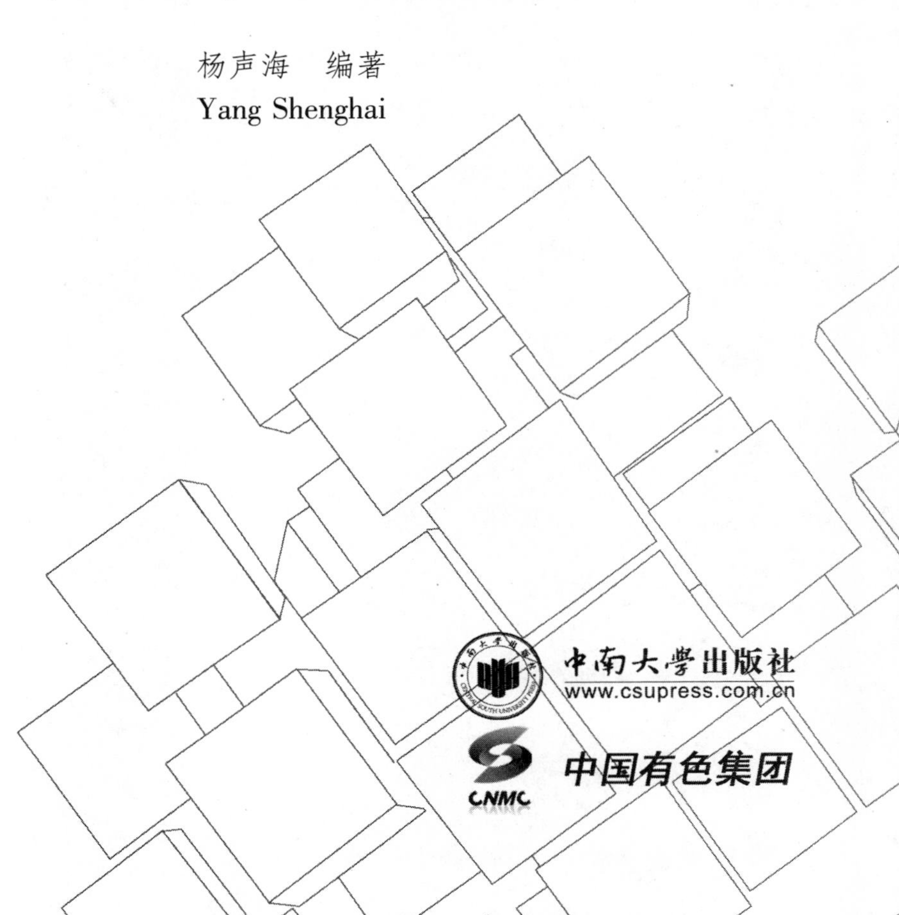

内容简介

Introduction

本书是专门针对湿法锌冶金溶剂萃取过程理论与技术应用方面的著作。书中第1章简要介绍世界锌的产量与锌冶炼工艺，第2章与第3章分别介绍锌分离萃取剂种类、萃取过程热力学与动力学；第4至第7章分别介绍从氯化物、硫酸盐体系中萃取回收锌的工艺与工业实践；第8章介绍锌萃取反萃液中有机相脱除方法与设备。每章都列出了详细的目录与参考文献，以便于读者查阅。本书可供湿法冶金的技术人员使用，也可为从事锌二次资源循环利用的人员提供参考。

作者简介

About the Author

杨声海　1969年生，1993年本科毕业于中南工业大学冶金物理化学研究所，2003年6月获中南大学有色金属冶金专业工学博士学位。2008年1月至2009年1月在美国Clorado School of Mines冶金与材料系做访问学者。2011年晋升为教授，2012年起担任博士生导师。

主要从事有色重金属与贵金属矿物资源提取与废旧物料回收的湿法冶金，以及电化学合成与纯化制备高纯有色金属有机化合物的技术研究。主持完成国家"863"计划项目、国家自然科学基金资助项目与国家博士后科学基金项目各2项，横向项目多项；正在进行研究的国家自然科学基金、国家自然科学基金重点项目子项与国家"973"计划项目子项各一项。申请发明专利40余项（第一发明人14项，7项已授权），参编著作2种；在各种核心刊物上发表论文100余篇。获得中国有色金属工业协会三等奖1项，2009年获"湖南省青年骨干教师"培养计划对象资助，2012年获得江苏省"双创"人才计划资助。

编辑出版委员会

Editorial and Publishing Committee

国家出版基金项目
有色金属理论与技术前沿丛书

总序

Preface

当今有色金属已成为决定一个国家经济、科学技术、国防建设等发展的重要物质基础，是提升国家综合实力和保障国家安全的关键性战略资源。作为有色金属生产第一大国，我国在有色金属研究领域，特别是在复杂低品位有色金属资源的开发与利用上取得了长足进展。

我国有色金属工业近30年来发展迅速，产量连年来居世界首位，有色金属科技在国民经济建设和现代化国防建设中发挥着越来越重要的作用。与此同时，有色金属资源短缺与国民经济发展需求之间的矛盾也日益突出，对国外资源的依赖程度逐年增加，严重影响我国国民经济的健康发展。

随着经济的发展，已探明的优质矿产资源接近枯竭，不仅使我国面临有色金属材料总量供应严重短缺的危机，而且因为“难探、难采、难选、难冶”的复杂低品位矿石资源或二次资源逐步成为主体原料后，对传统的地质、采矿、选矿、冶金、材料、加工、环境等科学技术提出了巨大挑战。资源的低质化将会使我国有色金属工业及相关产业面临生存竞争的危机。我国有色金属工业的发展迫切需要适应我国资源特点的新理论、新技术。系统完整、水平领先和相互融合的有色金属科技图书的出版，对于提高我国有色金属工业的自主创新能力，促进高效、低耗、无污染、综合利用有色金属资源的新理论与新技术的应用，确保我国有色金属产业的可持续发展，具有重大的推动作用。

作为国家出版基金资助的国家重大出版项目，“有色金属理论与技术前沿丛书”计划出版100种图书，涵盖材料、冶金、矿业、地学和机电等学科。丛书的作者荟萃了有色金属研究领域的院士、国家重大科研计划项目的首席科学家、长江学者特聘教授、国家杰出青年科学基金获得者、全国优秀博士论文奖获得者、国家重大人才计划入选者、有色金属大型研究院所及骨干企业的顶尖专家。

国家出版基金由国家设立，用于鼓励和支持优秀公益性出版项目，代表我国学术出版的最高水平。“有色金属理论与技术前沿丛书”瞄准有色金属研究发展前沿，把握国内外有色金属学科的最新动态，全面、及时、准确地反映有色金属科学与工程技术方面的新理论、新技术和新应用，发掘与采集极富价值的研究成果，具有很高的学术价值。

中南大学出版社长期倾力服务有色金属的图书出版，在“有色金属理论与技术前沿丛书”的策划与出版过程中做了大量极富成效的工作，大力推动了我国有色金属行业优秀科技著作的出版，对高等院校、研究院所及大中型企业的有色金属学科人才培养具有直接而重大的促进作用。

王淀佐

2010 年 12 月

序 / Preface

锌是第三大有色金属，它作为防腐材料、能源材料和磁性材料的重要原料，广泛用于车辆、桥梁、舰船、建筑、能源等行业。锌不仅作为金属防护材料在民用领域大量使用，而且也是国防工业与高新技术产业的主要原材料。

2002年以来，我国锌产量和消费量均居世界第一位。2014年精锌产量为582.7万吨，消费量为642万吨，占世界总消费量的46.50%。随着有色金属冶炼技术的快速发展，我国已探明的优质硫化锌资源接近枯竭，面临锌资源供应严重短缺的危机，因此氧化矿、炼铁与炼铅产氧化锌烟灰、有色金属再生回收产生的含锌渣与烟灰等物料，将成为提取锌的重要原料，因而对传统的选矿、冶金、材料与环境等科学技术提出了巨大的挑战。我国锌冶金技术的发展需要有适应我国锌资源低质化特点的新理论、新技术，以提高我国锌冶金工业的自主创新能力，促进高效、低耗、无污染利用锌资源的新理论与新技术的发展，以确保我国锌工业的可持续发展。

本书作者长期从事氧化锌烟灰等锌的二次资源及氧化锌矿提取锌的新理论、新工艺、新技术的研究、开发及推广工作。在研究开发Me(II) $-NH_3-NH_4Cl$ 法(MACA)的回收重金属的同时，收集、参阅和翻译了萃取法提取锌的大量国外文献资料，把握了国内外锌冶金的最新动态，全面、及时地介绍、准确地描绘锌萃取的新理论、新技术与新应用，汇集丰富的研究成果，具有很高的学术价值和指导意义。

中南大学出版社长期倾力服务于有色金属图书的出版，在本书的策划与出版过程中做了大量极富成效的工作，大力推动了我国有色金属行业优秀著作的出版，对高等院校、研究院所及大中型企业的有色金属学科人才培养起到了直接的促进作用。

唐谟堂

2015 年 3 月

前言

Foreword

随着有色金属工业的发展，已探明的高品位硫化锌精矿逐渐枯竭；氧化锌矿及含锌物料，如废锌电池、钢铁厂的瓦斯泥与烟灰、铅炉渣烟化炉烟灰等的处理，必将成为回收处理与提取技术发展的方向。作为回收率高、高效低耗、综合利用多种有色金属的新理论与新技术——溶剂萃取技术，已经在国内外很多企业得到了应用。

本书共分8章，第1章绪论介绍了世界锌的产量与锌冶炼工艺；第2章介绍了萃取剂种类，酸性、碱性、中性与混合萃取剂从氯化物体系中萃取锌的萃取平衡与锌-氯配合物的稳定常数，酸性与螯合萃取剂与硫酸盐体系锌离子与其他金属离子的萃取平衡线，以及锌与其他金属离子萃取分离常数；第3章介绍了D_2EHPA从$ZnSO_4$溶液中萃取与反萃锌过程的热力学与动力学。第4章介绍了从黄铁矿烧渣氯化焙烧含锌浸出液中，仲胺阴离子萃取—D_2EHPA两个循环萃取分离回收锌的ZINCEX工艺流程、参数与技术经济指标；第5章介绍了从电镀锌或热镀锌酸洗废液中，通过离子交换提取—溶剂萃取回收锌的METSEP工艺流程、参数与技术经济指标；第6章介绍了MPZ工艺在氧化锌矿的应用及其工艺流程、参数、技术经济指标与存在的主要问题；第7章介绍了其他萃取工艺，金属硫化矿中高浓度NH_4Cl溶液加压氧浸与萃取回收CENIM-LNETI工艺，从铅冶炼氧化锌烟灰、人造纤维厂弱酸性污水、粗硫酸镍溶液中萃取锌；第8章介绍了反萃液中有机相脱除方法与设备。

本书附录中列出了从$ZnSO_4$溶液中D_2EHPA萃取锌的萃取动力学参数。

本书收集整理了大量国内外有关萃取锌的文章、专利、会议报告以及课题组的研究成果，以此为基础编辑成稿。

本书可供湿法冶金的同行及其他从事有色金属萃取冶金的科研人员、大专院校师生阅读。

由于作者学识水平有限，书中错误在所难免，敬请各位同行和读者指正，以便在再版时修正。对本书存在的问题与建议请发邮件至 yangsh@ mail. csu. edu. cn，不胜感谢。

杨声海

2014 年 12 月 12 日于岳麓山下

目录

Contents

第1章 绪 论

1.1 锌的性质与用途

锌是元素周期表中的IIB族元素，原子序数为30，原子量65.38。锌原子外层电子排列$3d^{10}4s^2$，密度7.14 g/cm^3(298K)，熔点692.7K，沸点1180K。

锌在常温下干燥的空气中比较稳定，但在湿空气中和有二氧化碳存在时，表面逐渐被氧化，包覆一层致密的灰白色的碱式碳酸锌$ZnCO_3 \cdot 3Zn(OH)_2$膜，该膜可以保护金属锌不再被氧化。一氧化碳和水蒸气在高温(锌的沸点以上)下可使锌蒸气迅速氧化生成氧化锌。

锌能溶于硫酸或盐酸中，由于溶解时析出氢的超电压会阻碍锌溶解过程的进行，故一般可以视为纯锌和纯硫酸或纯盐酸不发生化学反应。但锌中如有杂质存在时则被溶解，一般杂质愈多溶解速度愈快，商品锌由于含有杂质故易被硫酸和盐酸溶解。金属锌颜色为银白略带蓝灰色，六面体晶体，其新鲜断面呈现出有金属光泽的结晶形状。锌在硝酸及热浓硫酸中溶解时放出氮的氧化物和二氧化硫气体。

锌的延展性好，可以拉成丝或轧制成片。常温下机械加工将导致其越加工越硬，通常称为冷作硬化现象，故锌的机械加工常在高于其再结晶的温度下进行，一般在373~423℃作机械加工最适宜。

锌的熔点较低，熔体流动性好，锌合金易于压成型，铸造过程中可使铸模各细小部分充满，使它在制造异型工件方面具有显著的优点，故锌被广泛应用于制造各种压铸件。此外，锌合金铸件表面平整，易于抛光，吸附性强，使它在电镀、喷涂等加工处理方面有良好的性能，因而锌合金压铸产品不仅实用性强，而且易于实现制品的美观效果。锌还具有较好的抗腐蚀性能，常作为钢铁的保护层，其消耗量占世界锌消耗量的近一半。镀锌钢材包括板带、丝网、钢管、零部件及结构钢等，主要用于机场与大型建筑物顶的钢结构、电力工厂与电力输送塔、跨海大桥、道路建设与附属设施等。锌做为电池的负极材料，用于锌-碳、锌-氯、锌-镍、银-锌、锌-空气以及碱性锌-锰电池中。氧化锌是印染业、医药业、橡胶业的重要原料和添加剂。因此，锌的用途广泛，主要应用于镀锌、压铸件、干电池、铜合金、锌材以及锌的化合物生产等方面。

据国际铅锌研究组织(The International Lead and Zinc Study Group, ILZSG)报道，近几年世界主要国家或地区的锌消费量见表1-1[1]。

表1-1 2010—2014年世界主要国家或地区的锌消费量[1]/kt

国家或地区	2010	2011	2012	2013	2014
欧洲	2489	2513	2355	2348	2361
美国	892	928	904	935	963
中国	5403	5458	5343	5748	6421
印度	579	513	586	655	658
日本	516	501	479	498	506
韩国	538	545	561	570	608
其他国家	2231	2240	2158	2216	2293
世界总消耗量	12649	12699	12386	12970	13809

世界锌消费领域与最终使用市场各部分所占的比例见图1-1[2]。

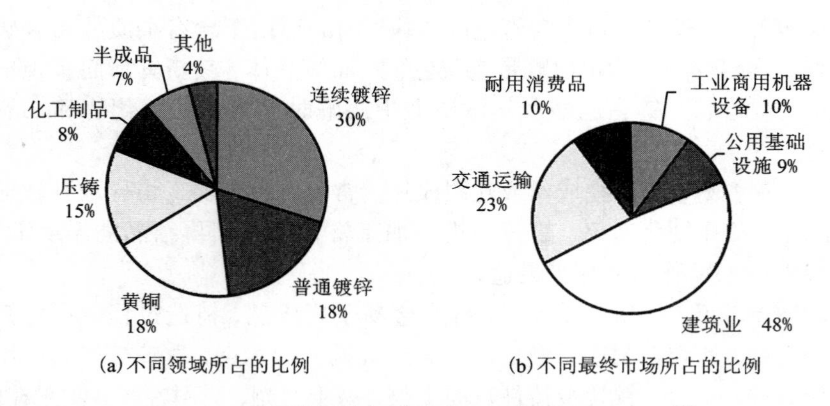

图1-1 世界锌消费领域、最终使用市场所占比例[2]

我国在产业结构和经济发展水平等方面与发达国家有一定差别，因此锌主要消费领域的使用情况也与发达国家不完全相同。特别由于我国是世界上最大的干电池生产国和出口国，所以干电池生产消费的锌所占比重较大，导致其他消费领域所占比重相对小一些。

近年来，随着我国高速铁路、高速公路、机场等基础建设的速度加快，以及汽车、家用耐用电器的进一步普及，我国镀锌用量大幅度增加，2005 年我国共有钢铁企业镀锌生产线 142 条，其中当年增加 46 条，年生产能力 3168 万 t，目前镀锌消费锌量在 100 万 t 以上。随着国内热镀锌钢板用量的急剧增加，我国的锌消费量这几年也保持了较高的增长幅度。

1.2 锌的产量

据国际铅锌研究组织(ILZSG)报道，近几年世界主要国家或地区的精锌产量见表 1－2[1]。

表 1－2 2010—2014 年世界主要国家或地区的精锌产量[1]/kt

国家或地区	2010	2011	2012	2013	2014
欧洲	2382	2425	2412	2394	2479
加拿大	691	662	649	652	648
墨西哥	328	322	320	327	324
秘鲁	223	314	319	346	336
美国	251	241	265	233	178
中国	5209	5212	4881	5100	5827
印度	746	780	715	788	706
日本	574	545	571	587	583
哈萨克斯坦	319	320	317	316	324
韩国	750	828	877	886	895
澳大利亚	499	515	501	498	485
其他国家	925	900	802	745	726
世界总消耗量	12896	13064	12630	12873	13513

2002 年以来，我国锌产量和消费量均居世界第一位。2010 年，我国锌消费量为 495 万 t，占世界总消费量的 40.9%。随着国民经济的快速发展，国内锌的消费将继续增长，供需缺口将继续扩大。近几年我国锌的生产、进口和消费情况见表 1－3。

表1-3 2004—2010年我国锌的生产、进口和消费量

	2004	2005	2006	2007	2008	2009	2010
精锌产量/万t	252.2	271.08	315.3	374.26	404.23	428.63	504
锌消耗量/万t	255.12	305.23	340	359.21	414.52	435.00	495
矿锌产量/万t	239.1	182.05	214.2	304.77	334.26	332.44	370
锌净进口量/万t	16.02	123.18	125.8	54.44	80.26	102.56	125

资料来源：中国有色金属工业协会。

1.3 锌的冶炼技术

1.3.1 硫化锌精矿的冶炼

世界锌冶炼原料以硫化锌精矿为主，其冶炼工艺以湿法炼锌为主，湿法炼锌产量占锌总产量的80%以上。湿法炼锌首先要通过沸腾炉焙烧脱硫，产出的氧化锌焙砂经过废电解液浸出、净化、电积等工序处理后得到电锌。由于锌精矿中含5%~20%的铁，按焙砂浸出过程中锌-铁分离方法的不同，湿法炼锌可分为常规法(采用回转窑挥发处理中性浸出渣)、黄钾铁矾法、针铁矿法与赤铁矿法，其中前三种方法采用较多。

火法炼锌工艺为硫化锌精矿烧结焙烧，再碳还原挥发金属锌，经过冷凝、精馏后得到高纯度金属锌，采用的还原设备有竖罐、横罐和密闭鼓风炉。竖罐和横罐炼锌，由于存在环境污染、劳动条件差、能耗高、不利于综合回收等缺点，已基本被淘汰；密闭鼓风炉冶炼(ISP)可以同时处理铅锌混合精矿，能耗低，并能解决火法冶炼的环境污染问题，具有较好的发展前景。

常规湿法炼锌与ISP炼锌所需要的能量与CO_2排放量分别见图1-2、图1-3[3]。

常规湿法炼锌与ISP法炼锌每生产1 kg锌分别需要消耗能量24 MJ和29 MJ，CO_2的排放量分别为2.36 t/t锌与3.3 t/t锌。

另外，还有少量厂家采用全湿法炼锌工艺，即硫化锌精矿直接加压氧浸和常压富氧直接浸出工艺。硫化锌氧压浸出技术起源于加拿大，目前世界上有6家工厂在采用[4,5]。1977年，加拿大Sherritt Gordon公司与Cominco公司联合进行了半工业试验研究；1981年在Trail建立了第一个3万t/a的锌精矿加压氧浸车间；1983年，在Timmins建成第二个2万t/a的锌精矿加压氧浸锌车间；1991年，德国Ruhr锌厂建成了5万t/a的加压氧浸锌车间。上述三个工厂的加压氧浸锌工艺与传统的焙烧—浸出—电积工艺并存。1993年，加拿大Hudson Bay Mining and Smelting公司建成了世界上第一座两段氧压浸出锌冶炼厂，产金属锌8万t/a；2002年，哈萨克斯坦引进加拿大Cominco公司的氧压浸出技术并已顺利投产，产

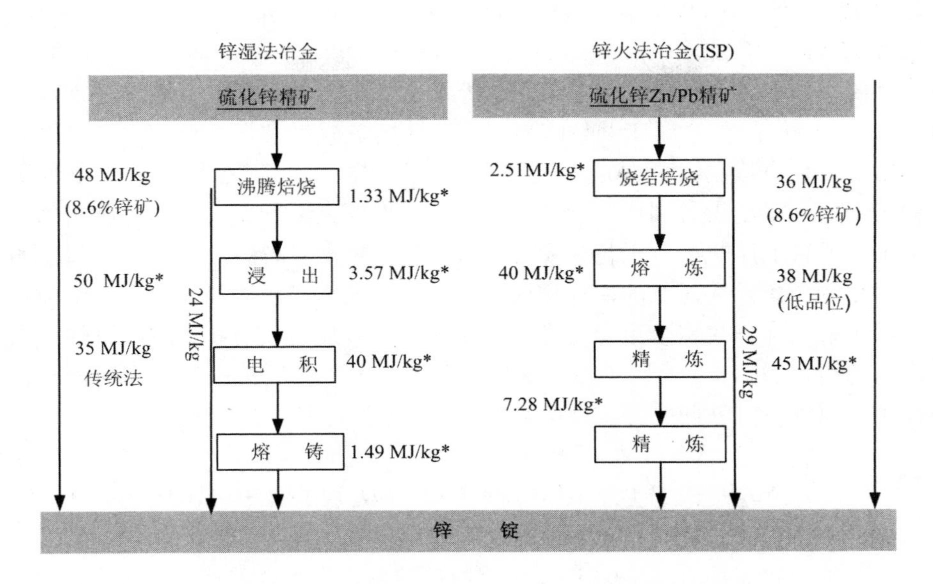

图1－2 常规湿法炼锌与ISP炼锌的所需要的能量比较[3]

＊表示高品位矿

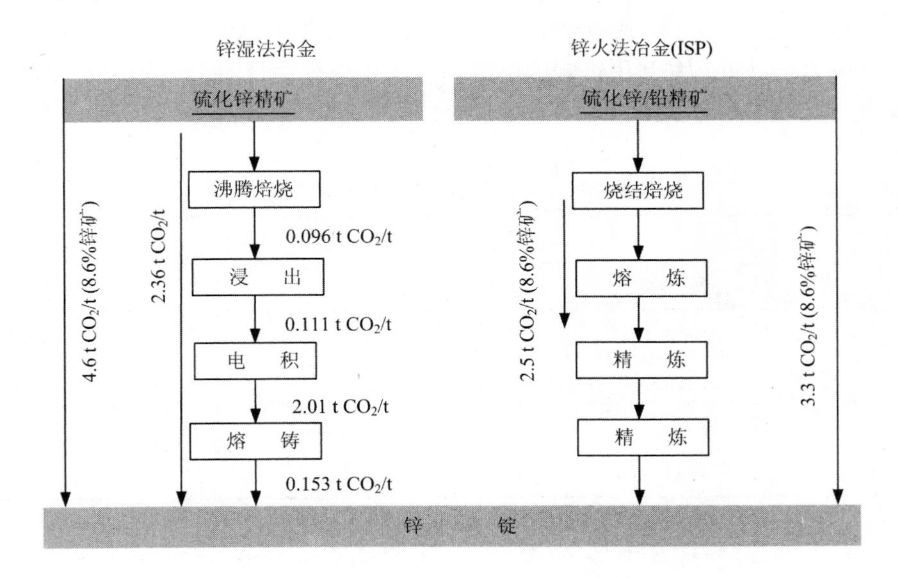

图1－3 常规湿法炼锌与ISP炼锌的 CO_2 排放量比较[3]

金属锌11.5万t/a；2009年，中金岭南丹霞山冶炼厂引进国外加压氧浸技术，产金属锌15万t/a。加压氧浸技术具有工艺流程简单、基建投资省、占地面积少，有价金属回收率高，元素硫便于储存、利用灵活等优点。其主要缺点是加压釜材质要求高，渣中的重金属离子与硫酸根将对环境造成污染。

常压富氧直接浸出[6,7]是原奥托昆普公司开发的新工艺，它规避了加压氧浸过程采用的高压釜设备制作要求高、操作控制难度大等问题，采用常压富氧直接浸出工艺代替加压氧浸锌工艺，从而达到锌浸出回收率高的目的。常压富氧直接浸出硫化锌精矿是在通氧的搅拌槽内完成的，要求精矿粒度越细越好；细粒度硫化锌精矿采用沸腾焙烧会很容易进入烟尘，从而增加回收负担，因此焙烧与直接浸出两者结合的新工艺，既可取长补短，又可扩大产能。常压富氧直接浸出硫化锌精矿的原理是沉铁回路提供铁的来源，铁渣与废电解液反应如下：

$$2FeOOH + 3H_2SO_4 = Fe_2(SO_4)_3 + 4H_2O \quad (1-1)$$

$$Fe_2O_3 \cdot xH_2O + 3H_2SO_4 = Fe_2(SO_4)_3 + (3+x)H_2O \quad (1-2)$$

$$2FeOHSO_4 + H_2SO_4 = Fe_2(SO_4)_3 + 2H_2O \quad (1-3)$$

闪锌矿中的硫被溶液中的 Fe^{3+} 氧化成单质硫，而锌形成硫酸锌进入溶液，总反应如下：

$$ZnS + 2Fe^{3+} = Zn^{2+} + 2Fe^{2+} + S^0 \quad (1-4)$$

此外，生成的 Fe^{2+} 可被氧气再氧化成 Fe^{3+} 继续参与反应。浸出渣送往浮选车间回收Pb-Ag渣并得到硫精矿，再进一步处理以回收铅、银、硫等。得到的硫酸锌溶液进一步处理后，用传统的电沉积方法提取锌。目前世界采用常压富氧直接浸出工艺的工厂见表1-4。

表1-4 常压富氧直接浸出锌的厂家[7]

公司	国家	厂名	规模/(万 $t \cdot a^{-1}$)	建成时间
新波立顿公司	芬兰	科科拉	5	1998
新波立顿公司	芬兰	科科拉	5	2001
新波立顿公司	挪威	澳达	5	2004
韩国锌联合公司	韩国	温山	20	1994
株洲冶炼集团股份有限公司	中国	株洲冶炼厂	15	2009

常压富氧直接浸出锌工艺的优点是：不需要高压釜设备，不产生 SO_2，硫以元素 S^0 回收；锌回收率高，操作与维护容易。其缺点在于：浸出效率低，需要22~24 h才能达到加压氧浸2 h的浸出率；搅拌浆在釜下密封，需要定期更换、清洗、补漏，需要备用大槽子放空溶液；釜敞开操作，溶液温度要保持90℃，热

损失较大，不能回收利用。

1.3.2 氧化锌矿的冶炼

近年来，国内外在氧化锌矿的浮选药剂和浮选工艺[8,9]方面进行了大量的研究，开发了多项氧化锌矿的浮选方法，如：加温—硫化—黄药浮选法、硫化—胺浮选法、脂肪酸直接浮选法、高碳长链SH基捕收剂浮选等，其中硫化—胺浮选法是最主要的。但选别指标低：锌精矿品位35%～38%，个别达40%，回收率平均68%左右，最高达78%。

氧化锌矿的冶金处理工艺有火法挥发富集法、硫酸浸出—电积法、硫酸浸出—溶剂萃取—电积法及氨法四大类。

(1)火法挥发富集法

将低品位氧化矿经过韦氏炉或回转窑挥发焙烧[10]，得到品位较高的氧化锌烟尘，作为火法或湿法炼锌原料。但该方法有以下一些缺点：锌回收率低，能耗高，需要大量的煤炭资源；烟尘大，环境污染严重。

(2)浸出—电积法

目前研究该方法的文献报道最多，一般采用中浸与酸浸两段浸出，又根据矿物原料的不同在酸性浸出时采用不同的酸度。例如云南祥云县飞龙实业有限责任公司[11]处理含锌15%～40%的氧化锌矿，采用中性与酸性浸出，即先将氧化锌矿粉进行中性浸出，始酸pH为3.0～3.5，终点pH 5.0～5.2；再进行低酸浸出，即在中性浸出渣中加入硫酸浸出，控制终点pH 1.5～3.0，该方法也可与传统的湿法炼锌工艺结合。但该方法终点pH为1.5～3.0，不能用于处理含硅酸锌、铁酸锌高的氧化锌矿。而对于这些矿，必须采用更高的酸度，甚至达到几摩尔的酸度[12]，这样大量的硫酸铁及硅酸溶解进入浸出液中，在中性浸出过程中极易形成胶体。

(3)硫酸浸出—溶剂萃取—电积(SX-EW)法

ZincOx公司的纳米比亚斯科皮昂(Skorpion)锌矿的冶炼厂[13,14]使用该工艺直接从含碳酸锌和硅酸锌的氧化锌矿石中提取金属锌，在2003年5月生产出了该矿的第一批金属锌，成为世界上第一家也是仅有的采用该方法大规模产业化处理低品位氧化锌矿的公司，冶炼厂锌的生产成本是440美元/t Zn。该工艺首先用硫酸在常压下浸出矿石中的锌，接着用中和法沉淀铁和铝；再用D_2EHPA从浸出液中萃取锌，与其他杂质金属分离；最后反萃和电积锌。据其经营主任Andrew Waollett称：SX－EW工艺虽然是第一次用于生产锌，但它并非是一种革新性的技术。

(4)氨法

前面两种湿法方法处理含Ca、Mg高的低品位氧化锌矿时，每吨锌的硫酸消耗量大，生产成本高。对于含Ca、Mg高或Fe、Si高的氧化锌矿，均可采用NH_3

溶液、NH_4Cl[15]、$NH_3-NH_4HCO_3$溶液[16]或$NH_3-(NH_4)_2SO_4$溶液[17]浸出，再进行处理制取等级、纳米氧化锌。这些方法除$NH_3-NH_4HCO_3$法有少数厂家用于生产等级或活性氧化锌外，其余方法均没有得到工业应用。氨法浸出与净化具有过滤容易、设备简单、除杂容易、浸出剂消耗少，且没有中和除杂产生的大量废渣等优点。

1.3.3 氧化锌物料的处理

据世界铅锌研究组织(ILZSG)统计，2007年全世界电弧炉(EAF)烟灰有730万t，主要成分为铁，含锌18%~35%，含金属锌量约150万t。

我国是世界第一大钢铁生产国,年产钢铁5亿t以上，每生产1 t钢产生10~15 kg含锌高炉瓦斯泥，产出瓦斯灰500万~700万t，含金属锌量50万t以上。瓦斯泥主要含铁、碳、锌，还有铅、氟、氯、CaO、SiO_2、Al_2O_3、Na_2O、K_2O等，由于瓦斯泥具有成分复杂、粒度细小、水分含量波动大等缺点，因此对它的利用较为困难。按美国等西方发达国家的法律，此类含铅、锌的钢铁烟尘被划归为“有毒固体废物”，要求对其中的铅、锌等进行回收或钝化处理，否则必须密封堆放。在我国，主要采用回转窑挥发的方法富集次氧化锌，但能耗高、污染严重。

我国2011年生产金属铅近500万t，铅冶炼过程中产生含锌约10%的炉渣，炉渣经过烟灰炉挥发得到次氧化锌烟灰，每年产生的次氧化锌烟灰为60万t，含锌30%~50%、铅8%~20%、氯0.5%~3%、氟0.1%~0.3%以及砷、锑等。由于氟氯砷锑含量高，进入现有的硫酸体系炼锌流程，会发生阴极烧板与加剧阳极腐蚀的现象。

对于含氟、氯等杂质的次氧化锌物料的处理，国内外一般采用碱洗脱氯后进入硫酸法电积生产金属系统，也有用于直接生产硫酸锌、氯化锌的工艺。其他还有意大利的EZINEX工艺[18-20]和中南大学的MACA工艺[21-23]。

其中，意大利Engitec公司[18-20]发明了EZINEX工艺，即采用氯化铵-碱金属氯化物溶液在80℃以上温度浸出锌、铅、镍、镉以及钾、钠、钙，再经锌粉置换净化与电积得到金属锌；部分溶液经碳酸化除钙、再浓缩结晶得氯化钾、氯化钠。该工艺1994年第一次在意大利Udine附近的Ferriere Nord厂投入使用，设计能力为处理电弧炉烟灰12000 t/a，电解锌2000 t/a，后由于成本问题停产。

中南大学自主开发的MACA工艺[21-23]采用$Zn(II)-NH_3-NH_4Cl-H_2O$溶液处理次氧化锌烟灰，是经常温浸出、锌粉两步逆流置换净化、电积等工序生产高纯度金属锌的新工艺。2009年在衡阳子廷有色金属公司建成了MACA法处理铅冶炼炉渣烟化挥发次氧化锌烟灰,年产3000 t电锌的生产线；2011年在江苏南通恒运废旧金属回收有限公司建成了第二条处理钢铁厂烟尘挥发次氧化锌烟灰，年产1000 t电锌的生产线；2012年，江西南城鑫业环保处置有限公司投产了电锌5000 t/a的生产线。该工艺简单、流程短，仅需要常温浸出、锌粉两步逆流置换、净化、电积4个工序就可产出金属锌；溶液中的有机物、引起硫酸锌体系电积烧板的砷、锑、镍等杂质对 $Zn(II)-NH_3-NH_4Cl-H_2O$ 体系电积过程影响不大，不会引起阴极锌板烧板，电流效率≥94%，电积直流电耗≤2700 kWh/t 锌；浸出与净化过程不要加热，减少了能耗与投资；对硫酸锌体系电积锌有害的氟、氯，在本体系中，氟残存在浸出渣中、氯浸出进入溶液变为电解质。

1.4 锌的溶剂萃取

据国际锌协会报道，世界再生锌（包括金属和化合物）产量的增长速度为原生锌的3倍。全球回收的镀锌钢“旧”废料，1995年为650万t，到2005年升至1000万t。虽然许多锌产品的使用寿命很长，难以准确估计从“旧”废料中回收的锌量，但据 Union Miniere 公司（现为 Umicore 公司）的估计，“新”废料中锌的回收率为95%，“旧”废料中锌的回收率为66%。

巴塞尔公约把镀锌废料列入“绿色”一类，因此可以跨国运输，欧盟关于报废汽车的指令规定，2005年1月以后销售的汽车，必须可回收其重量的85%，2015年这一指标要达到95%，这一规定将导致汽车车体使用更多的镀锌板。随着锌消费量的增长，锌废料的产生量必然增加，同时随着锌回收技术的进步，锌回收率也将提高。从上述趋势看，再生锌工业的前景良好。

由于再生锌得到的含锌中间物料主要是含锌烟灰或含锌更高的次氧化锌，这些二次资源均含有较多的氟、氯，使用现有的硫酸体系经过脱氟氯、浸出、净化、电积生产金属锌，存在烧板、阴阳极腐蚀严重等问题，这制约了它在锌二次资源处理上的应用。意大利 EZINEX 工艺与中南大学的 MACA 工艺，由于氨、氯的腐蚀性，尚待解决工艺所需设备的材质问题。

萃取法提取锌已在工业上获得应用，最早为西班牙 Técnicas Reunidas 公司开发的 Zincex 工艺（Zincex Process）[24, 25]，包括两段萃取：仲胺 Amberlite LA-2 萃取配阴离子 $ZnCl_4^{2-}$ 和 D_2EHPA 萃取 $ZnCl_2$ 溶液中 Zn^{2+}。1976年在西班牙毕尔巴鄂（Bilbao）的 MQN 厂建成生产能力为8000 t/a 的萃取法生产线，用于处理的原料是黄铁矿渣氯化焙烧浸出液。试生产成功后，1980年又在葡萄牙里斯本建立了另一家工厂，生产能力为11.5 kt/a，处理来自黄铁矿渣非挥发氯化焙烧浸出液与氯化挥发烟灰的浸出液两者的混合浸出液。

20世纪80—90年代，Técnicas Reunidas 公司对 Zincex 法进行改进，称为改进的锌溶剂萃取工艺（Modified Zincex Process，简称 MZP）[26-28]。MZP 法是 Zincex 法的发展和改进，取消了原工艺的仲胺萃取锌步骤，主要工序是萃取、洗涤、反萃取和有机相再生。萃取剂是 D_2EHPA + 煤油溶液，对锌的萃取有很高的选择性；在洗涤工序，萃取到有机物中的杂质可经过物理或化学作用而洗涤除去；在反萃取工序，生产出的超纯硫酸锌溶液，可制成 SHG 锌、氧化锌、硫酸锌等产品。

在再生工序，贫有机相用盐酸处理，除去 Fe^{3+}，防止其在有机相中积累。MZP 法的适应性和通用性很强，其主要优点有：

①原料适应性广，既可用于处理原生锌原料，也可用于处理各种再生锌原料。

②萃取剂 D_2EHPA 对锌的选择性高，不用考虑杂质元素氟、氯、镁对电解液的影响问题。

③锌的回收率更高，产出的金属锌质量高。

④投资少，有更好的产出/投入比。

目前，该技术已经在世界 4 家企业得到应用[28]。

参考文献

[1] Review of trends in 2014 zinc. http://www.ilzsg.org/static/statistics.aspx

[2] Van Genderen Eric. Recycling. Zinc college, 2010, 长沙.

[3] Sue Grimes, John Donaldson, Gabriel Cebrian Gomez. Report on the environmental benefits of recycling. bureau of international recycling(BIR), 2008, 10.

[4] Ozberk E, Jankola W A, Vecchiarelli M, et al. Commercial operations of the Sherritt zinc pressure leach process. Hydrometallurgy, 1995, 39(1-3): 49-52.

[5] Berezowsky R M G S, Collins M J, Kerfoot D G E, et al. The commercial status of pressure leaching technology. JOM, 1991, 9-15.

[6] Haakana T, Saxén B, Lehtinen L, et al. Outotec direct leaching application in China. The Journal of The Southern African Institute of Mining and Metallurgy, 2008, 108(5): 245-251.

[7] 李若贵. 常压富氧直接浸出炼锌. 中国有色冶金, 2009(3): 12-15.

[8] 刘荣荣, 文书明. 氧化锌矿浮选现状与前景. 国外金属矿选矿, 2002, (7): 17-19.

[9] 段秀梅, 罗琳. 氧化锌矿浮选研究现状评述. 矿冶, 2000, 9(4): 47-51.

[10] Clay J E, Schoonraad G P. Treatment of zinc silicates by the Waelz Process. The Journal of The Southern African Institute of Mining and Metallurgy, 1986, 86(5): 11-14.

[11] 舒毓璋, 宝国峰, 张琦, 等. 氧化锌矿的浸出工艺. ZL 02133663.6, 2002-8-24.

[12] M G Bodas. Hydrometallurgical treatment of zinc silicate ore from Thailand. Hydrometallurgy, 1997, 40(1): 37-49

[13] García M A, Mejías A, Martin D, et al. Upcoming zinc mine projects: The key for success is ZINCEX solvent extraction. Lead - Zinc 2000, Dutrizac J E, Gonzalez J A, Henke D M, James S E, Siegmund A H J (Eds.). The Minerals, Metals and Materials Society, Warrendale, PA, 2000: 751-761.

[14] Overview of AngloBase Metals. 2006-3-27. http://www.investis.com/aa/docs/aabaseanlys.pdf

[15] Ju S H, Tang M T, Yang S H, et al. Dissolution kinetics of smithsonite ore in ammonium chloride solution. Hydrometallurgy, 2005, 80(1-2): 67-74.

[16] Mikhnev A D, Pashkov G L, Drozdov S V, et al. Ammonia - carbonate technology of zinc extraction from blast furnace slimes. Tsvetnye Metally, 2002, (5): 34-38.

[17] 唐谟堂, 欧阳民. 硫铵法制取等级氧化锌. 中国有色金属学报, 1998, 8(1): 118-121

[18] Robinson D J, MacDonald S A, Olper M. Design details on the Engitec 'EZINEX' electrowinning plant. Electrometallurgy 2001: Proceedings of the 31 st Annual Hydrometallurgy Meeting as held at the 40 th Annual Conference of Metallurgists of CIM(COM 2001), Toronto, Ontario, Canada, 2001: 45 -56.

[19] Olper M. Zinc extraction from EAF dust with EZINEX process. Recycling of Metals and Engineered Materials, Queneau P B and Peterson R D, eds, Minerals, Metals & Materials Society, Warrendale, USA, 1985: 563 - 578.

[20] Olper M, Maccagni M. Electrolytic zinc production from crude zinc oxides with the Ezincx Process. 2000 TMS Fall Extraction & Processing, Pittsburgh, 2000.

[21] 杨声海, 唐谟堂, 邓昌雄, 等. 由氧化锌烟灰生产高纯锌工艺研究. 中国有色金属学报, 2001, 11(6): 110 -113

[22] 杨声海. Zn(Ⅱ) - NH_3 - NH_4Cl - H_2O 体系制备高纯锌理论及应用[D]. 长沙: 中南大学, 2003.

[23] Yang S - H, Tang M - T, Chen Y - F, etal. Anodic reaction kinetics of electrowinning zinc in the system of Zn(Ⅱ) - NH_3 - NH_4Cl - H_2O. Transactions of Nonferrous Metals Society of China, 2004, 14(3): 626 -629.

[24] Nogueira E D, Regife J M, Blythe P M. Zincex - the development of a secondary zinc process. Chemistry and Industry, 1980, (2): 63 -67.

[25] Nogueira E D, Regife J M. Design features and operating experience of the Quimigal zincex plant. Chloride Electrometallurgy, Parker P D(Editor), 111 th AIME Annual Meeting, Dallas, Texas, 1982: 59 -76.

[26] Martín D, Díaz G, García M A. Extending zinc production possibilities through solvent extraction. Proceedings of the International Solvent Extraction Conference, ISEC 2002, Vol. 2, Sole K C, Cole P M, Preston J S, and Robinson D J(eds.), Johannesburg: South African Institute of Mining and Metallurgy, 2002: 1045 -1051.

[27] Díaz G, Martín D. Modified Zincex Process: the clean, safe and profitable solution to the zinc secondaries treatment. Resources, Conservation and Recycling, 1994, 10(1 -2): 43 -57.

[28] Frias C. Secondary zinc. International Mining, 2009: 28 -29.

第2章　锌溶剂萃取的基础理论

2.1　概述

在不同的溶液中，锌离子存在形式不同，如在硝酸盐、硫酸盐、高氯酸盐体系中，主要以游离 Zn^{2+} 形式存在；在氯化物体系中，当 Cl^- 浓度较高时，主要以 $ZnCl_3^-$、$ZnCl_4^{2-}$ 配阴离子的形式存在；而在氨性溶液中，锌离子主要以 $Zn(NH_3)_3^{2+}$、$Zn(NH_3)_4^{2+}$ 配阳离子的形式存在。因此体系不同，采用的萃取剂也不一样，氯化物体系主要采用有机胺阴离子萃取剂[1,2]，硫酸盐体系与中性氯化铵体系一般采用阳离子萃取剂，如 D_2EHPA，而从氨性溶液中萃取锌需要采用与锌螯合能力强的螯合型萃取剂，不同萃取剂混合使用还可能产生协同萃取效应。

2.2　锌溶液的平衡

2.2.1　锌-氯体系配合平衡

溶液中 Zn^{2+} 与 Cl^- 形成 $ZnCl_i^{2-i}$ 配合物，依据：

$$Zn^{2+} + iCl^- \rightleftharpoons ZnCl_i^{2-i} \quad \beta_i = \frac{[ZnCl_i^{2-i}]}{[Zn^{2+}][Cl^-]^i} \tag{2-1}$$

式中：$i = 1 \sim 4$。

锌-氯配合物的稳定常数文献报道很多，差别很大，如文献[3]报道的 $ZnCl_i^{2-i}$ 累计稳定常数 β_i 分别为：$10^{0.1}$、$10^{0.06}$、$10^{0.1}$、$10^{0.3}$；文献[4]对锌氯配合物的稳定常数进行了测定，得到的累计稳定常数 β_i 分别为：5.40，0.008，0.300 与 0.102；依据锌-氯配合物的累计稳定常数得到各锌物种在不同氯离子浓度下所占的比例，见图 2-1。

从图 2-1 中可以看出，随着 Cl^- 浓度的提高，游离 Zn^{2+} 浓度逐渐减少；$ZnCl^+$、$ZnCl_2$、$ZnCl_3^-$ 的浓度均为先增加后减少，在 Cl^- 浓度约为 1 mol/L、3 mol/L、5 mol/L 时其浓度达到最大；而 $ZnCl_4^{2-}$ 逐渐升高，在 Cl^- 浓度大于 5 mol/L后占的比例最高。由此可知，溶液中锌物种的存在与溶液中的 Cl^- 的浓度密切相关，这决定萃取锌时萃取剂种类的选取。

2.2.2　锌-氨-氯体系配合平衡

氨法提取锌具有酸溶性杂质 Fe、Al、Si 等不进入浸出液，净化除杂容易，工艺简单的优点，因此国内外对氨法浸出氧化锌矿及物料进行了广泛的工艺研究。

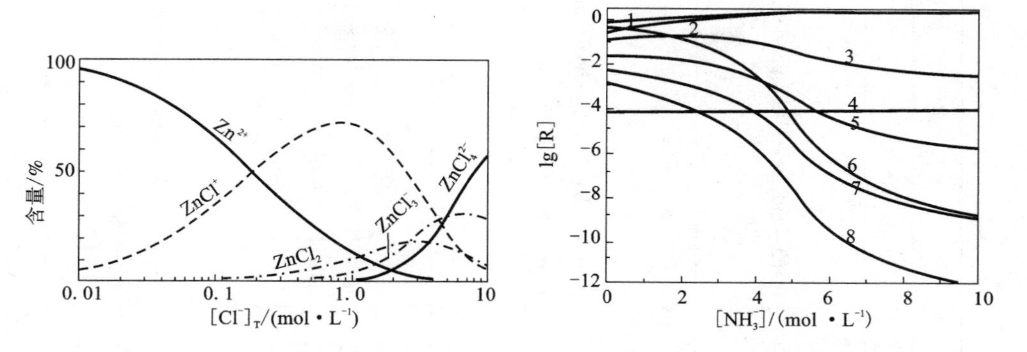

图 2-1　各锌物种在氯化物溶液中的分配[4]

$[Zn^{2+}]=0.0073$ mol/L

图 2-2　$[Cl^-]_T=5$ mol/L 时 lg[R]-$[NH_3^-]$ 图[5]

1—$[Zn^{2+}]_T$，2—$[Zn(NH_3)_4^{2+}]$，3—$[Zn(NH_3)_3^{2+}]$，4—$[Zn(OH)_i^{2-i}]$，5—$[Zn(NH_3)_2^{2+}]$，6—$[ZnCl_k^{2-k}]$，7—$[Zn(NH_3)^{2+}]$，8—$[Zn^{2+}]$

文献[5, 6]按照电算-指数方程法对 $NH_3-NH_4Cl-H_2O$ 溶液浸出 ZnO 的热力学进行了研究，全面揭示了锌的溶解度规律，同时对溶液中存在的锌物种的分配比进行了计算。Zn(Ⅱ)$-NH_3-NH_4Cl-H_2O$ 体系中锌物种的分配计算见图 2-2。

图 2-2 表明：在 NH_4Cl 为 5 mol/L 时，随着氨浓度的逐渐增加，锌的$[ZnCl_i^{2-i}]_T$浓度及大部分氨配合物$[Zn(NH_3)^{2+}]$、$[Zn(NH_3)_2^{2+}]$和$[Zn(NH_3)_3^{2+}]$的浓度急剧减少，锌的 OH^- 配合物浓度很低且几乎不变，而$[Zn(NH_3)_4^{2+}]$增加，这说明在氨浓度较高的情况下，锌基本上以 $Zn(NH_3)_4^{2+}$ 形式存在。但当氨浓度很低时，则锌的氯配合物占优势。因此采用萃取剂从氨性溶液中萃取 Zn^{2+}，需要采用螯合型萃取剂，且其生成的稳定常数要比 $Zn(NH_3)_i^{2+}$ 的高。

2.3　锌溶剂萃取剂

锌溶剂萃取的萃取剂主要有酸性萃取剂、碱性萃取剂以及中性萃取剂等，具体名称与结构见表 2-1。

2.4　从氯化锌溶液中萃取锌

2.4.1　酸性萃取剂

由于锌在酸性氯化物体系中主要以锌-氯配合物的形式存在，而酸性萃取剂需要以阳离子交换，因此溶液中 Zn^{2+} 萃取困难，如 Mansur M B 等[7]采用 Cyanex 301 从含 Zn 33.9 g/L，Fe 203.9 g/L，HCl 2 mol/L 的酸洗废水中萃取锌，在 pH 为 0.3～1.0 条件下锌的萃取率 80%～95%、铁的萃取率 $<10\%$；而对于 Cyanex 272

表 2－1　各种锌萃取剂

名称	结构式	简写	英文名
	酸性萃取剂		
二(2－乙基己基) 磷酸酯	$CH_3(CH_2)_3CH(Et)CH_2O$ P O $CH_3(CH_2)_3CH(Et)CH_2O$ OH	P_{204}（国内） D_2EHPA	bis(2－ethylhexyl) phosphoric acid
2－乙基己基磷酸单 2－乙基己基酯	$CH_3(CH_2)_3CHCH_2(C_2H_5)O$ O $CH_3(CH_2)_3CHCH_2(C_2H_5)$ OH	P_{507}（国内） PC－88A （Daihaqi 公司） SME418 （Shell 公司） Ionquest 801	2 － ethylhexyl phosphonic acid mono－2－ethylhexyl ester
二(2，4，4－三甲基戊基) 膦酸	$CH_3C(CH_3)_2CH_2CH(CH_3)CH_2$ O $CH_3C(CH_3)_2CH_2CH(CH_3)CH_2$ OH	CYANEX 272 （Cyanamid 公司） 或 Ionquest 290	bis (2，4，4 － trimethylpentyl) phosphinic acid
二(2，4，4－三甲基戊基) 二硫代膦酸	$CH_3C(CH_3)_2CH_2CH(CH_3)CH_2$ S $CH_3C(CH_3)_2CH_2CH(CH_3)CH_2$ SH	CYANEX 301	bis(2，4，4－trimethylpentyl) dithiophosphinic acid

续表 2 - 1

名称	结构式	简写	英文名
二(2，4，4 - 三甲基戊基)硫代膦酸	$CH_3C(CH_3)_2CH_2CH(CH_3)CH_2$, $CH_3C(CH_3)_2CH_2CH(CH_3)CH_2$, =O, SH	CYANEX 302	bis(2，4，4 - trimethylpentyl) monothiophosphinic acid
二(2 - 乙基己基)二硫代磷酸	$CH_3(CH_2)_3CH(Et)CH_2O$, $CH_3(CH_2)_3CH(Et)CH_2O$, =S, SH	$D_2EHDTPA$	di(2 - ethlhexyl) dithiophosphoric acid
中性萃取剂			
磷酸三丁酯	$CH_3CH_2CH_2CH_2O$, $CH_3CH_2CH_2CH_2O$, P=O, $OCH_2CH_2CH_2CH_3$	TBP	tributyl phosphate
丁基膦酸二丁酯	$CH_3CH_2CH_2CH_2O$, $CH_3CH_2CH_2CH_2O$, P=O, $CH_2CH_2CH_2CH_3$	DBBP	dibutyl butylphosphonate

续表 2－1

名称	结构式	简写	英文名
戊基膦酸二戊酯	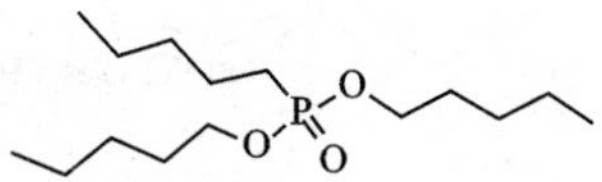	DPPP	di－*n*－pentyl pentaphosphonate
三正辛基氧化磷	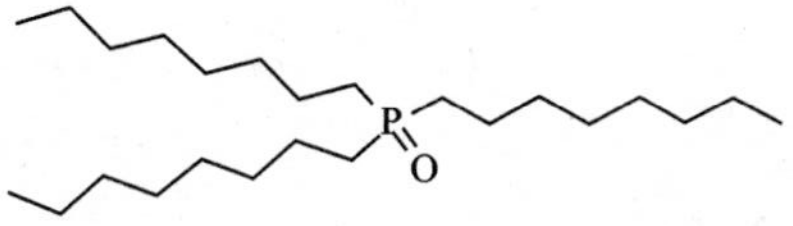	TOPO 或者 CYANEX921	tri－*n*－octylphosphine oxide
三烷基氧化磷 烷基为：己基和辛基	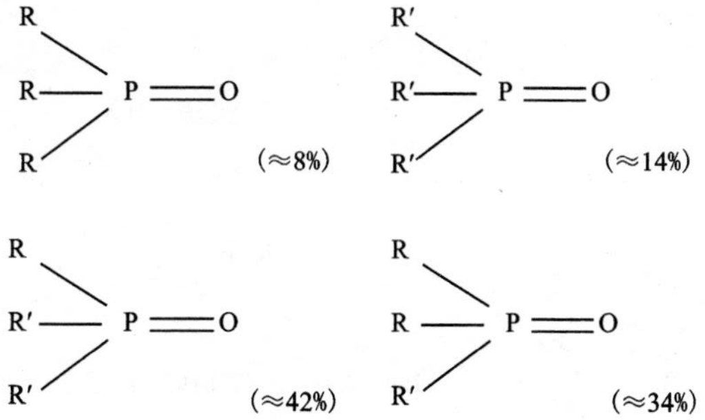 $R_3P{=}O$ (≈8%)　$R'_3P{=}O$ (≈14%) $RR'_2P{=}O$ (≈42%)　$R_2R'P{=}O$ (≈34%) R = 正己烷基；R′ = 正辛烷基	CYANEX 923	trialkylphosphine oxides, alkyl = hexyl & octyl

续表2-1

名称	结构式	简写	英文名
$C_{24}H_{51}OP$		CYANEX 925	bis(2, 4, 4 - trimethylpentyl) octylphosphine oxide
亚磷酸三苯酯		TPP	triphenylphosphite
2-乙基己基磷酸-二(-乙基己基)酯	R：2-乙基己基	EHDEHP	2 - ethylhexyl phosphonic acid di -2 - ethylhexyl ester
		ACORGA ZNX 50	

续表 2 - 1

名称	结构式	简写	英文名
7 - (4 - 乙基 - 1 - 甲基辛基) - 8 - 羟基喹啉	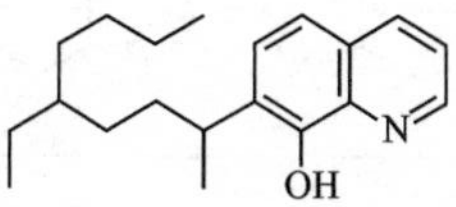	KELEX® 100	7 - (4 - ethyl - 1 - methyloctyl) - 8 - quinolinol
甲基膦酸二甲庚酯	$(C_6H_{13}CH(CH_3)O)_2P(CH_3)=O$	P_{350}	di(1 - methylheptyl) methyl phosphonate
碱性萃取剂			
	$R-NH_2$	Primene JM - T	Primary amines
伯胺 N_{1923}	$R'-CH(R)-NH_2$	N_{1923}	
正十二烷基三烷基甲基胺	$CH_3(CH_2)_{11}-NH-(C(CH_3)_2-CH_2)_n-C(CH_3)_2-CH_3$ $n=2\sim3$	Amberlite LA - 2	*n* - lauryl - trialkylmethylamine
三正辛基胺		TOA Alamine 300	tri - *n* - octylamine

续表2-1

名称	结构式	简写	英文名
三异辛基胺		Alamine 308 Adogen 364	tri - *iso* - octylamine
三烷基胺	$N(C_{8\sim10}H_{17\sim21})_3$（$C_{8\sim10}H_{17\sim21}$—N—$C_{8\sim10}H_{17\sim21}$，N 上另连 $C_{8\sim10}H_{17\sim21}$）	N_{235}或 Alamine 336	trialkylamine
三异癸胺		Alamine 310	tri - isodecylamine
三正十二烷基胺		Alamine 304	trilaurylamine
N，N - 二(1 - 甲基庚基)乙酰胺	$[CH_3(CH_2)_5CH(CH_3)]_2N-C(=O)-CH_3$	N_{503}	N，N - di (1 - methylheptyl) acetamide
三烷基甲基氯化铵	$[R_3NCH_3]^+Cl^-$　$R = C_8 \sim C_{10}$	N_{263}或 Aliquat 336	tri - (C_8 - C_{10}) methyl ammonium chloride
三辛基甲基氯化铵	$[R_3NCH_3]^+Cl^-$　$R = C_8H_{17}$	TOMAC	tri - octylmethyl ammonium chloride

续表 2－1

名称	结构式	简写	英文名
甲基三十二烷基氯化铵	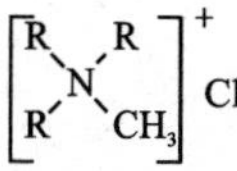 $\left[R_3N CH_3 \right]^+ Cl^-$　$R = C_{12}H_{25}$	MTD	tri － octylmethyl ammonium chloride
耦合萃取剂			
4－甲基－N－喹啉－8－苯磺酰胺		LIX－34	4 － methyl － N － quinolin － 8 － yl-benzenesulfonamide
2－乙酰基－3－氧代－二硫代丁酸－十四烷基酯	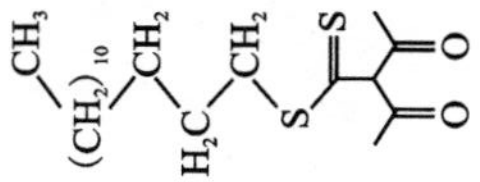 CH_3, $(CH_2)_{10}$, CH_2, H_2C, CH_2, S, S, O, O	YORS	2 － acetyl － 3 － oxo － dithiobytyric － myristy ester
1－苯基－3－羟基－4－十二烷基二硫代羧酸酯－5－吡唑啉酮	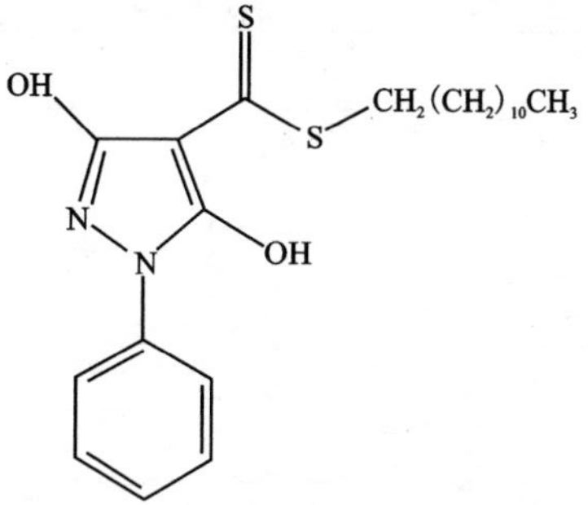 OH, N, N, OH, S, S, $CH_2(CH_2)_{10}CH_3$	HDTC－12	

从上述溶液中萃取锌时，锌的最高萃取率 70%、铁的萃取率约 20%；而 Cyanex 302 从上述溶液中萃取锌，锌的萃取率 < 10%，且分相困难。因此，采用酸性磷酸萃取剂从高酸性氯化物体系中萃取锌的文献相对较少。国内外采用的烷基磷酸包括 D_2EHPA（国内称 P_{204}）、PC－88A（国内称 P_{507}）、Cyanex272、Cyanex 301 与 Cyanex 302，其中 P_{507}、Cyanex272 主要用于镍、钴的分离。

Li Z C 等[8]对 D_2EHPA－Escaid 100 从氯化物体系萃取锌，采用斜率法分析萃合物为 $ZnR_2 \cdot HR$；Grimm 和 Kolařík[9]对 D_2EHPA＋正十二烷从离子总浓度为 1.0 mol/L 的 NO_3^-－Cl^- 体系中萃取 Zn^{2+}、Cu^{2+}、Cd^{2+}、Ni^{2+} 和 Co^{2+}，$[Cl^-]$ 对金属离子的萃取分配比的影响见图 2－3。在 $[Cl^-]$ = 1.0 mol/L 时，萃取分配比大小顺序为：$Zn^{2+} > Cu^{2+} > Ni^{2+} > Cd^{2+} \approx Co^{2+}$。

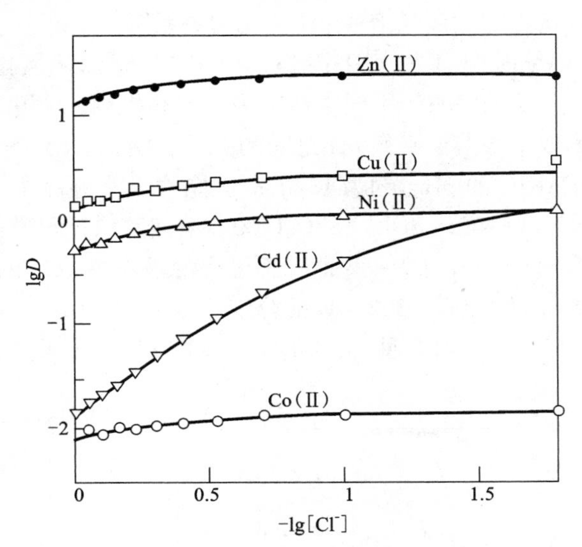

图 2－3　$[Cl^-]$ 对 Me^{2+} 的萃取分配比的影响[9]

Amer 等采用 D_2EHPA＋异癸醇＋200/260# 煤油从 $Zn(NH_3)_2^{2+}$－NH_4Cl 溶液中萃取锌，研究 pH 对萃取平衡的影响及对杂质 Cu^{2+}、Ca^{2+}、Pb^{2+}、Mg^{2+}、Ni^{2+}、Co^{2+} 共萃的影响，见第 7 章的 CENIM－LNETI 工艺介绍。

Baba 和 Adekola[10]对 Cyanex®272＋煤油从氯化物体系中萃取锌的机理进行了研究，提高萃取溶液 pH、萃取剂浓度和温度，有利于 Zn^{2+} 的萃取；萃取过程的标准摩尔焓为（$\Delta H^\ominus$）26.81 ± 0.11 kJ/mol，摩尔熵（$\Delta S^\ominus$）为 107.63 ± 0.05 J/(K · mol)和吉布斯自由能（$\Delta G^\ominus$）为 －5.48 ± 0.13 kJ/mol，萃取过程 Zn^{2+} 与有机物形成萃合物的化学计量数为 1∶1。还对 Cyanex®272＋煤油从尼日利亚闪锌矿氯化浸出液中萃取回收锌进行了工艺研究。浸出液含 Zn 603.4 mg/L，Fe 121.4 mg/L，Pb 16.3 mg/L，浸出液首先采用锌粉置换除 Cu、Ag、Pb、Sn；再在 25℃，用 4 mol/L 氨水调节 pH 至 3.5 除铁。采用 Cyanex®272 0.047 mol/L、相比为 1 萃取，绘制萃取上述溶液的 McCabe－Thiele 图，得到萃取级数为 6，锌的萃取率达 95%，采用 0.1 mol/L HCl 溶液反萃，锌的反萃率 95%。

美国 Cyanamid 公司发明萃取剂二（2，4，4－三甲基戊基）二硫代膦酸（Cyanex® 301）和二(2，4，4－三甲基戊基)硫代膦酸（Cyanex® 302）的目的是从含

Mg^{2+}、Ca^{2+}的溶液中选择性萃取Zn^{2+}[11]。

Benito R 等[12]对 Cyanex 302 + 甲苯从Zn^{2+} 0.5 mol/L、Cl^- 1.0 mol/L 的氯化物溶液中萃取锌的热力学平衡进行了研究。通过斜率法得到的萃合物可能为ZnClR(HR)、$ZnR_2(HR)_2$、ZnR'_2和$ZnR'_2(HR')(HR)_3$(HR 表示为 Cyanex 302，HR′表示 Cyanex 302 中微量的 Cyanex 301)。并绘制了萃取过程中，锌的各种存在物种所占的比例随溶液 pH 变化的关系图。

Alguaci F J 等[13]采用 Cyanex 302 + 煤油从氯化物溶液中萃取锌。首先采用10% Cyanex 302 + 不同稀释剂为萃取有机相，水相Zn^{2+} 1.0 g/L，萃取温度20℃，锌萃取率与溶液平衡 pH 之间的关系表明，SOLVESSO 1500 的$pH_{0.5}$为1.4，煤油、ISOPAR G 的$pH_{0.5}$约为1.2，萃取能力大小顺序为：煤油≈ISOPAR G > VARSOL 30 > XYLENE > SOLVESSO 1500。溶液萃取过程遵循阳离子交换机理，通过斜率法得到 Cyanex 302 + 煤油从氯化物溶液中萃取锌的萃合物为$(ZnR_2)_3 \cdot (HR)_3$。在20%的 Cyanex 302 + 煤油分别从含Zn^{2+}、Cu^{2+}、Ca^{2+}和Fe^{3+}均为1.0 g/L 的氯化物溶液中，对各种Me^{n+}的萃取率与 pH 的关系进行了研究，见图2-4。

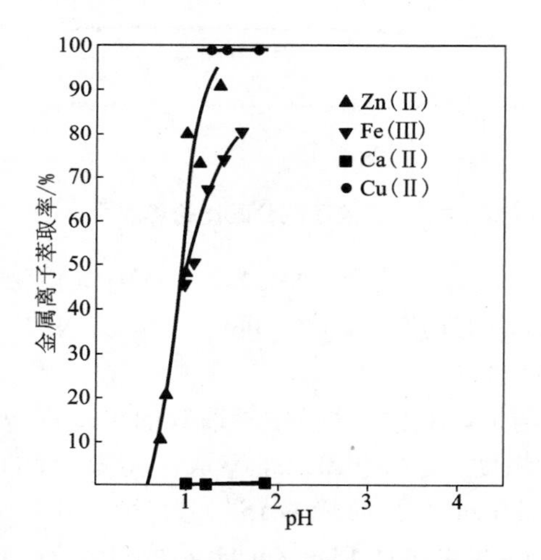

图2-4　金属阳离子萃取率-pH 的关系[13]

有机相：20% Cyanex 302 + 煤油；
水相：均为1.0 g/L；温度：20℃

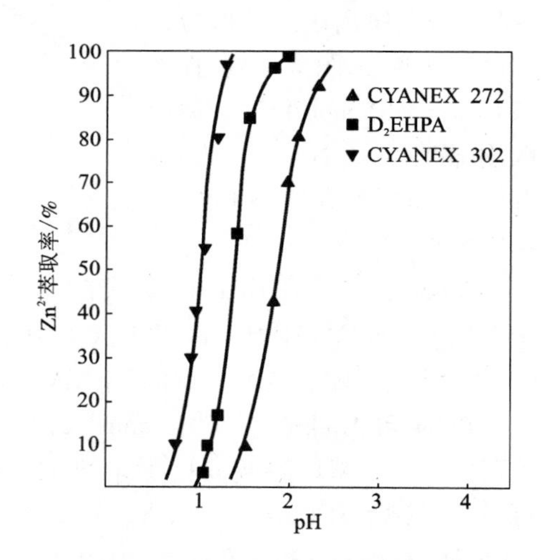

图2-5　不同有机磷萃取剂对锌离子萃取率-pH 关系[13]

有机相：20%萃取剂-煤油；
水相：Zn^{2+} 1.0 g/L；温度：20℃

实验结果表明，从 pH > 0.95 开始，Cyanex 302 能够优先于Fe^{3+}萃取Zn^{2+}；在 pH 1.5 左右时达到最好的分离效果。另一个优点是 Cyanex 302 完全萃取Zn^{2+}的 pH 范围，完全不萃取Ca^{2+}。在 Cyanex 302 萃取Zn^{2+}的 pH 范围，Cu^{2+}也被定量萃取；Cyanex 302 萃取Cu^{2+}时，可以先采用螯合萃取剂萃取Cu^{2+}。

对20%的 Cyanex 302、D_2EHPA 和 Cyanex 272 从含 Zn^{2+} 1.0 g/L 的氯化物溶液中萃取锌的萃取性能进行比较，见图2－5。实验结果表明，它们萃取锌的能力依次为：Cyanex 302 > D_2EHPA > Cyanex 272；Cyanex 302 与 D_2EHPA 对应的 $pH_{0.5}$ 相差近0.5个pH单位。这表明次磷酸衍生物 P═O 键中的O被S原子代替能够加强其对锌的萃取能力，使萃取剂能够在高的酸度下萃取锌。

对于烷基羧酸从氯化物体系中萃取锌，Verhaege M[14] 采用0.5 mol/L的 Versatic 10 + 煤油为萃取有机相，从含 Zn^{2+} 或 Cd^{2+} 为5 g/L、NaCl 0～3 mol/L 的溶液中分别萃取锌、镉，测定了pH、NaCl浓度对 Zn^{2+}、Cd^{2+} 萃取分配系数的影响，得到不同NaCl浓度下的萃取分配系数，见图2－6。从图2－6中可以看出随着NaCl浓度的增加，D_{Cd}/D_{Zn} 先增大，后减小，在NaCl为2 mol/L时最大；pH的升高，有利于 D_{Cd}/D_{Zn} 的增大。

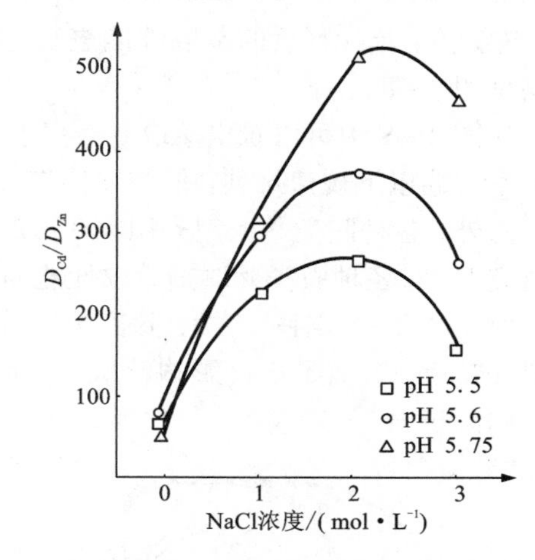

图2－6 Versatic 10 萃取锌、镉的分离系数与NaCl浓度的关系[14]

Preston J S[15] 采用0.5 mol/L的烷基羧酸 Versatic 10，从金属离子 Me^{2+} 0.01 mol/L、硝酸钠或氯化钠1.0 mol/L 溶液中，20.0℃萃取金属离子，氯离子对各种金属离子的萃取率影响见图2－7。从图中可以看出，添加 Cl^- 可以提高有些金属离子的分配系数，如 Zn^{2+}、Cd^{2+}，还可以改变萃取剂对两种离子的选择性，如 Pd^{2+} 与 Cu^{2+}。

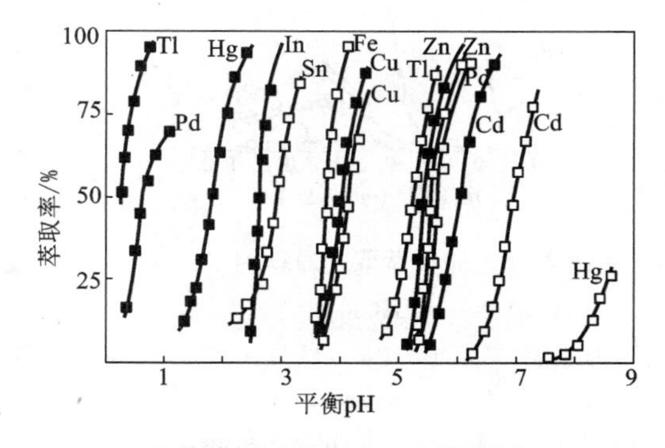

图2－7 氯离子对各种金属离子的萃取率影响[15]

Versatic 10 0.5 mol/L，空心点：(Na, H)Cl 1.00 mol/L；实心点：(Na, H)NO_3 1.00 mol/L

2.4.2 碱性萃取剂

(1)胺类萃取剂介绍

碱性萃取剂[2] 是指从水溶液中提取金属形成的阴离子的萃取剂，主要的长链烷基胺，如伯胺、仲胺、叔胺与季胺均属于这一类，目前市场广泛采用的胺类萃取剂有 Primene JM－T、N_{1923}、Amberlite LA－1、Amberlite LA－

2、Alamine 336、Aliquat 336、Adogen 364 等。为了提取金属离子，胺类先转化成铵盐提供与金属物种交换的阴离子；有机胺与盐酸反应生成铵盐，锌的氯配合物阴离子通过阴离子交换反应生成$(R_3NH)_2ZnCl_4$而被提取。

各种有机胺类从氯化物溶液中萃取锌得到了广泛的研究，许多研究者对盐酸溶液中萃取锌过程的反应热、分配比、萃合物进行了研究。Singh 和 Tandon[16]对萃取剂 Primene JM－T、Amberlite LA－1、Amberlite LA－2、Alamine 336 和 Aliquat 336 被氯仿、苯稀释后的萃取性能进行了研究，HCl 浓度对各种胺萃取锌效率的影响见图 2－8。

从图 2－8 中可以看出萃取率最高点在 HCl 2.0 mol/L 左右，各种胺的萃取性能基本遵循以下规律排列：伯胺＜仲胺＜叔胺＜季胺。

另外，各种胺类萃取剂先用 1.0 mol/L 的 HCl 转化成铵盐，以 LiCl 代替 HCl 来研究 H^+ 对各种胺类萃取剂萃取性能的影响，见图 2－9。

对比图 2－8 与图 2－9，除高浓度外他们的萃取性能相似，说明胺萃取剂转化成铵盐后，氢离子不再影响萃取率；在高 HCl 浓度下，锌的萃取率反而下降，这要归因于 H^+ 的影响。

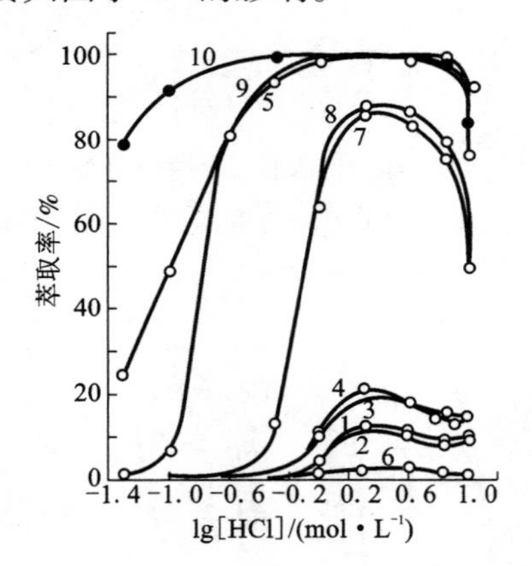

图 2－8　胺类萃取剂对锌的萃取率－lg[HCl]图[16]

萃取条件：萃取剂 0.1 mol/L、25±3℃
稀释剂氯仿：1－ Amberlite LA－1，
2－ Amberlite LA－2，3－Tribenzylamine，
4－ Alamine 336，5－Aliquat 336，
稀释剂苯：6－Primene JM－T，
7－Amberlite LA－1，8－Amberlite LA－2，
9－Alamine 336，10－Aliquat 336

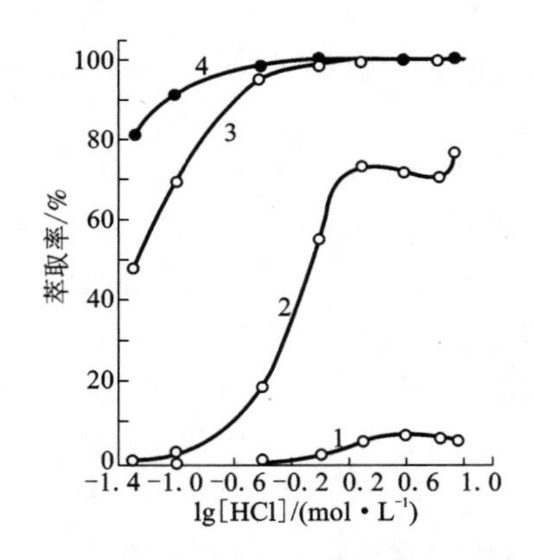

图 2－9　0.1 mol/L 有机胺盐＋苯从氯化锂溶液中萃取锌[16]

1－Primene JM－T，2－Amberlite LA－1，
3－Alamine 336，4－Aliquat 336

(2)伯胺

乐少明等[17]研究了仲碳伯胺 N_{1923} 从 HCl 溶液中萃取 Zn^{2+} 的平衡规律发现：在微酸性介质中分配比随 pH 提高而增大；在高酸度范围内，随 HCl 浓度的增加分配比逐渐增大至一极大值后开始下降，说明在该体系中存在两种不同的反应机理。在 pH 大于 2 时，因所用的胺未预先酸化不可能产生阴离子交换反应，而是产生加合反应生成溶剂化内配合物；当 pH 逐渐减小时，部分胺转变为胺盐失去配位能力从而使分配比减小；在高酸度时形成 $ZnCl_4^{2-}$ 为阴离子交换反应。HCl 浓度增大有利于配阴离子及胺盐的形成而使分配比增大，当 HCl 浓度继续增大时由于 HCl 的竞争萃取而使分配比下降。

pH >2 时，遵循的溶剂化内配位萃取机理：Cl^- 浓度对 $ZnCl_2$ 分配比影响结果表明，随着 Cl^- 浓度的增加，锌的萃取分配比显著增大，说明 Cl^- 参与了萃取反应。同时测定有机相中 Cl^- 浓度并对有机相中 Zn^{2+} 浓度作图，得到斜率为 2 的直线，可以认为 Zn^{2+} 是以 $ZnCl_2$ 形式萃入有机相的。研究 RNH_2 浓度对分配比的影响，绘制 $\lg D$ 与 $\lg[\overline{RNH_2}]$ 关系曲线，得到的斜率等于2，说明萃合物中每一个 $ZnCl_2$ 分子与两个 RNH_2 分子相结合，因此可以认为萃合物的组成为 $(RNH_2)_2ZnCl_2$。

HCl 浓度为 3 mol/L 的高酸度下，利用饱和法与斜率法得到胺盐萃取 Zn(Ⅱ)形成的萃取物分子的组成为 $\overline{(RNH_2)_3ZnCl_5}$。

(3)仲胺 Amberlite LA－2

对于仲胺 Amberlite LA－2，20 世纪 70 年代末期西班牙就采用这种萃取剂从黄铁矿烧渣氯化焙烧浸出液中萃取锌(见第 4 章 Zincex 工艺)。Nakashio F 等[18]对 Amberlite LA－2＋稀释剂正己烷萃取锌的机理进行了研究，发现萃取剂以单体 R_2NHHCl、双聚体 $(R_2NHHCl)_2$、三聚体 $(R_2NHHCl)_3$ 和四聚体 $(R_2NHHCl)_4$ 的形式存在；萃合物以单体 $(R_2NH_2)_2ZnCl_4$、双聚体 $((R_2NH_2)_2ZnCl_4)_2$ 形式被萃取。

Zaborska 和 Leszko[19] 研究了仲胺 Amberlite LA－2 的盐酸盐与稀释剂 1，2－二氯乙烷从盐酸体系中萃取 Zn^{2+} 的过程：

$$\overline{R_2NH} + H^+ + Cl^- \rightleftharpoons \overline{R_2NH_2Cl} \tag{2-2}$$

$$K_1 = [\overline{R_2NH_2Cl}]/([\overline{R_2NH}][H^+][Cl^-])$$

$$2\overline{R_2NH} + 2H^+ + 2Cl^- \rightleftharpoons \overline{(R_2NH_2Cl)_2} \tag{2-3}$$

$$K_2 = [\overline{(R_2NH_2Cl)_2}]/([\overline{R_2NH}]^2[H^+]^2[Cl^-]^2) = 10^{12.62}$$

依据以上平衡，建立不同溶液酸度下，有机相中 R_2NH、R_2NH_2Cl 和 $(R_2NH_2Cl)_2$ 所占的分数关系如图 2－10 所示。

从图 2－10 可以看出，随着酸度的增加，有机胺盐 R_2NH_2Cl 和 $(R_2NH_2Cl)_2$ 浓度增加，而有机胺 R_2NH 减少。萃取剂 Amberlite LA－2＋ 1，2－二氯乙烷从 HCl 0.2 mol/L、0.5 mol/L、1.0 mol/L、2.0 mol/L 或 NaCl 1.0 mol/L 的溶液中萃取

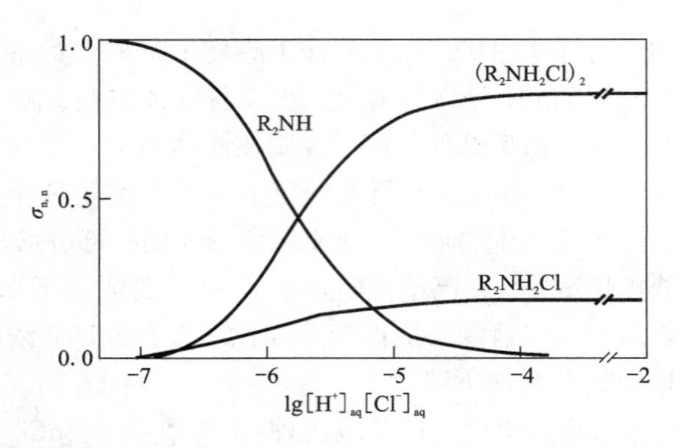

图 2-10　不同溶液酸度下，有机相中 R_2NH、R_2NH_2Cl 和 $(R_2NH_2Cl)_2$ 所占的分数[19]

有机胺总浓度 0.1 mol/L

锌，用斜率法求得斜率为 2，表明萃合物的组成为 $(R_2NH_2Cl)_2 \cdot ZnCl_2$，求得 $ZnCl_j^{2-j}$ 累计稳定常数 β_j 分别为：0.19、1.41、0.0316、0.0178，萃取反应平衡常数 $K_{ex}=10^{5.11}$。

Inoue K 等[20]对 Amberlite LA-2 + 正己烷为萃取有机相从 $ZnCl_2$ - HCl 溶液中萃取锌的萃取平衡进行了研究，固定 Amberlite LA - 2 浓度 $[\overline{B}]$ 0.2 mol/L，HCl 浓度从 0.1 ~ 6.0 mol/L 变化对分布平衡的影响见图 2-11。

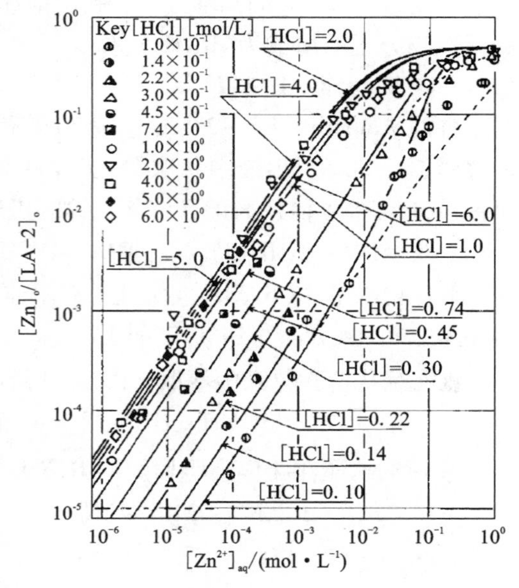

图 2-11　[HCl] 对锌分布平衡的影响

$([\overline{B}]=0.2$ mol/L 30℃$)$[20]

从图 2-11 可以看出，不论[HCl]多大，随着水相中 $[Zn^{2+}]$ 的提高，$[\overline{Zn^{2+}}]/[\overline{B}]$ 值均趋向于 1/2；在低 $[Zn^{2+}]$ 范围内，不论[HCl]怎样改变，$[\overline{Zn^{2+}}]/[\overline{B}]$ 与 $[Zn^{2+}]$ 成正比，表明锌萃合物单体为 $(R_2NH_2)_2ZnCl_4$。

水相中的 Zn^{2+} 可以以中性或阴离子交换的形式进入萃取剂 Amberlite LA-2，所以萃取反应可以表述为：

$$\overline{(R_2NH_2Cl)_2} + ZnCl_j^{(2-j)} \rightleftharpoons \overline{(R_2NH_2)_2ZnCl_4} + (j-2)Cl^- \quad K_{ex} \tag{2-4}$$

式中：$j=1\sim4$。依据式(2－1)，$[ZnCl_j^{2-j}]$可以表述为：

$$[ZnCl_j^{2-j}] = \frac{\beta_j[Cl^-]^j}{1+\sum_{j=1}^{4}\beta_j[Cl^-]^j}[Zn^{2+}] \tag{2-5}$$

有机相中的总的 Amberlite LA－2 的浓度可以表示为：

$$[\overline{B}] = 2\overline{[(R_2NH_2Cl)_2]} + 2\overline{[(R_2NH_2)_2ZnCl_4]} \tag{2-6}$$

从式(2－4)～式(2－6)，锌在水相与油相中的关系可以描述为：

$$\frac{[\overline{Zn^{2+}}]}{[\overline{B}]} = \frac{1}{2}\cdot\frac{f([Cl^-])[Zn^{2+}]}{1+f([Cl^-])[Zn^{2+}]} \tag{2-7}$$

式中：$f([Cl^-]) = \dfrac{K_{ex}\beta_j[Cl^-]^2}{1+\sum_{j=1}^{4}\beta_j[Cl^-]^j}$

从式(2－7)中可以看出，$[\overline{Zn^{2+}}]/[\overline{B}]$与$[Zn^{2+}]$的关系不受$[\overline{B}]$的影响，随着 Zn^{2+} 增大，$[\overline{Zn^{2+}}]/[\overline{B}]$接近 1/2，与图 2－1 中的结果一致。在低$[\overline{Zn^{2+}}]$范围内，$\overline{[(R_2NH_2Cl)_2]} \gg \overline{[(R_2NH_2)_2ZnCl_4]}$，式(2－7)可以简化为：

$$\frac{[\overline{Zn^{2+}}]}{[\overline{B}]} = \frac{1}{2}\cdot f([Cl^-])[Zn^{2+}] \tag{2-8}$$

说明$[\overline{Zn^{2+}}]/[\overline{B}]$与$[Zn^{2+}]$成正比。并利用最小二乘方法分析求得锌－氯配合物累积稳定常数 β_1、β_2、β_3 分别为：0.21、0.018 与 0.19；反应平衡常数 $K_{ex}=3.8\times10^3$ mol/L。

Inoue K 等[21]还采用单液滴法对 Amberlite LA－2＋正己烷从 $ZnCl_2$－HCl 溶液中萃取锌的动力学进行了研究，结果表明反应速率机理可以很好的用 Handlos－Baron 模型来解释，液滴表面的界面反应为速率控制步骤。Nakashio F 等[22]采用水平矩形管（Horizontal Rectangular Channel）法对 Amberlite LA－2＋正己烷从 $ZnCl_2$－HCl 溶液中萃取锌的动力学进行了研究，得到类似的试验结果，吸附在界面上的$(R_2NH_2Cl)_2$与溶液中的氯化锌的界面反应为速率控制步骤。

(4)叔胺

目前报道的从氯化物体系萃取锌的叔胺类萃取剂有三正辛胺（TOA）、三异辛基胺（Alamine 308、Adogen 364）、三烷基（$C_8\sim C_{10}$）胺（N_{235}或 Alamine 336）、三正十二烷基胺（Alamine 304）等。

Sato 和 Kato[23]以三正辛胺＋苯为萃取有机相，对其从盐酸溶液中萃取锌的分配系数进行了研究，见图 2－12。

Cu^{2+} 在 HCl 5～6 mol/L 处达到最大分配比；Zn^{2+} 在 HCl 3 mol/L 处达到最大分配比，并确定萃取反应产物为 $\overline{(R_2NH_2)_2ZnCl_4}$，反应平衡常数 $K_{ex}=5\times10^6$。

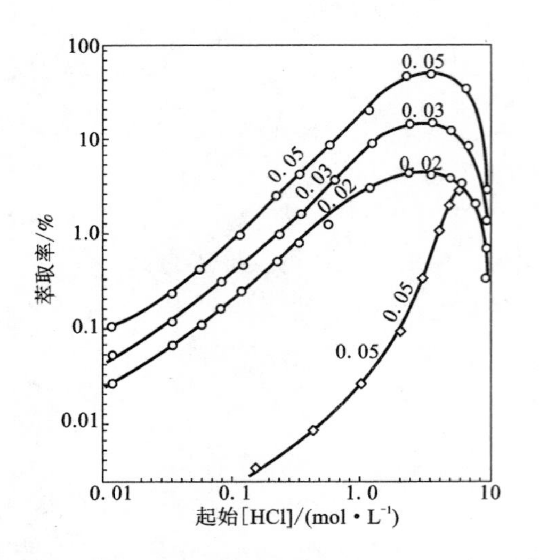

图 2-12　TOA-苯对铜、锌的萃取率-[HCl]图[23]

Zn^{2+} 0.0073 mol/L，Cu^{2+} 0.0074 mol/L，温度 20℃，
◇表示铜、○表示锌；图中数据表示物质的量浓度

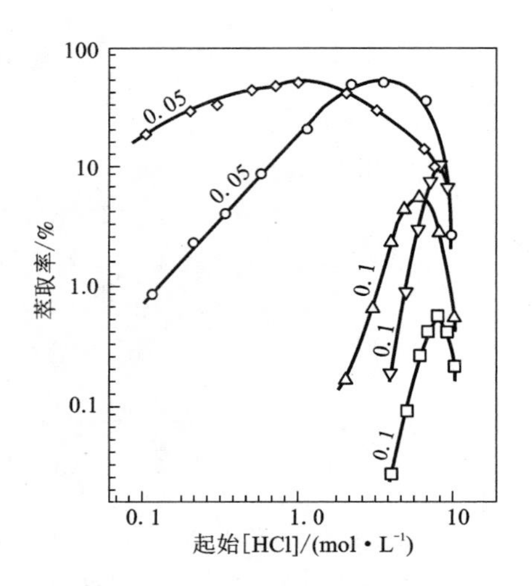

图 2-13　TOA-苯在盐酸中的金属萃取率-[HCl]图

二价锰(□)、钴(▽)、铜(△)、锌(○)和镉(◇)[24]

Me^{2+} 1.0 g/L、温度 20℃

Sato T 等[23, 24]还采用 TOA + 苯从含 Mn^{2+}、Co^{2+}、Cu^{2+}、Zn^{2+}、Cd^{2+} 均为 1 g/L的盐酸溶液中萃取金属，对其萃取分配比进行了对比研究，见图 2-13。各种二价金属的萃取分配比曲线相似，萃取效率的变化顺序为：HCl < 1 mol/L 时，Cd > Zn≫Cu、Co、Mn；HCl 4.0 mol/L 时，Zn > Cd > Cu > Co > Mn；HCl 7.0 mol/L 时，Zn > Cd > Co > Cu > Mn。测定了 $ZnCl_j^{j-4}$ 配合物的稳定常数，得到的累计稳定常数 β_j 分别为：5.35、2.76、1.07 与 0.27。

Abbruzzese C[25]采用 TOA + 二甲苯从含 Zn^{2+}、Pb^{2+} 的模拟浸出液中选择性萃取 Zn^{2+}。模拟浸出液含 Zn^{2+} 1.1 g/L、Pb^{2+} 0.21 g/L，O/A = 1∶1，温度 20℃，Zn^{2+}、Pb^{2+} 的萃取率随盐酸浓度的变化曲线见图 2-14。Zn^{2+} 的萃取率随着盐酸浓度的变化改变不大；而 Pb^{2+} 的萃取率随着盐酸浓度升高逐步降低。

McDonald 和 Earhart[26]采用三异辛基胺(Alamine 308 或 Adogen 364) + 二甲苯溶剂从含 HCl 0.5 mol/L、$ZnCl_2$ 0.002 mg/L 的溶液中萃取锌。对萃取过程中萃取剂浓度、溶液 HCl 浓度、pH、O/A 和萃取与反萃时间的影响进行了研究。萃取剂浓度≥5%时，锌的萃取率≥98.5%；HCl 浓度≥0.5 mol/L 时，锌的萃取率≥97%；在[Cl^-] = 2.5 mol/L，pH≤1.06 时，锌的萃取率≥98.6%；萃取搅拌时间 5 s，锌的萃取率≥97.5%。

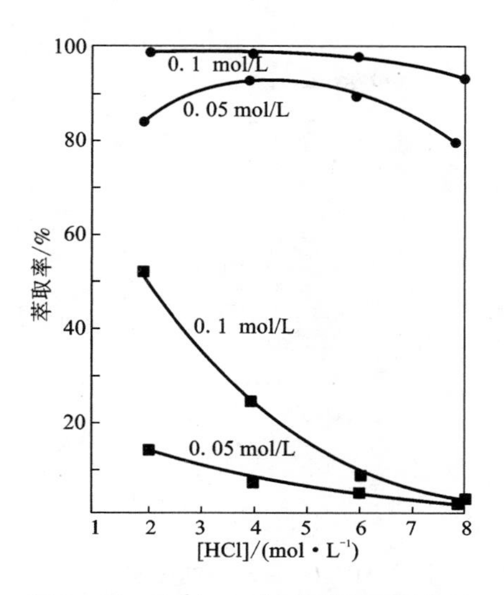

图 2－14　Zn^{2+}、Pb^{2+}的萃取率随盐酸浓度的变化[25]

模拟浸出液含 Zn^{2+} 1.1 g/L、Pb^{2+} 0.21 g/L，O/A＝1∶1，温度 20℃

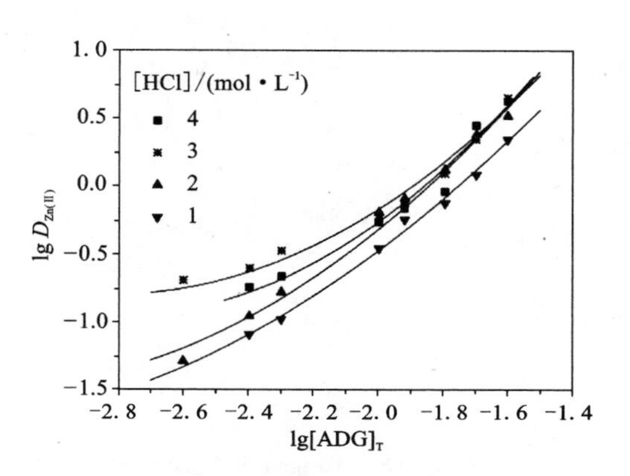

图 2－15　分配系数 D_{Zn}与 Adogen 364 浓度的关系[27]

Zn(Ⅱ)0.01 mol/L、温度 20℃

de San Miguel 等人[27]对采用 Adogen 364＋煤油从 1～4 mol/L HCl 溶液中萃取 Zn^{2+}、Ga^{3+}、Cd^{2+}、Fe^{3+}、Cu^{2+}、Pb^{2+}的萃取性能进行了研究与对比。Adogen 364＋煤油对 Zn^{2+}的萃取分配比见图 2－15。随着三异辛基胺浓度的增加，锌在有机相中的萃取分配比增加。在固定温度 20℃，Adogen 364 浓度 0.02 mol/L，Pb^{2+}、Cu^{2+}、In^{3+}均为 0.1 mmol/L，Zn^{2+}、Ga^{3+}、Cd^{2+}、Fe^{3}均为 0.01 mol/L 的条件下，盐酸浓度对三异辛基胺＋煤油萃取各种金属离子的萃取率的影响见图 2－16。从图中可以看出，除 Pb^{2+}外，其余金属离子萃取率均随着盐酸浓度增加而增加。

McDonald 和 Butt[28]对三烷基(C_8～C_{10})胺(Alamine 336，国内称 N_{235})＋二甲苯溶剂从含 $ZnCl_2$ 0.020 mg/L、HCl 1.0 mol/L 溶液中萃取锌过程中[HCl]、pH、萃取剂浓度、O/A 和萃取与反萃时间的影响进行了研究。实验结果表明：HCl 1.0 mol/L、萃取剂浓度 0.025 mol/L 时，锌的萃取率达到 94.5%；萃取剂浓度 0.10 mol/L、[HCl]0.5 mol/L 以上时，锌的萃取率≥98%；在[Cl^-]＝1.0 mol/L，pH≤1.02时，锌的萃取率≥97.7%；萃取搅拌时间 30 s，锌的萃取率≥99%。

Sayar N A 等[29]用 Alamine 336＋间二甲苯从盐酸溶液中萃取锌，对有机相 Alamine 体积分数、[HCl]、起始[Zn^{2+}]与 Zn^{2+}的萃取率关系进行了研究，通过模拟试验结果，建立 3－D 与 4－D 方程，其中 3－D 方程为：

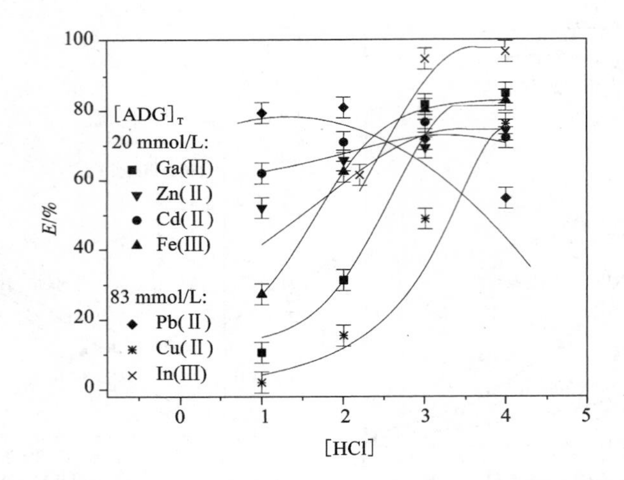

图 2－16　Adogen 364＋煤油萃取各种金属离子时[HCl]对萃取率的影响[27]

温度 20℃，[Adogen] 0.02 mol/L，[Pb^{2+}]、[Cu^{2+}]、[In^{3+}] 0.1 mol/L，[Zn^{2+}]、[Ga^{3+}]、[Cd^{2+}]、[Fe^{3}] 0.01 mol/L 下

$$E = 100 - \left(a_3 e^{d_3 V_e^{b_3} M^{e_3}} + (100 - a_3) e^{d_3 V_e^{b_3} M^{e_3}} \right) \qquad (2-9)$$

3－D 模型的估计参数与统计值见表 2－2。

表 2－2　3－D 模型的估计参数与统计值[29]

估计参数	起始[Zn^{2+}]/($g \cdot L^{-1}$)		
	3	7	15
a_3	71.618	27.007	1.646
b_3	0.925	0.721	0.666
c_3	0.214	0.150	0.095
d_3	－0.075	－1.809	－32.851
h_3	－0.654	－0.166	－0.237
均方根差	1.676	1.442	1.636
DC	0.9977	0.9979	0.9977

Lee 和 Nam[30] 利用 Sayar N A 等[29] 报道的数据，对 Alamine 336＋间二甲苯从盐酸溶液中萃取锌的反应平衡常数进行了计算，得到 $K_{ex} = 6.33 \times 10^2$。

Danesi P R 等[31] 应用斜率法研究三－正十二烷基胺(Alamine 304)盐＋苯从

1.0 mol/L LiCl 溶液中萃取锌，实验结果表明，在萃取过程中形成多核形态的物种$Zn_3Cl_6(R_3NHCl)_3$。Aguilar 和 Muhammed[32]在类似条件下进一步研究，否认了这种结论。Masana 和 Valiente[33]研究了三-正十二烷基氯化铵+苯在不同氯离子浓度下，萃取 Zn^{2+} 的萃取平衡反应及反应平衡常数，反应形成的萃合物为$ZnCl_2(R_3NHCl)_2$、$ZnCl_2(R_3NHCl)_3$和$Zn_3Cl_6(R_3NHCl)_6$。在溶液离子强度为1.0 mol/L时，三种反应产物的平衡常数分别为：$\lg K_2=4.38$、$\lg K_3=6.06$、$\lg K_6=15.1$。在溶液离子强度为2.0时，平衡常数分别为：$\lg K_2=4.51$、$\lg K_3=6.17$、$\lg K_6=14.9$；在溶液离子强度为3.0时，平衡常数分别为：$\lg K_2=4.37$、$\lg K_3=5.81$。Aparicio J 等[34]对三-正十二烷基氯化铵+甲苯从不同$[Cl^-]$的溶液中，萃取 Zn^{2+}的动力学进行了研究。用 LiCl 为主体电解质，浓度变化范围为0.5~2.0 mol/L，温度25℃，实验在改进的 Lewis 槽中进行。金属萃取速率随着溶液中$[Cl^-]$升高而升高，实验结果表明 $ZnCl_2$、$ZnCl_4^{2-}$ 均可以被萃取。在低$[Cl^-]$条件下，以 $ZnCl_2$与萃取剂的加和反应为主；而在高$[Cl^-]$下，以 $ZnCl_4^{2-}$ 的阴离子交换反应为主。加和反应可以从界面反应步骤来解释；阴离子交换反应具有快速的特征，这可能是由于扩散控制造成的。

(5)季胺

季胺萃取剂一般为叔胺氮上链接新的甲基而成，在较宽的 pH 范围内存在稳定的阴阳离子对，萃取过程中发生的阳极反应为：

$$2\,\overline{R_3R_1NCl}+ZnCl_4^{2-}=\!=\!=\overline{(R_3R_1N)_2ZnCl_4}+2Cl^- \qquad (2-10)$$

目前，工业上主要应用的季铵盐萃取剂是三烷基甲基氯化铵（烷基为 C_8~C_{10}，简称 N_{263}或 Aliquat-336）。采用季铵萃取剂从氯化物溶液中萃取 Zn^{2+}的文献报道较多，Miller 和 Fuerstenau[35]研究了5% Aliquat+10%异癸醇+二甲苯为萃取有机相，NaCl 1.0 mol/L、23±2℃，5% Aliquat 的反应，萃取饱和容量为2.9 g/L；$\lg D_{Zn}\propto\lg[\text{Aliquat}]$的斜率为1.94，也表明反应产物为$(R_4N)_2ZnCl_4$。

Loyson P[36]对10% Aliquat+氯仿从 LiCl 溶液中萃取锌的分配比进行了研究，$\lg D_{Zn}$与起始$[Cl^-]$的关系见图2-17。

$[Cl^-]$ 0~2 mol/L 时，随着起始$[Cl^-]$的升高，$\lg D_{Zn}$急剧提高；起始$[Cl^-]$在2~8 mol/L 变化时，$\lg D_{Zn}$维持稳定；起始$[Cl^-]$从8 mol/L 提高到14 mol/L，$\lg D_{Zn}$继续慢慢提高。溶液含 LiCl 4 mol/L、萃取剂10% Aliquat，在室温条件下，$\lg D_{Zn}\propto\lg[\text{Aliquat}]$的斜率为2.0，表明萃合物为$(R_4N)_2ZnCl_4$。为了研究体系中卤素的界面交换情况，用 Aliquat-HBr、Aliquat - HI 代替 Aliquat-HCl 为萃取剂，氯仿为稀释剂，从含 LiCl 4 mol/L 的溶液中萃取氯化锌。分析有机相、水相中的锌、氯，有机相中的$[\Delta Cl]/[Zn]$比值为3，说明锌是以 $ZnCl_3^-$ 而不是以 $ZnCl_4^{2-}$ 的形式被萃取的，以此建立萃取平衡反应：

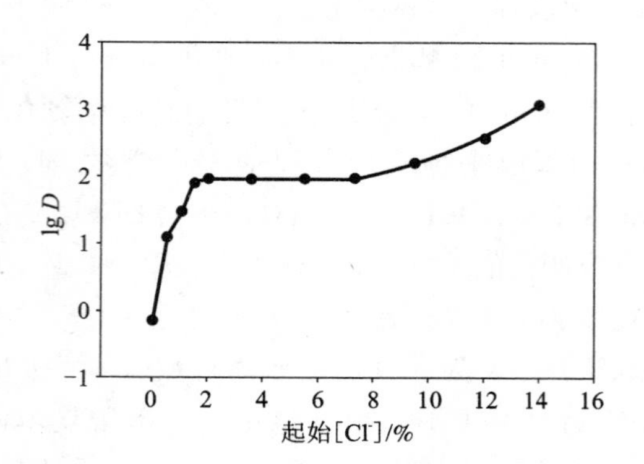

图 2－17　Aliquat + 氯仿萃取锌的 $\lg D_{Zn}$ 与起始[Cl^-]的关系[36]

$$2\ \overline{R_3CH_3NCl} + ZnCl_3^-\ (H_2O) \rightleftharpoons \overline{(R_3CH_3N)_2(ZnCl_4^{2-})} + Cl^- + H_2O \quad (2-11)$$

反应平衡常数 $K_{ex} = 8.9 \times 10^5$，求得锌－氯配合物的累积稳定常数 β_1、β_2、β_3、β_4分别为：0.08，0.50，0.09 和 0.19。

Daud 和 Cattrall[37] 采用气相渗透压力测定法（Vapour Phase Osmometry）对三－辛基甲基氯化铵、三－十二烷基甲基氯化铵在不同稀释剂中的聚合情况的研究表明：在氯仿、异丁基甲基酮中有轻微的二聚物，邻二甲苯与环己烷中大量形成更大的聚合物。对于三－十二烷甲基氯化铵（简称 MTD）+ 不同稀释剂，从含 1.0 mol/L HCl溶液中萃取锌的萃取剂浓度与萃取分配比的关系见图 2－18。

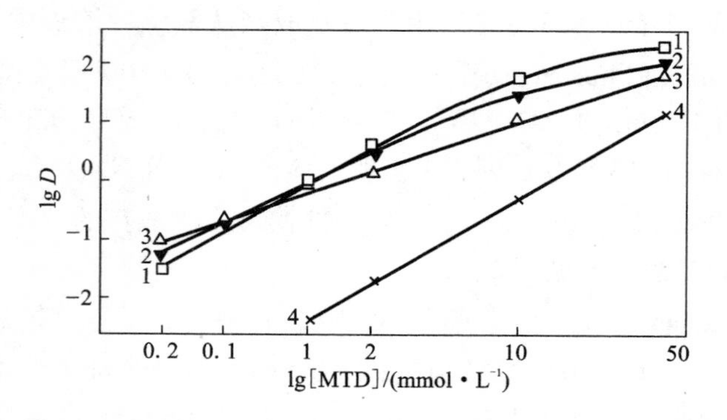

图 2－18　不同稀释剂条件下 lg D 与 lg[MTD]的关系[37]

1—邻二甲苯；2—环己烷；3—异丁基甲基酮；4—氯仿

在低萃取剂浓度下，对萃取分配比影响的顺序为：异丁基甲基酮 > 环己烷 > 邻二甲苯 > 氯仿。在高萃取剂浓度下，对萃取分配比影响的顺序为：邻二甲苯 >

环己烷 > 异丁基甲基酮 > 氯仿。Daud 和 Cattrall[38] 还采用单液滴法对三辛基甲基氯化铵 + 氯仿分别从 1.0 mol/L、6.0 mol/L HCl 或 6.0 mol/L LiCl 溶液中萃取锌的机理进行了研究，试验结果表明通过快速离子交换反应能够形成界面配合物，在 1.0 mol/L HCl 与 6.0 mol/L LiCl 溶液中反应速度控制步骤为：2 mol 萃取剂分子从溶剂中传输到相界面，与相界面 1 mol 锌配合物形成 $(R_4N)_2ZnCl_4$；从 6.0 mol/L HCl 溶液中萃取锌的反应速度控制步骤为：1 mol 萃取剂分子从溶剂中传输到相界面，与 1 mol 相界面锌配合物形成 $R_4NHZnCl_3$。

表 2-3　利用萃取数据计算的水相中 Zn(II)-Cl 配合物稳定常数

β_1	β_2	β_3	β_4	K	萃取有机相	起始水相	参考文献
5.40	0.80	0.30	0.102	3×10^4	TOPO + 苯	$ZnCl_2$ 0.0073 mol/L、LiCl 0.05 ~6.0 mol/L、20℃	[4]
0.19	1.41	0.0316	0.0178	1.29×10^5	Amberlite LA-2 0.00375 ~0.159 mol/L + 1, 2-二氯乙烷	HCl 0.2 ~2.0 mol/L, Zn^{2+} 5×10^{-4} mol/L, NaCl 1.0 mol/L, 22 ±2℃	[19]
0.21	0.018	0.19	—	3.8×10^3	Amberlite LA-2 0.2 mol/L + 正己烷	HCl 1 ~6 mol/L, 30℃	[20]
5.35	2.76	1.07	0.27	5×10^6	TOA + 苯	Zn^{2+} 0.0073 mol/L, Cl^- 3 mol/L, 20℃	[23, 24]
0.08	0.50	0.09	0.19	8.9×10^5	Aliquat-HCl + 氯仿	LiCl 3.6 mol/L Zn^{2+} 0.05 mol/L	[36]
3.07	1.01	8.25	1.04	—	Aluquate-HCl 0.005 ~0.02 mol/L + 苯	$ZnCl_2$ 0.0071 mol/L, HCl 2.0 mol/L, 20℃	[39]
3.7	1.0	0.27	0.13	1.49×10^8	Aluquate-HCl 0.05 mol/L + 苯	Zn^{2+} 1 g/L、温度 20℃	[43]
1.26	3.16	5.01	0.63	1.14×10^4	ACORGE ZNX50 + 18% Varsol	总的物种浓度为 8 mol/L	[96]

Sato 和 Murakami[39] 采用蒸气压法对 Aliquat-336 盐在稀释剂苯中的活度系数进行了研究，同时计算出 Aliquat-336 盐 + 苯从盐酸体系萃取 Zn^{2+} 时溶液中锌-氯配合物的放热累积稳定常数 β_1、β_2、β_3、β_4，分别为：3.07，1.01，8.25 和1.04。

段天平等[40] 对季铵盐从氯化物体系中萃取锌的动力学进行了研究，氯化物介质中季胺萃锌为界面反应控制的动力学模式，实验范围内的速率方程为：

$$R = 12A_1 e^{\frac{-2973.61}{T}}[ZnCl_4^{2-}][R_3R_1NCl] \quad (2-12)$$

式中：A_1为比界面积。此反应的表观活化能为24.7 kJ/mol。

Daud 和 Cattrall[41, 42] 还对 Aliquat 336 + 氯仿从盐酸、LiCl 介质中萃取Hg(Ⅰ)、Cu(Ⅱ)、Zn(Ⅱ)、Cd(Ⅱ)进行了研究，结果表明对金属离子的萃取顺序为：Hg > Cd > Zn > Cu。Sato T 等[43, 44]还对 Aliquat 336 + 苯从盐酸溶液中萃取Mn^{2+}、Co^{2+}、Cu^{2+}、Zn^{2+}和Cd^{2+}进行了研究，在Me^{2+}浓度 1 g/L、温度 20℃、Aliquat 0.03 mol/L 或 0.05 mol/L 的条件下，萃取平衡的分配比与起始[HCl]的关系见图 2－19。

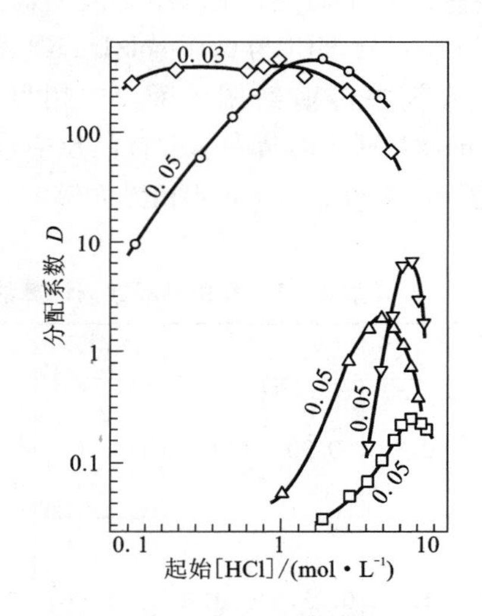

图 2－19 Aliquat－苯溶液萃取二价金属离子的 *D*－起始[HCl]图[44]

(图中曲线数字为 Aliquat 浓度，□－Mn^{2+}，▽－Co^{2+}，△－Cu^{2+}，○－Zn^{2+}，◇－Cd^{2+})

Mn^{2+}、Co^{2+}、Cu^{2+}、Zn^{2+}和Cd^{2+}最大的萃取分配比对应的起始[HCl]分别为 8 mol/L、8 mol/L、5 mol/L、2 mol/L 和1 mol/L。其萃取率大小的排列顺序为：[HCl] < 1 mol/L 时，Cd > Zn≫Cu、Co、Mn；[HCl] = 4 mol/L 时，Cd > Zn > Cu > Co > Mn；[HCl] = 7 mol/L 时，Zn > Cd > Co > Cu > Mn。萃取反应按式(2－11)进行，求得反应平衡常数$K_{ex} = 1.49 \times 10^8$，锌氯配合物放热累积稳定常数$\beta_1$、$\beta_2$、$\beta_3$、$\beta_4$分别为：3.7，1.0，0.27 和 0.13。

Singh 和 Tondon[45]的研究结果表明，在含 HCl 或(和)LiCl 的溶液中，Aliquat 336 对Zn^{2+}、Cd^{2+}的萃取优于其他 2 价金属离子，如Cu^{2+}、Co^{2+}、Mn^{2+}。在溶液中[HCl]≥3 mol/L 时，随着 HCl 浓度升高，Zn^{2+}、Cd^{2+}的萃取率降低；但在 LiCl 溶液中，提高 LiCl 浓度对Zn^{2+}、Cd^{2+}的萃取率没有影响。萃取剂季铵盐对Zn^{2+}、Cd^{2+}的萃取能力优于叔胺。Wassink 等[46]采用 30% Aliquat 336 + 稀释剂 Exxsol D－80从 Co、Ni 的氯化物溶液中萃取分离Zn^{2+}、Cd^{2+}。可以较好的从含有 NaCl 的Co^{2+}、Ni^{2+}溶液中分离Zn^{2+}、Cd^{2+}；分离效果随着 NaCl 浓度的增加而下降，但在 NaCl 200 g/L 时，仍能有效分离Zn^{2+}、Cd^{2+}。锌、镉主要以$MeCl_4^{2-}$配合离子的形式进入有机相。以 30% Aliquat 336 盐(R_4NCl) + 80/20(V) Solvesso 100/Exxsol D－80 为萃取有机相，Zn^{2+}、Cd^{2+}的最大负载容量分别为 18 g/L 和 28 g/L。镉的分离选择性略好于锌，有机相中$[R_4N]/[Me] = 2$，表明反应产物为

$(R_4N)_2ZnCl_4$。采用 5.7 mol/L 的 NH_3溶液，O/A = 4∶1 反萃负载有机相，反萃液中锌浓度可以达到近 80 g/L。

比利时的 Haesebroek G 等[47]采用 12% Aliquate - 336 + 二甲苯有机相净化浓 $CoCl_2$溶液（Co 180 g/L，Zn 0.6 ~ 1.5 g/L，Fe 0.04 g/L，Cu 0.03 g/L，pH 1）中的锌及其他杂质。负载有机相用 2 mol/L HCl、O/A = 10∶1 脱除 Cu、Co（Co 5.0 g/L），反萃液返回萃取；再用 NaOH 溶液在 pH = 11 条件下，从有机相中沉淀 Zn、Fe。本方法的缺点在于中和盐酸需要消耗 NaOH。

2.4.3　中性萃取剂

中性萃取剂是指通过中性无机分子或配合物与施电子性能亲油性试剂的溶剂化来促进金属萃取，这些萃取剂主要分为两类：含 P ═O、P ═S 键的磷酸烷基酯、硫代磷酸烷基酯和含 C—O 键的醇、酯、酮等。含磷类萃取剂，即磷酸三丁酯（TBP）、三正辛基氧化磷（TOPO 或者 CYANEX 921）、丁基膦酸二丁酯（DBBP）、戊基膦酸二戊酯（DPPP）、亚磷酸三苯酯（DPP）等，用于从氯化物溶液中萃取锌，其萃取过程遵循溶剂化萃取机理；磷酰基上的氧负责与金属形成配位键。采用这些萃取剂从各种复杂氯化物溶液中溶剂化萃取锌已有广泛的研究。

（1）磷酸三丁酯（TBP）

Morris D F C 等[48, 49]采用 Raman 光谱对 $ZnCl_2$溶液与 TBP 萃取锌后的负载有机相进行了表征，水相、有机相的谱线与四面体结构的 $ZnCl_4^{2-}$ 和线性构造的 $ZnCl_2$分子的谱线一致，而有些证据表明 $ZnCl_3^-$ 为平面三角形结构。以 Zn^{65} 为示踪原子，表明 TBP 萃取锌后的负载有机相为 $ZnCl_2 \cdot 2TBP$、$HZnCl_3 \cdot 3TBP$ 和 $H_2ZnCl_4 \cdot 2TBP$[49]。水和萃取剂 TBP 的相互作用长期以来一直是一个有争议的问题，Bullock 和 Tuck[50]认为，水在 TBP 中通过氢键形成各种配合物。当 TBP - H_2O 体系中水浓度 >0.3 mol/L 时，水的化学位移 δ_H随水浓度的增加而增加。Li N C 等[51, 52]观察到，当 TBP - H_2O 体系中水的物质的量分数小于 2×10^{-3}时，水的 δ_H几乎不随水的浓度发生变化，而只与萃取剂的浓度有关，他还认为水和 TBP 之间有氢键作用，即 Li 模型。俞斌等人[53]用 NMR 法研究了 TBP - CCl_4 - H_2O 体系中水与 TBP 之间的氢键作用，在 Li 模型的基础上，提出适用于整个浓度范围的新模型和一个经验关系式，并用非线性最优化方法求出了水和 TBP 之间氢键作用的参数。新模型和经验关系式能对 TBP - CCl_4 - H_2O 体系中水的 δ_H变化作出较好的解释。当水浓度很低时，水主要以 $H_2O \cdot TBP$ 和 $H_2O \cdot 2TBP$ 形式存在，当水浓度很高以至达到饱和时，水的主要存在形式是结合水，但此时仍有 20% 左右的水和 TBP 形成 $H_2O \cdot TBP$ 和 $H_2O \cdot 2TBP$。用 NMR 测定 $ZnCl_2$水溶液的 Zn^{2+} 离子水合数为 3.8；用 ^1H NMR 研究了 TBP - CCl_4萃取 $ZnCl_2$时，其配合物组成为 $ZnCl_2 \cdot 2TBP \cdot 2H_2O$ 和 $ZnCl_2 \cdot 2TBP$[54]。江涛和苏元复[55]对 TBP 从氯化物介质萃取锌过程中各种氯盐对锌萃取率的影响(即盐析剂效应)进行了研究，阳离子盐析效应的强弱顺序为 $Al^{3+} > Mg^{2+} > Ca^{2+} > Li^{+} > Na^{+} > K^{+}$，说明盐析效应随金属离子的电荷密度的增大而增强。在研究 H^{+} 对萃取反应的贡献时，实验证实有机相萃合物中确实存在有锌的化合物 $HZnCl_3$ 或 H_2ZnCl_4 等。因而在有 H^{+} 时，萃取锌的反应可写成如下通式：

$$ZnCl_{i(aq)}^{2-i} + nTBP + (i_o - 2)H_{aq}^{+} \rightleftharpoons H_{(i_o-2)}ZnCl_{i_o} \cdot nTBP_o + (i - i_o)Cl_{aq}^{-} \quad (2-13)$$

式中：当 $[H^{+}] < 0.1$ mol/L，$i_o = 2$

0.1 mol/L $< [H^{+}] < 1.5$ mol/L，$i_o = 3$

TBP 从氯化钠稀盐酸溶液中萃取锌[56]的萃合物为 $ZnCl_2 \cdot 2TBP$；当溶液酸度达到一定值时($[HCl] > 0.1$ mol/L)，有机相萃合物中才出现氯锌酸 $HZnCl_3$ 的形式。

Sanad W 等[57]采用 TBP + 苯为萃取有机相从盐酸溶液中萃取 $ZnCl_2$，萃取过程的动力学过程可以表示为：

$$\frac{d[Zn^{2+}]}{dt} = k_0[Zn^{2+}][TBP][HCl]^0 \quad (2-14)$$

式中：$k_0 = 3.9$ mol/(L·min)。Niemczewska J 等[58, 59]采用 Lewis 池，TBP + Exxsol D220/230 为萃取有机相，水相 Zn^{2+} 0.31 mol/L、H^{+} 0.55 mol/L、Cl^{-} 5.0 mol/L (用 NaCl 调节)，研究稳定两相界面的质量传输情况。Zn^{2+}、HCl、Cl^{-}、锌氯配合物中氯的起始浓度的改变与 TBP 浓度及混合速度有关。有机相的扩散传质阻力比水相的大；小分子水的物理传输比大分子锌氯配合物易受混合速度的影响。

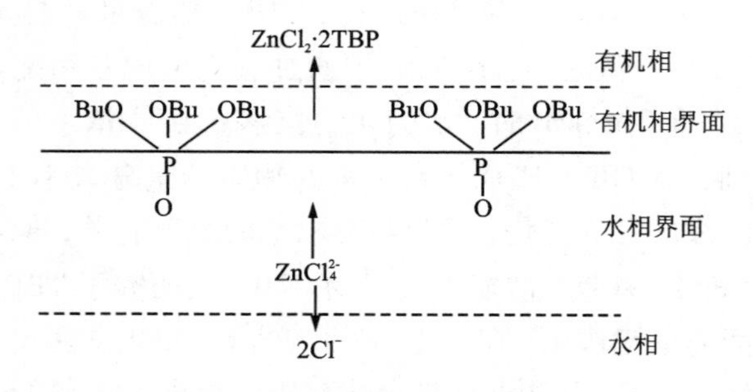

图 2-20 界面区域的锌配合物传输[59]

加拿大矿物与能源研究中心(CANMET)的 Ritcey G M 等[60, 61]开发了一种从浸出液中萃取提 Cu^{2+}、Zn^{2+} 的工艺。提铜后浸出液成分(g/L)为：Zn 30、Cu 0.4、Pb 0.4、Fe 0.002，NaCl 3.0 mol/L，pH 为 4，用 60% TBP + Solveso 50 萃取溶液中的锌。负载有机相采用含 Zn 15 g/L、pH 为 1.0 的废电解液反萃得到 $ZnCl_2$ 溶液。美国 Cato 研究公司的 Kruesi P R 等[62]采用 TBP 从二次物料的 NH_4Cl 浸出

或焙烧淅滤溶液中萃取锌，负载有机相采用氨水反萃生成 $Zn(NH_3)_2Cl_2$ 溶液，再经过热分解生产 $ZnCl_2$ 产品。Forrest V M P 等[63]研究了 TBP 从含 Cd^{2+}、Zn^{2+} 的 $CaCl_2$ 或 NaCl 溶液中萃取分离锌的过程，萃取剂 TBP 采用煤油稀释至 50%，能够提高从镉中分离锌的效率，提高金属离子浓度，降低分配比。江涛和苏元复[64]研究了 75(V)% TBP + 煤油从含锌、镉、铁和铅的菱锌矿盐酸浸出液中选择性地萃取锌的过程，提出了浸取—萃取—电积提锌的湿法炼锌工艺。模拟水相成分(g/L)为：Zn 13.0、Cd 3.4、Fe 5.3、Pb 0.26，O/A = 1 : 1。为预测萃取、洗涤和反萃的可能级数，研究了在等温条件下，萃取、洗涤和反萃取的平衡，绘制的平衡等温线图见图 2 - 21 至图 2 - 25。相比 A/O = 2 : 1 的条件下，经过 4 级反萃，有机相 $[Zn]_o$ 可从 20 g/L 降至很低。洗涤操作也容易进行，经 3 ~ 4 级洗涤基本可脱除全部杂质金属。

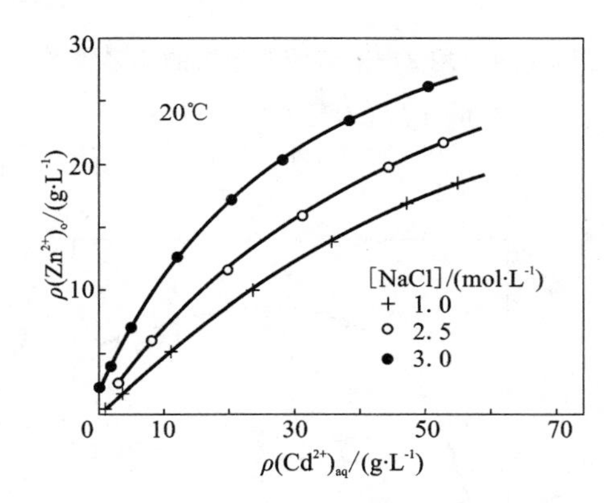

图 2 - 21　TBP 从盐酸氯化钠溶液中萃取锌的等温线[64]

萃取有机相：75% TBP + 煤油

水相：HCl 0.2 mol/L + 不同 [NaCl] 溶液

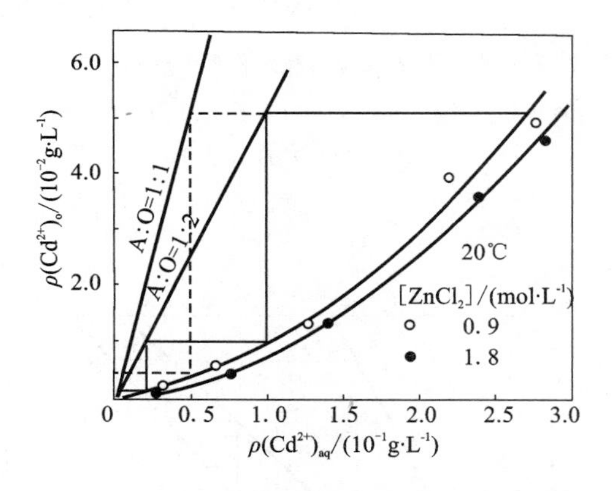

图 2 - 22　用 $ZnCl_2$ 溶液洗涤镉的等温线[64]

有机相(g/L)：Zn 8.6，Cd 0.14；

Fe 3.5，Pb 0.03

TBP 还可以用于镀锌材料的酸洗废液中 $ZnCl_2$ 的提取，Andersson 和 Reinhardt[65]采用 TBP 从成分(g/L)为 Zn^{2+} 20 ~ 120、Fe^{2+} 100 ~ 130，游离 HCl 浓度为 1% ~ 2% 的酸洗废液中提取 $ZnCl_2$；萃余液加入过量的硫酸蒸发 HCl 后得到硫酸亚铁盐产品。Samaniego H 等[66]对 TBP 萃取酸洗废液与水反萃锌的平衡过程进行了研究，酸洗废液成分(mol/L)为：Cl^- 6.4、Zn^{2+} 1.2、Fe^{2+} 1.74 和微量 Pb、Ni、Cu、Mn。从溶液的高 Cl^- 浓度可以推测锌主要以 $ZnCl_4^{2-}$ 配离子形式存在溶液中。通过试验得到萃取与反萃的平衡常数分别为 0.137$(mol/L)^{-4}$ 和 1.46。为了从成分(g/L)为：H_2SO_4 200 ~ 250、Zn^{2+} 12 ~ 15、Mg^{2+} 15 ~ 20、Mn^{2+} 1 ~ 4，以及少

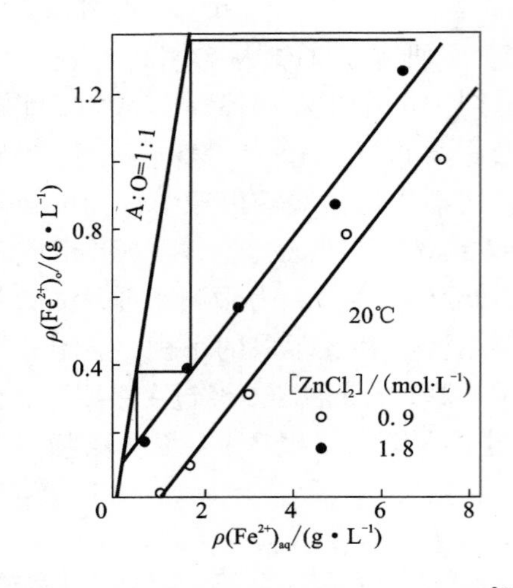

图 2-23 用 $ZnCl_2$ 溶液洗涤铁的等温线[64]

有机相(g/L)：Zn^{2+} 8.6，Cd^{2+} 0.14；Fe^{2+} 3.5，Pb^{2+} 0.03

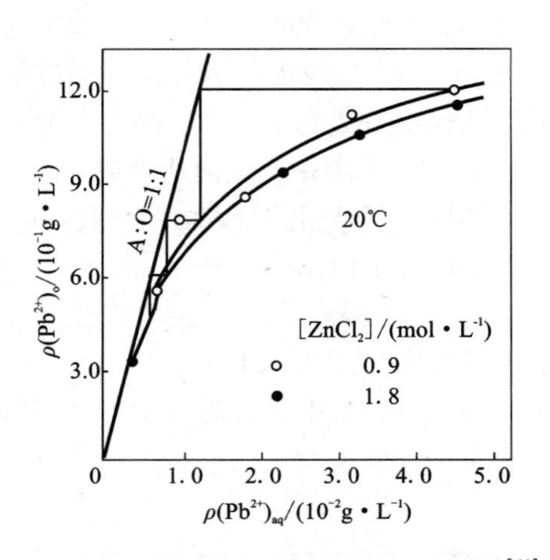

图 2-24 用 $ZnCl_2$ 溶液洗涤铅的等温线[64]

有机相(g/L)：Zn^{2+} 8.6，Cd^{2+} 0.14；Fe^{2+} 3.5，Pb^{2+} 0.03

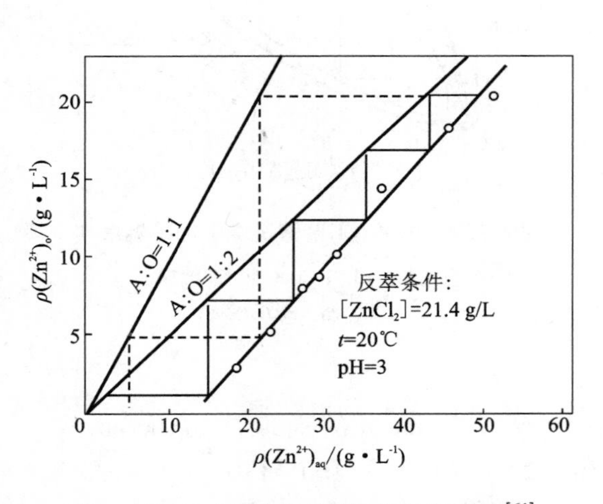

图 2-25 $ZnCl_2$ 溶液反萃取锌的等温线[64]

有机相负载锌量：Zn^{2+} 30 g/L

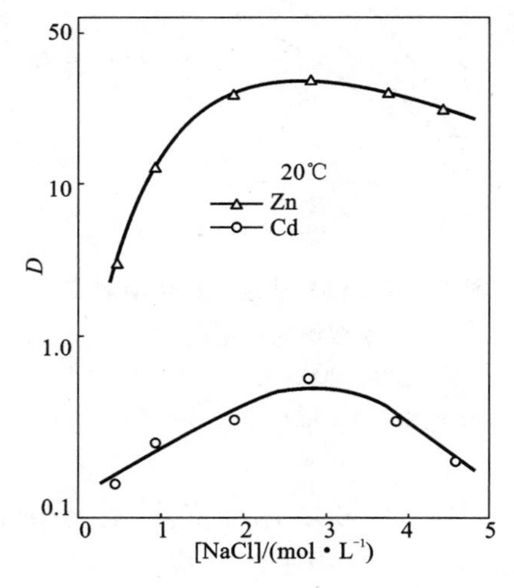

图 2-26 0.05 mol/L TOPO-煤油萃取锌、镉[73]

量 Fe^{2+}、Cu^{2+}、Cd^{2+}、Ni^{2+}、Co^{2+} 等的硫酸废液中萃取锌，加入 30～50 g/L 的 NaCl 形成锌氯配合物[67]，采用 TBP 萃取氯化锌，反萃液含锌 15 g/L，不适宜于电积[68]。Buttinelli D 等[69]还对本工艺进行了改进，采用部分废电解液反萃取。

意大利 Pertusola 锌厂的含锌硫酸废液成分(g/L)为：Zn^{2+} 14.4、H_2SO_4 237、Mg^{2+} 12.9、Mn^{2+} 1.8、Cl^- 0.38，用50% TBP + 煤油萃取。萃余液 Zn^{2+} <1 g/L，锌萃取率 >94%，绝大部分杂质，如 Mg^{2+} 和 Mn^{2+}，没有被萃取，他们在反萃液中的浓度为 Mg^{2+} 10 ~ 30 mg/L 和 Mn^{2+} 2 ~ 4 mg/L。

Regel - Rosocka 和 Szymanowski[70] 对 TBP 从盐酸介质萃取锌过程中 Fe^{2+} 的传输机理进行了研究：通过测试有机相的导电率表明可能形成反胶团；实验室试验与现场试验结果表明，提高 HCl 浓度，有机相导电率也显著提高；Fe^{2+} 氧化成 Fe^{3+} 会显著提高后者的萃取率。由于 Fe^{2+} 为物理传输，负载有机相可以用水有效洗涤 Fe^{2+}。

从负载 TBP 有机相反萃锌得到反萃液锌浓度低，≤17 g/L，不利于后续处理。Mishonov I V 等人[71] 采用 NH_3/NH_4Cl 溶液反萃 TBP 负载相，对于萃合物为 $HZnCl_3 \cdot 3TBP$ 与 $ZnCl_2 \cdot TBP$ 的反萃，其平衡常数 K_{ex} 分别为 $2 \times 10^{-7}(mol/L)^{-5}$ 和 $(2.0 \sim 2.3) \times 10^3 (mol/L)^{-3}$；采用 NH_3 >3.8 mol/L、O/A >2.5∶1，反萃液 pH ≈8、Cl^- 3.3 mol/L，Zn^{2+} 接近 63 g/L，可以用于电解。

(2) 三烷基氧化磷(TOPO 或者 Cyanex921、Cyanex923、Cyanex925)

Sato 和 Nakamura[4] 采用三正辛基氧化磷(TOPO) + 苯为萃取有机相，从 $ZnCl_2$ - LiCl 的溶液中萃取锌，其反应为：

$$Zn^{2+} + 2Cl^- + 2\overline{TOPO} = \overline{ZnCl_2 \cdot 2TOPO} \qquad (2-15)$$

反应平衡常数 $K_{ex} = 3 \times 10^4$；采用最小方差法求得 $ZnCl_j^{j-4}$ 配合物的累计稳定常数 β_j 分别为：5.40、0.80、0.30 与 0.102。Juang R - S[72] 利用文献[4] 的试验数据和简化的 Pitzer 方程对溶液中活度系数进行估算，发现能够有效地解释与预测萃取过程的分配常数，求得 20℃时的热力学平衡常数为 $\lg K_{ex} = 5.16 \pm 0.11$。Rice 和 Smith[73] 采用 0.05 mol/L TOPO - 煤油为萃取有机相，从 ISP 炼锌烟道灰洗水中萃取分离锌、镉；洗水成分(g/L)为：Zn^{2+} 9.4、Cd^{2+} 19.6、Fe^{2+} 0.32、Pb^{2+} 0.04、Ca^{2+} 1.0 和 NaCl 147。TOPO 萃取锌、镉的分配比与溶液中 NaCl 浓度的关系见图 2 - 26。与 TBP 相比，TOPO 的 P ═ O 键比 TBP 的极性强，锌、镉的分配比大大提高，但锌与镉的分离系数改变不大。

Mousa S B 等[74] 采用 0.1 mol/L TOPO + 环己烷为萃取有机相，研究了添加水溶性的醇或酮对从氯化物溶液中萃取分离锌、镉的影响，其变化规律见图 2 - 27、图 2 - 28。向水溶液中添加水溶性的醇或酮后，TOPO 萃取锌的顺序为：丙酮 > 甲醇 > 乙醇 > 丙醇 > 丁醇。添加丙酮，锌的萃取率可以达到 95%；添加醇，锌的萃取率与醇的介电常数相关，这些醇的介电常数随着碳链的增加而降低，分别为：32.7、24.6、19.9、16.6。氯化物水溶液中，0.1 mol/L TOPO + 环己烷萃取分离锌、镉的分离系数为 3.8。水溶液中加入 10% ~ 20% 丙酮，0.1 mol/L TOPO + 环己烷萃取剂，萃取分离锌、镉的分离系数提高到30以上。

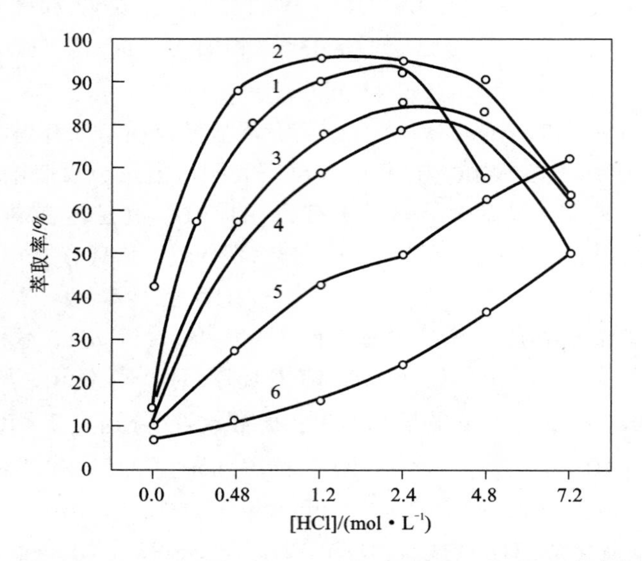

图2-27 [HCl]对0.1 mol/L TOPO萃取$ZnCl_2$的影响[74]

添加物20%，曲线：1—水；2—丙酮；3—甲醇；4—乙醇；5—丙醇；6—丁醇

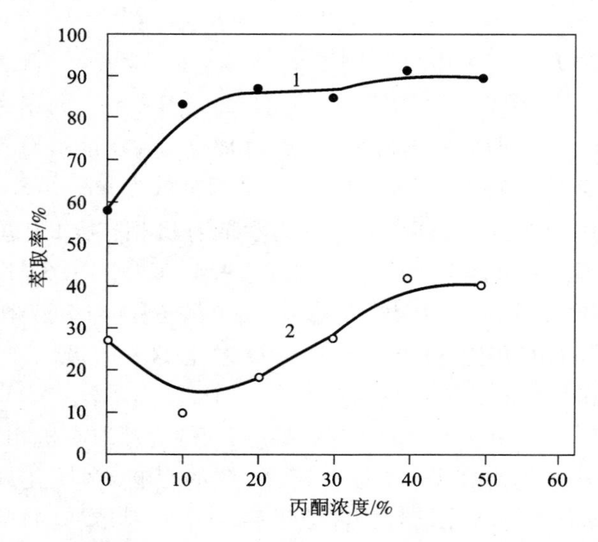

图2-28 丙酮量对0.1 mol/L TOPO萃取$ZnCl_2$、$CdCl_2$的影响[74]

HCl 0.48 mol/L，曲线：1—$ZnCl_2$；2—$CdCl_2$

Rickelton和Boyle[75]采用0.15 mol/L CYANEX® 925 + 稀释剂Exxsol D-80

为萃取有机相，从金属离子 Me^{2+} 浓度为 0.01 mol/L、HCl 1 ~ 6 mol/L 的溶液中，在萃取温度 24℃、萃取时间 5 min、O/A = 1∶1 条件下，萃取不同单种金属离子的分配系数见图 2 - 29。从图中可以看出，当[HCl] > 2 mol/L 时，$D_{Fe^{3+}} > D_{Zn^{2+}} \gg D_{Cu^{2+}}$、$D_{Fe^{2+}}$、$D_{Pb^{2+}}$。还对萃取剂 CYANEX® 921、924 与 925 从上述溶液中萃取 Zn^{2+} 的分配比进行了对比，见图 2 - 30。从图中可以看出萃取剂的萃锌能力：CYANEX® 921 > CYANEX® 925 > CYANEX® 924。

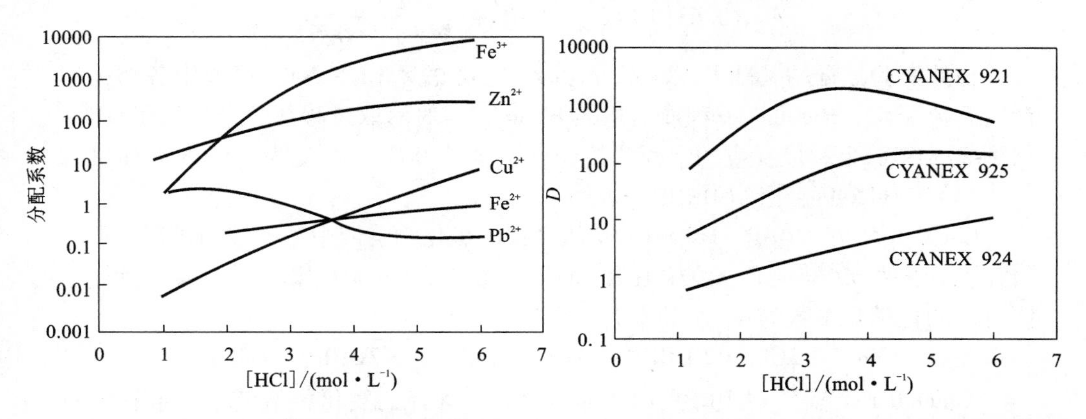

图 2 - 29　CYANEX® 925 从氯化物溶液中萃取金属的分配系数[75]

CYANEX® 925 0.15 mol/L、Me^{2+} 0.01 mol/L、温度 24℃、萃取时间 5 min、O/A = 1∶1

图 2 - 30　不同 CYANEX® 萃取剂从氯化物溶液中萃取 Zn^{2+} 的分配系数[75]

CYANEX® 0.15 mol/L、Me^{2+} 0.01 mol/L、温度 24℃、萃取时间 5 min、O/A = 1∶1

Martínez 和 Alguacil 对 CYANEX® 923 + Solvesso 100 从 $CaCl_2$[76] 或 NH_4Cl 溶液[77] 中萃取锌的机理进行了研究，求得反应的斜率，得到反应式为：

$$Zn^{2+} + 2Cl^- + 2\overline{L} + 2H_2O \rightleftharpoons \overline{ZnCl_2 \cdot 2L \cdot 2H_2O} \qquad (2-16)$$

萃取过程为放热反应，它们的焓变分别为：-55.2 kJ/mol 与 -42.0 kJ/mol。

(3)戊基膦酸二戊酯(DPPP)

Nogueira E D 等[78, 79] 采用 DPPP + 煤油为萃取有机相，从氯化物溶液中萃取 $ZnCl_2$。有机相中 DPPP 浓度变化范围为 0.647 ~ 1.618 mol/L；水相中 NaCl 浓度范围为 0.7 ~ 2.0 mol/L，$ZnCl_2$ 浓度变化范围为 0.0757 ~ 1.1 mol/L，用硫酸调节 pH 1.5 ~ 2.0。萃取反应机理如下：

$$Zn^{2+} + 2Cl^- + 2\,\overline{DPPP} = \overline{ZnCl_2 \cdot 2DPPP} \qquad (2-17)$$

测得 20 ~ 55℃ 下萃取反应的平衡常数 K_{ex} = 4.24 (30℃)，焓变 ΔH 为 -18.1 kJ/mol，属于典型的溶剂化萃取。锌在水相、有机相的分配比可以表示为：

$$\frac{x}{y}=a+bx \tag{2-18}$$

式中：a 表示无限稀释溶液的萃取分配比的倒数；b 表示有机相最大锌浓度的倒数，可以用以下两式表示：

$$a=\frac{1+\sum_N \beta_N[\mathrm{NaCl}]_{\mathrm{aq}}^N}{K_{\mathrm{ex}}[\mathrm{NaCl}]^2[\overline{\mathrm{DPPP}}]^2}$$

$$\frac{1}{b}=18.63[\overline{\mathrm{DPPP}}]-1.76+\frac{2.56}{[\mathrm{NaCl}]-0.55}$$

在此实验数据的基础上，Juang 和 Jiang[80] 考虑 $ZnCl_2$ – NaCl 溶液中各物种的活度系数，运用 Bromley 方程或简化的 Pitzer 方程对萃取过程热力学进行了计算，得到 20 ~ 55℃下萃取反应的平衡常数 $K_{ex}=3.87$(30℃)，焓变为 –15.5 kJ/mol。

(4)丁基膦酸二丁酯(DBBP)

Lin H K[81] 对 DBBP + Escaid 110 从含锌的氯化物溶液中萃取锌的机理进行了研究，发现萃取率与 pH 无关；在稀 $ZnCl_2$溶液中，2 mol DBBP 与 1 mol 锌反应；同时水的化学当量数为 4，总的萃取反应为：

$$Zn^{2+}+2Cl^-+2\,\overline{DBBP}+4H_2O \xlongequal{} \overline{ZnCl_2\cdot 2DBBP\cdot 4H_2O} \tag{2-19}$$

Alguacil F J 等[82]对 DBBP + Exxsol D100 从含锌的氯化物溶液中萃取锌的机理研究得到了相同的结论，计算得到 10 ~ 50℃的焓变 ΔH 为 –28.4 kJ/mol。

Diaz G 等[83] 采用 50% DBBP 从含 $ZnCl_2$ 的浸出液中萃取锌，浸出液成分(g/L)为：Zn 5，NaCl 120 ~ 140；萃取温度 25℃。负载有机相用 Zn 30 g/L、NaCl 116 g/L 的溶液在 60℃下反萃得到含 Zn 65 g/L 的反萃液，在阳离子膜电解槽中电积金属锌。这个 Zinclor 工艺的中试试验结果表明：槽电压低(<2.7 V)，电积能耗低；但阳极产生氯气，回收复杂。Regel – Rosocka M 等[84] 对采用 DBBP + 煤油从含 Zn^{2+}、Fe^{2+}、Fe^{3+} 的溶液中萃取分离锌的机制进行了研究。研究结果表明在高氯化物浓度下，DBBP 对 Zn^{2+}、Fe^{3+} 的萃取率很高，少量的 Fe^{2+} 被萃取，因此不能从含 Fe^{3+} 的溶液中萃取分离锌，而对于 Zn^{2+}、Fe^{2+} 的选择性分离系数超过 10^3 倍。对 Bielsko – Biala 的 Belos 镀锌厂产的含 Zn^{2+} 100 g/L、Fe^{2+} 29、Fe^{3+} 1 g/L、HCl 2.5 mol/L、$[Cl^-]_T$ 6.5 mol/L 的酸洗废液，采用 80% DBBP + 煤油为萃取有机相、O/A = 5 :1，采用 W/O = 5 :1 洗涤 Fe^{2+}，采用 W/O = 1 :1 反萃 Zn^{2+}，反萃液含 Zn^{2+} 9 g/L。

(5)亚磷酸三苯酯(TPP)

Baba A A 等人[85, 86] 采用 TPP + 煤油为萃取剂从氯化物体系中萃取锌，发现溶液中$[Zn^{2+}]$、pH 以及盐析剂对锌的萃取率有影响，盐析剂的作用效果是 NaCl < NH_4Cl < LiCl。根据实验结果，采用斜率法分析 lg[D]与 lg[Cl^-]、lg[TPP]的斜率均为 1，说明萃合物生成的反应式为：

$$2Zn^{2+} + 2Cl^- + 2\overline{L} \rightleftharpoons \overline{(ZnClL)_2} \qquad (2-20)$$

式中：L 表示 TPP。反萃过程采用 0.5 mol/L 的 HCl，锌的一级反萃率可以达到 79.42%，但萃取剂不稳定，多次使用后萃取锌的能力下降。

(6) KELEX 100

Dziwinski E 等[87]采用 GC/MS 法对 KELEX® 100 的主要化学成分进行检测，认为其主要成分为 7-(4-乙基-1-甲基辛基)-8-羟基喹啉。

Jakubiak 和 Szymanowski[88]对萃取剂 KELEX 100 从氯化物体系中萃取锌进行了研究，结果表明 KELEX 100 具有双重功效。在酸性条件下，KELEX 100 与 HCl 加质子化，形成有机相 RH_2Cl，与 $ZnCl_4^{2-}$ 交互：

$$ZnCl_4^{2-} + 2\,\overline{RH_2Cl} \rightleftharpoons \overline{(RH_2)_2ZnCl_4} + 2Cl^- \qquad (2-21)$$

采用氨水在平衡 pH 6.5～8 的条件下，洗涤有机相中的 Cl^-，反应式为：

$$\overline{(RH_2)_2ZnCl_4} + 4NH_3 \rightleftharpoons \overline{R_2Zn} + 4NH_4Cl \qquad (2-22)$$

使 $(RH_2)_2ZnCl_4$ 转化为 R_2Zn，结构式如下：

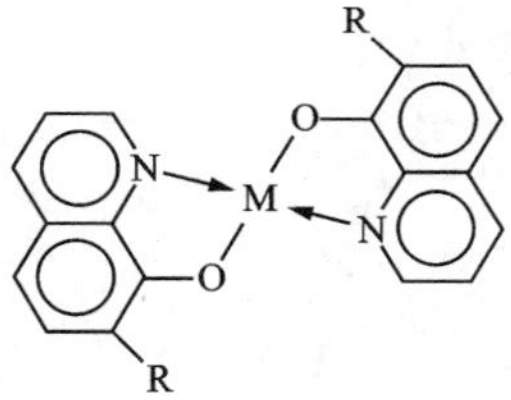

转化成 R_2Zn 的有机相，再用 0.5 mol/L 的硫酸反萃生成 $ZnSO_4$ 溶液。

Kyuchoukov 等人[89-93]还对 KELEX 100 从氯化物体系中萃取分离 Cu^{2+}、Zn^{2+} 进行了研究。萃取实验表明，在 pH <1.0 条件下，Cu^{2+} 以阳离子、阴离子两种形态被萃取，与溶液的酸度、Cl^- 浓度有关；而 Zn^{2+} 只以阴离子形态被萃取，通过控制萃取、洗涤与反萃条件，可以分离 Cu^{2+} 与 Zn^{2+}，而最有效的途径是反萃。高酸度与高 Cl^- 浓度下，Cu^{2+}、Zn^{2+} 均可以被 KELEX 100 萃取，当 Cu^{2+}、Zn^{2+} 同时存在时锌配合物优于 Cu^{2+} 被萃取。采用负载 Cu^{2+} 的 20% KELEX 100 + 15% 癸醇 + 65% 煤油有机相与含 H^+ 1.520 mol/L、Cl^- 7.462 mol/L、Cu^{2+} 0.655 mol/L、Zn^{2+} 0.645 mol/L 的溶液多次萃取，有机相中的 Cu^{2+}、Zn^{2+} 变化规律见图 2-31。

实验结果表明，第一次负载 Cu^{2+} 有机相与 Cu^{2+}、Zn^{2+} 的溶液接触，有机相中的 Cu^{2+} 浓度显著减少，通过多次萃取，可以使 Cu^{2+} 全部残存在萃余液中。含 Zn^{2+} 0.144 mol/L、Cu^{2+} 0.135 mol/L、Cl^- 1.38 mol/L 的负载有机相，用水洗涤，用氨水调节洗水的平衡 pH，变化范围为 0.2～8.6，实验结果见图 2-32。

图 2-32 表明在 pH <0.5 时，金属离子的洗涤脱除不具有选择性；在 pH = 0.6～2.7 时，可以非常容易的脱除锌，而铜从离子对转化为螯合物。在更高的

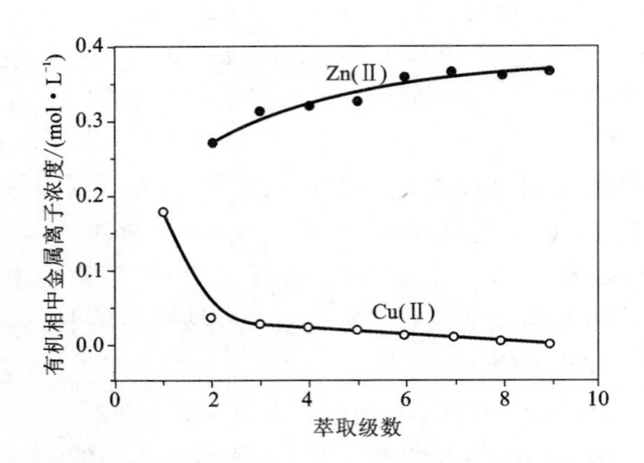

图 2-31 有机相中的 Cu^{2+}、Zn^{2+} 与萃取级数的关系[93]

第一次萃取液 H^+ 1.731 mol/L, Cl^- 7.514 mol/L, Cu^{2+} 0.558 mol/L;

后续萃取液: H^+ 1.520 mol/L, Cl^- 7.462 mol/L, Cu^{2+} 0.655 mol/L, Zn^{2+} 0.645 mol/L

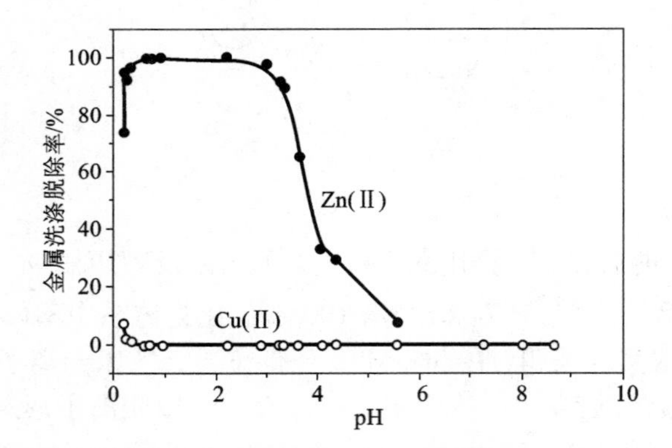

图 2-32 不同 pH 下, Cu^{2+}(○)、Zn^{2+}(●)从负载有机相的洗涤脱除率[93]

负载有机相: Zn^{2+} 0.144 mol/L, Cu^{2+} 0.135 mol/L, Cl^- 1.38 mol/L

pH 范围, Zn^{2+} 也转化为螯合物, 在 pH >7 时, Zn^{2+} 全部转化为螯合物。脱除负载有机相中的 Cl^- 需要两步(见图 2-33); 在 pH >1 时, 第一次洗涤脱除近 90% 的 Cl^-。

溶液 pH >7.0 的水洗涤负载有机相得到 Cu^{2+}、Zn^{2+} 的螯合物, 用 0.25 ~ 3.35 mol/L 的 H_2SO_4 反萃 Cu^{2+}、Zn^{2+}, 见图 2-34。实验结果表明, 采用 0.2 ~ 1.0 mol/L的 H_2SO_4 就可以一次选择性的反萃 Zn^{2+}; 而 H_2SO_4 低于 0.1 mol/L 时, 就不能一次完全反萃 Zn^{2+}。采用 3.0 mol/L 的 H_2SO_4, 一级可以反萃 80% 的

Cu^{2+}，至少需要 2 级才能反萃干净。

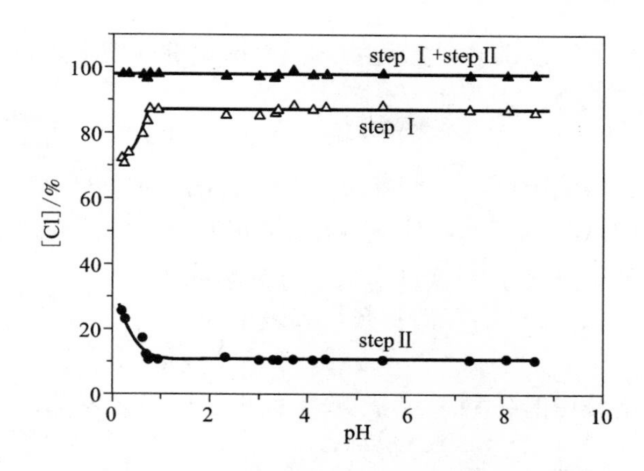

图 2－33　Cl^- 从负载有机相的洗涤脱除率随 pH 的变化[93]

△与●分别表示第一次、第二次洗涤 Cl^- 脱除率；▲表示总的 Cl^- 脱除率

负载有机相：Zn^{2+} 0.144 mol/L、Cu^{2+} 0.135 mol/L、Cl^- 1.38 mol/L

(7) ACORGE ZNX50

ACORGE ZNX50 是 ZENECA Specialities 公司提出的从氯化物溶液中萃取锌的萃取剂[94－97]，其主要有效成分为二苯并咪唑的取代物。Dziwinski E 等[98]采用 GC/MS 与 MS 技术对 ACORGE ZNX50 的成分进行了研究，发现主要有效成分为 60% 的二苯并咪唑的取代物与 40% 的 C_{10} ~ C_{15} 的碳氢化合物，其中二苯并咪唑的取代物包括：二甲基二苯并咪唑、二甲基－1－单(三癸羧基)－2, 2'－二苯并咪唑、二甲基－1, 1'－二(三癸羧基)－2, 2'－二苯并咪唑，其结构式分别如下：

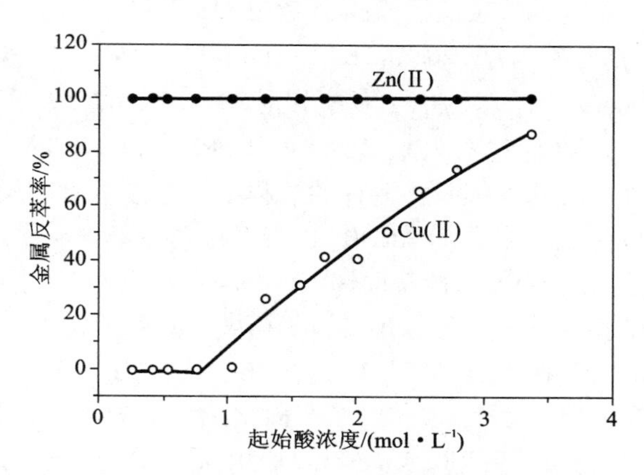

图 2－34　起始硫酸浓度与 Zn(Ⅱ) 和 Cu(Ⅱ) 反萃率关系[93]

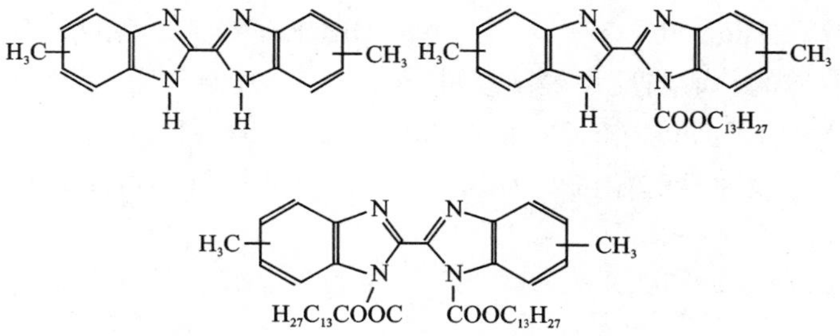

Cote 与 Jakubiak[96]采用 ACORGE ZNX50＋18%（w）Varsol 为萃取有机相，对

不同离子浓度的含锌氯化物溶液萃取锌的热力学进行研究，利用斜率法得到的萃取反应式为：

$$2Zn^{2+} + 4Cl^- + 2\overline{L} \longrightarrow \overline{(ZnCl_2L)_2} \qquad (2-23)$$

在溶液中[Cl^-] <1 mol/L 时，锌的萃取率随着[Cl^-]的增加而增大；但是当溶液中[Cl^-] >1 mol/L 时，由于 $ZnCl_3^-$、$ZnCl_4^{2-}$ 的形成，抑制了锌的萃取，因此在溶液中[Cl^-] =1 mol/L 时，锌的萃取率最大。

式(2-23)的平衡常数可以表示为：

$$K_{ex} = [\overline{(ZnCl_2L)_2}]/([Zn^{2+}]^2 \cdot [Cl^-]^4 \cdot [\overline{L}]^2) \qquad (2-24)$$

溶液中的各种锌-氯配合物的累积稳定常数 β_i 可以表示为式(2-1)。式(2-1)代入式(2-24)得到：

$$\lg\frac{\overline{[Zn^{2+}]}}{[Zn^{2+}]^2} = \lg2 + \lg K_{ex} + 2\lg[\overline{L}] + 4\lg[Cl^-] - 2\lg\left(1 + \sum_{i=1}^{4}\beta_i[Cl^-]^i\right) \qquad (2-25)$$

对实验数据进行模拟分析得到：溶液中总的物种浓度为 8 mol/L 时，β_1、β_2、β_3、β_4分别为：1.26、3.16、5.01 与 0.63，$K_{ex} = 1.14\times10^4$；溶液中总的物种浓度为 12 mol/L 时，β_1、β_2、β_3、β_4分别为：2.51、12.59、25.12 与 0.056，$K_{ex} = 2.24\times10^7$。

磷酸酯类萃取剂，如 TBP、DPPP，能够与 Fe^{3+} 形成稳定的配合物而被萃取，从而在氯化物体系萃取锌的过程中一起被萃取进入有机相；而负载有机相中的锌反萃困难。螯合剂 ACORGE ZNX50 能从含 Fe、As、Ca、Cr、Pb、Mg、Mn、Ni 和 Sb 的溶液中选择性萃取锌。Dalton R F 等人[97]对 ACORGE ZNX50 从氯化物溶液中选择性萃取锌的原理进行了研究，如采用 0.25 mol/L ACORGE ZNX50 + Escaid 100 为萃取剂，O/A 为 1∶1、25℃，从含 Zn^{2+} 50 g/L、Fe^{2+} 110 g/L、Pb^{2+} 2 g/L、HCl 0.14 mol/L、总 Cl^- 5.6 mol/L 的溶液中萃取锌，负载有机相中铁的浓度仅为 1~7 mg/L；采用0.5 mol/L ACORGE ZNX50 + Escaid 100 为萃取剂，O/A 为 1∶1、25℃，从含 Zn^{2+} 50 g/L、Fe^{3+} 73 g/L、总 Cl^- 5.5 mol/L 的溶液萃取锌，负载有机相中铁的浓度仅为 4 mg/L，这说明 ACORGE ZNX50 能从含 Fe^{2+}、Fe^{3+} 的溶液中选择性萃取锌。Dalton R F 等人[97]还对 ACORGE ZNX50 从模拟复杂闪锌矿氯化浸出液中萃取锌的萃取与反萃等温线进行了绘制，其条件为：萃取剂为 0.3 mol/L ACORGE ZNX50 + Escaid 100，溶液中 Zn^{2+}50 g/L、HCl 5 g/L、总 Cl^-5.5 mol/L，萃取温度 25℃，反萃液起始浓度 $ZnCl_2$ 63 g/L、NaCl 2.0 mol/L、HCl 5 g/L，反萃温度 25℃。

根据 McCabe-Thiele 图与萃取、反萃锌的等温线，得到萃取与反萃的技术，见图 2-35。

Dalton R F 等人[97]还采用 ACORGE ZNX50 从含 Zn^{2+} 36 g/L、Fe 60 g/L(主要是 Fe^{2+})、HCl 50 g/L 的电镀酸洗废液中经过 3 级萃取锌，锌萃取率可以达到

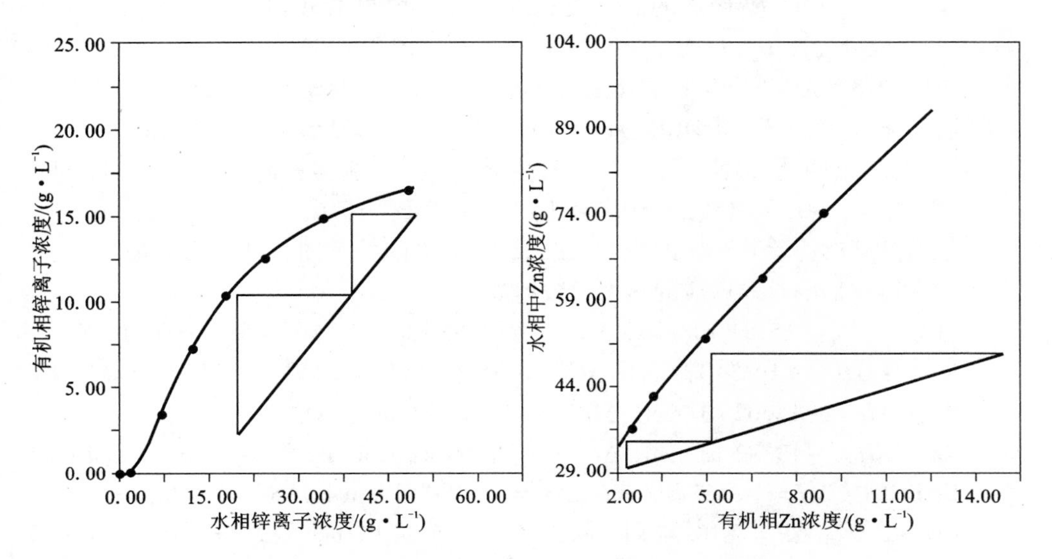

图 2-35 模拟复杂闪锌矿氯化浸出液中萃取与反萃锌的等温线[97]

90%以上；采用盐酸弱酸性水或电积锌废液反萃锌，可以得到含 $Zn^{2+}>100$ g/L 的反萃液，故用于电积锌。

2.4.4 混合萃取剂(Mixed Extractants)

单一的萃取剂可能存在萃取率低或反萃困难的问题，有研究者采用了溶剂化/酸性、碱性/螯合、酸性/碱性等混合萃取剂从氯化物体系中萃取锌。

Harrison G 等[99]采用溶剂化萃取剂 Kelex 100 和烷基羧酸萃取剂 Versatic 911 + 煤油，从含 Cl^- 1 mol/L 氯化物溶液中协萃锌，其萃取反应为：

$$Zn^{2+}+2\,\overline{HL}+2\,\overline{HR}=\!=\!=\overline{ZnL_2(HR)}+2H^+ \qquad (2-26)$$

式中：HL 表示 Kelex 100，HR 表示 Versatic 911。

在研究伯胺从氯化物体系中萃取锌的基础上，李德谦等人还对伯胺 N_{1923} + 烷基稀释剂与其他有机试剂，如 TBP[100]、DBBP[100]、甲基膦酸二甲庚酯(P_{350})[101]、2-乙基己基磷酸单 2-乙基己基酯(HEH/EHP、P_{507})[102]、Cyanex 272[103]、2-乙基己基磷酸-二(-乙基己基)酯(EHDEHP)[104]、Cyanex 923、Cyanex 925[105]和 D_2EHPA、Cyanex 301、Cyanex 302[106]，从盐酸介质中协同萃取 Zn(Ⅱ)的过程进行了比较系统的研究。用等摩尔系列法和斜率法以及 IR、^1H NMR 确定了协萃配合物的组成为：$(RNH_3Cl)_3\cdot ZnCl_2\cdot TBP$、$(RNH_3Cl)_2\cdot ZnCl_2\cdot DBBP$、$(RNH_3Cl)_{3/2}\cdot ZnCl_2\cdot P_{350}$、$(RNH_3Cl)_6\cdot ZnClP_{507}$、$(RNH_3Cl)_3\cdot ZnCl_2\cdot$ Cyanex272、$(RNH_3Cl)_2\cdot ZnCl_2\cdot$ EHDEHP、$(RNH_3Cl)_{3/2}\cdot ZnCl_2\cdot 2.5$Cyanex923 和 $(RNH_3Cl)_{3/2}\cdot ZnCl_2\cdot 2$Cyanex925。

固定 RNH_3Cl + 协萃剂的总浓度，改变协萃剂与 RNH_3Cl 的浓度比，测定 $ZnCl_2$ 的萃取分配比 D。D 与 $x(RNH_3Cl)$ 的关系见图 2－36。

求得协萃反应的平衡常数分别为：$\lg K(TBP)=3.09$，$\lg K(DBBP)=2.90$，$\lg K(P_{350})=2.10$、$\lg K(EHDEHP)=2.15$、$\lg K(Cyanex272)=1.94$ 和 $\lg K(P_{507})=1.94$；求得前四者的协萃配合物的生成常数分别为：$\lg\beta(TBP)=1.34$，$\lg\beta(DBBP)=1.90$，$\lg\beta(P_{350})=0.46$、$\lg\beta(EHDEHP)=0.67$。

依据温度对协萃分配比的影响，做 $\lg D \sim 1/T$ 的关系图，得到的伯胺 N_{1923}－正庚烷－协萃剂的萃取反应的热力学数据如下。

TBP：$\Delta H=-15.91$ kJ/mol，$\Delta G^\ominus=-17.63$ kJ/mol，$\Delta S^\ominus=5.77$ J/mol·K

DBBP：$\Delta H=-19.54$ kJ/mol，$\Delta G^\ominus=-16.55$ kJ/mol，$\Delta S^\ominus=-345.6$ J/mol·K

P_{350}：$\Delta H=-14.62$ kJ/mol，$\Delta G^\ominus=-12.18$ kJ/mol，$\Delta S^\ominus=-8.05$ J/mol·K

P_{507}：$\Delta H=-19.82$ kJ/mol，$\Delta G^\ominus=-11.09$ kJ/mol，$\Delta S^\ominus=-29.30$ J/mol·K

EHDEHP：$\Delta H=-8.67$ kJ/mol，$\Delta G^\ominus=-12.07$ kJ/mol，$\Delta S^\ominus=11.60$ J/mol·K

Cyanex 272：$\Delta H=-10.04$ kJ/mol，$\Delta G^\ominus=-5.24$ kJ/mol，$\Delta S^\ominus=-16$ J/mol·K

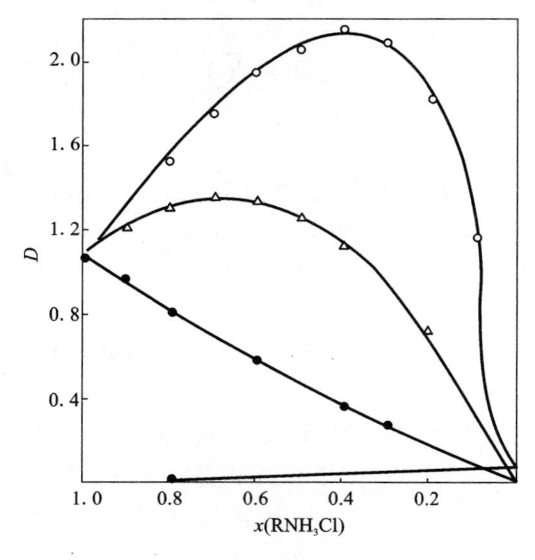

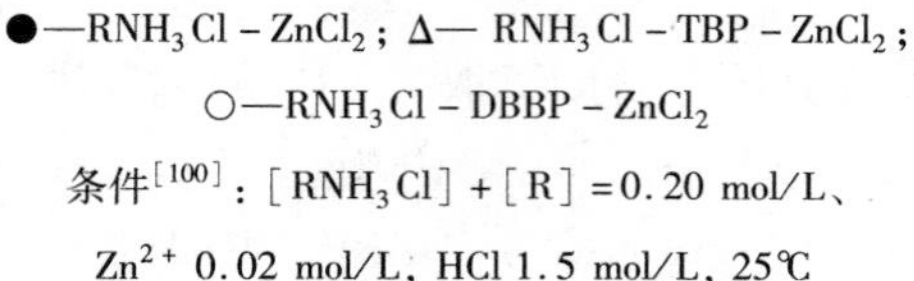

●—$RNH_3Cl-ZnCl_2$；Δ— $RNH_3Cl-TBP-ZnCl_2$；○—$RNH_3Cl-DBBP-ZnCl_2$

条件[100]：$[RNH_3Cl]+[R]=0.20$ mol/L、Zn^{2+} 0.02 mol/L，HCl 1.5 mol/L，25℃

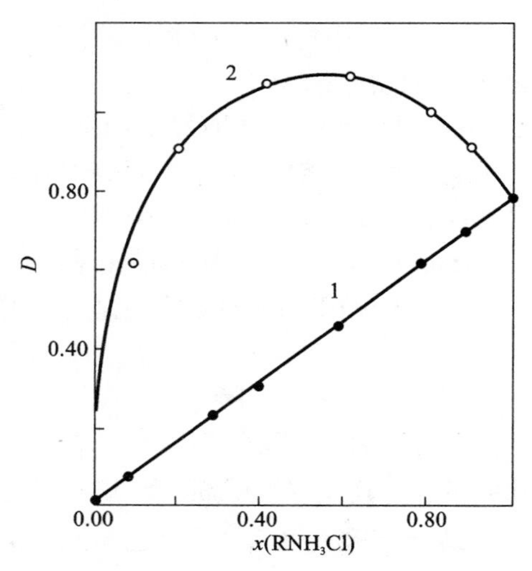

1—$RNH_3Cl-ZnCl_2$；2— $RNH_3Cl-P_{350}-ZnCl_2$

条件[101]：$[P_{350}]+[RNH_3Cl]=0.2$ mol/L、Zn^{2+} 0.021 mol/L，离子强度 1.52 mol/L，25℃

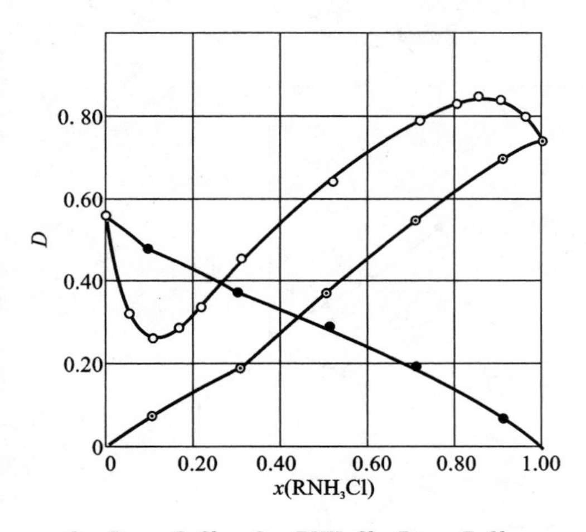

●—P_{507} - $ZnCl_2$；○—RNH_3Cl - P_{507} - $ZnCl_2$；

⊙—RNH_3Cl - $ZnCl_2$

条件[102]：[P_{507}] + [RNH_3Cl] = 0.2 mol/L，离子强度 1.5 mol/L，Zn^{2+} 0.01941 mol/L，pH 1.5、25℃

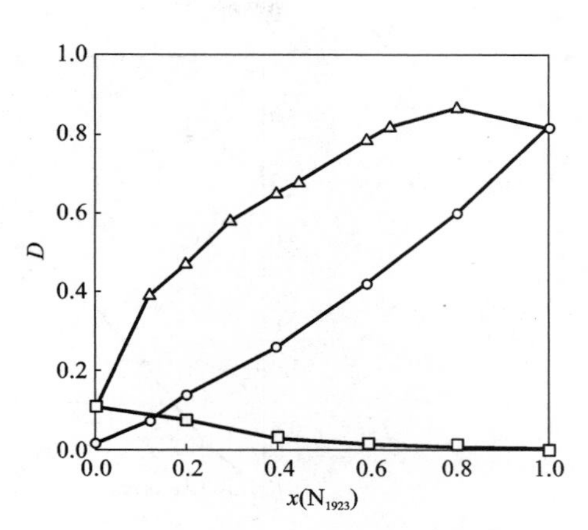

□—Cyanex272 - $ZnCl_2$；○—RNH_3Cl - $ZnCl_2$；

△—RNH_3Cl - Cyanex272 - $ZnCl_2$

条件[103]：[Cyanex272] + [RNH_3Cl] = 0.2 mol/L，离子强度 1.5 mol/L，Zn^{2+} 0.02 mol/L，pH 1.56，20℃

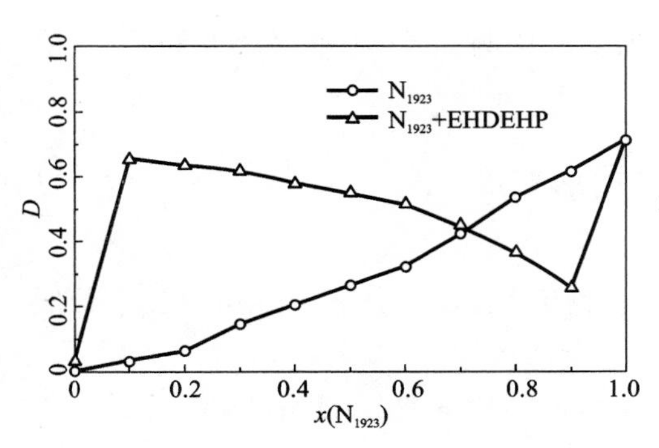

条件[104]：[RNH_3Cl] + [EHDEHP] = 0.2 mol/L、离子强度 1.5 mol/L，Zn^{2+} 0.02 mol/L，pH 1.51，20℃

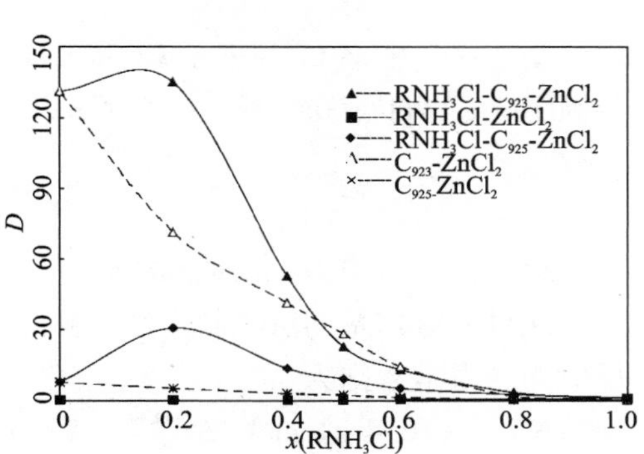

条件[105]：[Cyanex272] + [RNH_3Cl] = 0.2 mol/L，Zn^{2+} 0.0192 mol/L，20℃

图 2-36　"RNH_3Cl + R" - $ZnCl_2$ 的协萃图

Cyanex 923：$\Delta H = -52.0$ kJ/mol，$\Delta G^{\ominus}_{293} = -32.5$ kJ/mol，$\Delta S^{\ominus} = -66.7$ J/(mol · K)

Cyanex 925：$\Delta H = -38.1$ kJ/mol，$\Delta G^{\ominus} = -26.5$ kJ/mol，$\Delta S^{\ominus} = -39.4$ J/(mol · K)

Jia Q 等人[106]对叔胺 N，N - 二(1 - 甲基庚基)乙酰胺(简称 N_{503})、三烷基叔胺 N_{235} 与 Cyanex 923、Cyanex 925 从盐酸体系萃取锌、镉的协同萃取效应进行了研究。发现 N_{503} + Cyanex 923 对锌具有较好的协萃效果，结果如图 2 - 37 所示。

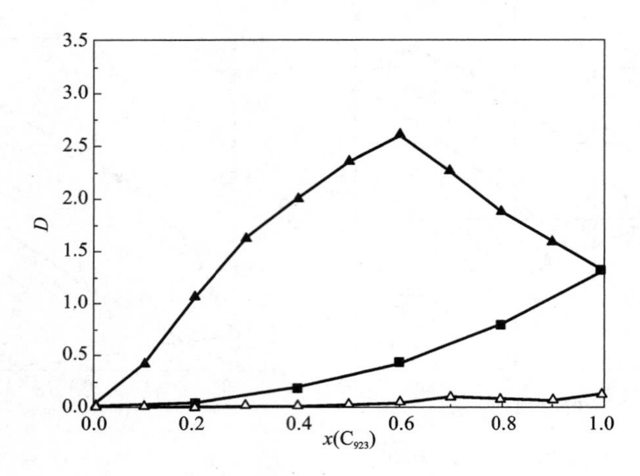

图 2 - 37 "N_{503} + Cyanex923" - $ZnCl_2$ 的协萃图[107]

■—Cyanex923 - Zn；△—N_{503} - Zn；▲—Cyanex923 + N_{503} - Zn

条件：[Zn^{2+}] = [Cd^{2+}] = 5×10^{-3} mol/L，离子强度 1.5 mol/L，[Cyanex 923] + [N_{503}] = 0.1 mol/L

图 2 - 37 中 $x(C_{923})$ 表示 Cyanex 923 所占的比例。根据协同萃取理论[108]，协萃因子，R，可以表示为：

$$R = \frac{D_{\text{mix}}}{D_{\text{Cyanex923}} + D_{N503}} \tag{2-27}$$

当 $x(C_{923}) = 0.6$ 时，R_{max} 为 3.2 倍。

通过等摩尔系列法和斜率法，求得萃合物为：$ZnCl_2 \cdot N_{503} \cdot$ Cyanex923；萃取反应的热力学数据为：

$\Delta H = -16.4$ kJ/mol，$\Delta G^{\ominus} = -19.6$ kJ/mol，$\Delta S^{\ominus} = 122.9$ J/mol · K

2.5 从 $Zn(NH_3)_j^{2+}$ 配合物溶液中萃取锌

Hoh Y - C 等[109]研究了 LIX 34 + Kermac 470B 为萃取剂对锌萃取效果的影响。pH 对锌萃取率的影响表明，在 pH 5 ~ 7.8，锌的萃取率急剧增加，在 pH 7.8 达到最大值；继续升高 pH，锌的萃取率慢慢降低。负载容量测试结果表明：10%（V）和 15%（V）LIX 34 的萃取饱和容量分别为 0.052 mol/L（3.4 g/L）与 0.076 mol/L（5 g/L）。温度试验表明[110]，$\lg D_{Zn}$—$1/T$ 呈直线关系，在 10 ~ 60℃，固定溶液 pH 为 7.2、8.0 与 9.5，得到 $\Delta H^{\ominus}$ 分别为 -1.6 kJ/mol、-26.3 kJ/mol 和 -11.4 kJ/mol，为放热反应；温度升高，萃取率降低。Rao K S 等[111]对 Hostarex

DK－16 为萃取剂从 Zn(Ⅱ)－NH_3 中萃取锌的过程进行了研究。在 30±2℃、Hostarex DK－16 10(V/V)%＋煤油、O/A＝1∶1、水相[Zn^{2+}] 0.005 mol/L＋[$(NH_4)_2SO_4$] 0.5 mol/L 的条件下，随着起始 pH 的升高，锌的萃取率开始上升然后降低，在7.5 时达到最大值80%左右；在起始 pH 8.2，28～76℃的条件下萃取，$\lg D_{Zn}$—$1/T$ 呈直线，计算的 $\Delta H^{\ominus}$为－21 kJ/mol。

Alguacil 等[112, 113]研究了硫酸铵和氨对 LIX－54 溶剂萃取锌的影响。Zn^{2+} 与螯合萃取剂 LIX－54 的萃取平衡方程式为：

$$Zn^{2+} + 2\,\overline{HR} \rightleftharpoons \overline{ZnR_2} + 2H^+ \tag{2-28}$$

$$K_{ex} = \frac{[\overline{ZnR_2}][H^+]^2}{[Zn^{2+}][\overline{HR}]^2} \longrightarrow [\overline{ZnR_2}] = \frac{K_{ex}[Zn^{2+}][\overline{HR}]^2}{[H^+]^2} \tag{2-29}$$

水相中存在 Zn^{2+}、NH_4^+ 时，在 pH 升到足够高时会生成 NH_3，再与 Zn^{2+}形成 $Zn(NH_3)^{2+}$，…，$Zn(NH_3)_m^{2+}$ 配合物，导致游离锌离子的浓度降低，从而影响锌的萃取分配比 D_{Zn}。水相中的反应遵循以下平衡：

$$NH_4^+ \rightleftharpoons H^+ + NH_3$$

$$K_{NH_3} = \frac{[H^+][NH_3]}{[NH_4^+]} \longrightarrow [NH_3] = \frac{K_{NH_3}[NH_4^+]}{[H^+]} \tag{2-30}$$

$$Zn^{2+} + m\,NH_3 \rightleftharpoons Zn(NH_3)_m^{2+}$$

$$K_m = \frac{[Zn(NH_3)_m^{2+}]}{[Zn^{2+}][NH_3]^m} \longrightarrow [Zn(NH_3)_m^{2+}] = K_m[Zn^{2+}][NH_3]^m \tag{2-31}$$

式中：K_{NH_3}、K_m分别表示 NH_4^+ 的稳定常数、$Zn(NH_3)_m^{2+}$ 配合物的累积稳定常数。由于 NH_3的存在，与 Zn^{2+}形成 $Zn(NH_3)_m^{2+}$ 配合物降低了游离 Zn^{2+}浓度，萃取过程中的金属分配率 D_{Zn}变成：

$$D_{Zn} = \frac{[\overline{ZnR_2}]}{[Zn^{2+}]_T} = \frac{K_{ex}[\overline{HR}]^2}{\sum\limits_{m=1}^{4} K_m K_{NH_3}^m [NH_4^+]^m [H^+]^{2-m}} \tag{2-32}$$

$$\left[\frac{\partial \lg D_{Zn}}{\partial pH}\right]_{HR,\ NH_4^+} = 2 - m$$

由于与 Zn^{2+}配位的氨配位体的平均数随 pH 升高而增加，$\lg D_{Zn}$与 pH 的曲线呈抛物线状态，因此在高 pH 或低 pH 下，该曲线的极限斜率可以表征氨配位体与锌的平均配位数。作者研究了在一定 pH 下，从[$(NH_4)_2SO_4$]＝0.25～0.5 mol/L的溶液中萃取锌，pH 对萃取锌的影响。在水相中[Zn^{2+}]＝0.1 g/L，有机相 LIX－54 为10%时，水相中硫酸铵浓度的增大会使 $\lg D_{Zn}$值下降，最大萃取分配比时的 pH 随硫酸铵浓度的变化而变化。当[$(NH_4)_2SO_4$]＝0.25 mol/L 时，最大的 $\lg D_{Zn}$值为0.74，pH 为8.10；当[$(NH_4)_2SO_4$]＝0.5 mol/L 时，最大的 $\lg D_{Zn}$

值为0，pH为7.96。随着硫酸铵浓度的改变，萃取最大分配比的pH发生位移，这是因配合物的形成所致。在$\lg D_{Zn}$对平衡pH的关系曲线中发现，曲线上升部分的平均斜率为2，说明有机相中配合物的形式为n(金属)∶n(β-双酮) = 1∶2，即ZnR_2。用上述有机相与[$(NH_4)_2SO_4$] = 0.25 mol/L和不同锌浓度的水溶液进行的试验发现，改变水溶液中锌的浓度，萃取最大分配比的pH未发生位移，曲线上升部分的平均斜率接近2，表明有机相中形成的萃合物为ZnR_2。斜率值随着pH升高而减小的现象说明锌只以β-双酮配合物形式被萃取，而$Zn(NH_3)_m^{2+}$配合物不被萃取；作者还对锌的负载有机相进行了红外光谱研究，证明LIX-54不萃取$Zn(NH_3)_m^{2+}$配合物。

陈浩等[114]对LIX-54从Zn(Ⅱ)-NH_3-H_2O溶液中萃取锌的研究表明，萃取锌的主要影响因素是溶液的pH和总氨浓度。锌萃取率随着pH升高先增大，后减小；氨浓度越大，最大萃取平衡分配比所对应的pH越小；溶液中[Zn^{2+}]$_T$对萃取平衡时的分配比几乎没有影响。对LIX-54从含[Zn^{2+}]为10 g/L的Zn(Ⅱ)-NH_3-$(NH_4)_2SO_4$-H_2O溶液、Zn(Ⅱ)-NH_3-$(NH_4)_2CO_3$-H_2O溶液或NH_3-NH_4AC-H_2O溶液中萃取锌，最大平衡分配比D_{Zn}分别为4.5、3.0和1.8，所对应的pH分别为8.0、7.8和6.0。采用NH_3-$(NH_4)_2SO_4$-H_2O体系浸出兰坪难选氧化锌矿，得到含[Zn^{2+}]为19.75 g/L的溶液，在25℃，pH = 8，V_o/V_{aq} = 1∶1的条件下，锌的一级萃取率可达78%[115]。

何静、黄玲等[116, 117]对2-乙酰基-3-氧代-二硫代丁酸-十四烷基酯(简称YORS)从Zn(Ⅱ)-NH_3-NH_4Cl水溶液中萃取锌的机理进行了研究，萃取剂的饱和容量为0.0764 mol/L，萃取结构式为ZnR_2，表观活化能为28.206 kJ/mol；得到了该新型萃取剂从氨性溶液中萃取锌的最佳工艺条件：有机相组成YORS 50% + 260#溶剂油45% + 改质剂TBP 5%，相比V_{aq}/V_o = 2∶1，温度25℃，振荡时间5 min，总氨浓度2 mol/L，水相初始pH为9的优化条件下，锌的萃取率≥97%，分配比D_{ex}高达112.6。

付翁、陈启元等[118-120]采用克莱森缩合反应制备了一系列不同空间位阻和含氟官能团的β-二酮萃取剂，它们包括：1-苯基-3-正庚基-1，3-丙二酮(HR1)、1-苯基-4-乙基-1，3-辛二酮(HR2)、1-(4'-十二烷基)苯基-3-叔丁基-1，3-丙二酮(HR3)、1-(4'-十二烷基)苯基-3-三氟甲基-1，3-丙二酮(HR4)。研究了β-二酮类萃取剂分子的空间位阻和萃取剂酸性对萃取能力和萃取选择性的影响。发现β-二酮类萃取剂的酸性越强，对同种金属离子的萃取效率越高；随着萃取剂分子空间位阻的增大，其对Zn^{2+}的萃取效率随之降低。通过研究五种协萃剂的比较实验，发现三正辛基氧化膦(TOPO)对萃取效率的提高最为显著，确定了TOPO与高位阻β-二酮(HR2)的协同萃取系数R =

3.36。运用斜率法确定了高位阻 β－二酮（HR2）萃取 Zn^{2+} 时萃合物组成为 ZnR_2；TOPO 与高位阻 β－二酮（HR2）的协萃体系萃取 Zn^{2+} 时协同萃合物组成为 $ZnR_2 \cdot TOPO$；协同萃合物稳定常数 $\lg\beta_1 = 2.08$。

吴贤文、尹周澜等[121, 122]研究发现 LIX54 与 LIX84 混合萃取剂可提高氨性溶液中锌的萃取率，并化解出现乳化和分相难的问题，起到萃取剂改性的作用。相比、总氨浓度和 pH 是影响锌萃取率的主要因素，在总氨浓度为 3 mol/L、氨性溶液中锌离子质量浓度为 3 g/L、氨和氯化铵物质的量比为 3、相比为 1∶1 时，于 40℃振荡 30 min，单次锌萃取率可达 76.42%。

但以上研究结果表明：从锌氨配合物溶液中，只能在 pH 近中性的溶液中才能有较高的萃取率；也没有找到在较高的 NH_3浓度下，也可选择性萃取锌的萃取剂。

2.6　从硫酸锌溶液中萃取锌

（1）有机磷（膦）酸对金属离子的萃取性能比较

从硫酸体系萃取锌，商业化了的萃取剂有二烷基磷酸和他们的硫代类衍生物。这些阳离子萃取剂在萃取过程中不会萃取阴离子，这是它们用于处理某些含氟、氯的复杂矿物与二次物料的一个重要因素。萃取时，这些阳离子萃取剂和锌的反应可以表示为：

$$Zn^{2+} + m\,\overline{HR} \longleftrightarrow \overline{ZnR_2 \cdot (m-2)HR} + 2H^+ \qquad (2-33)$$

式中：HR 表示酸性萃取剂，$m = 2 \sim 4$，萃合物的变化与萃取条件有关。

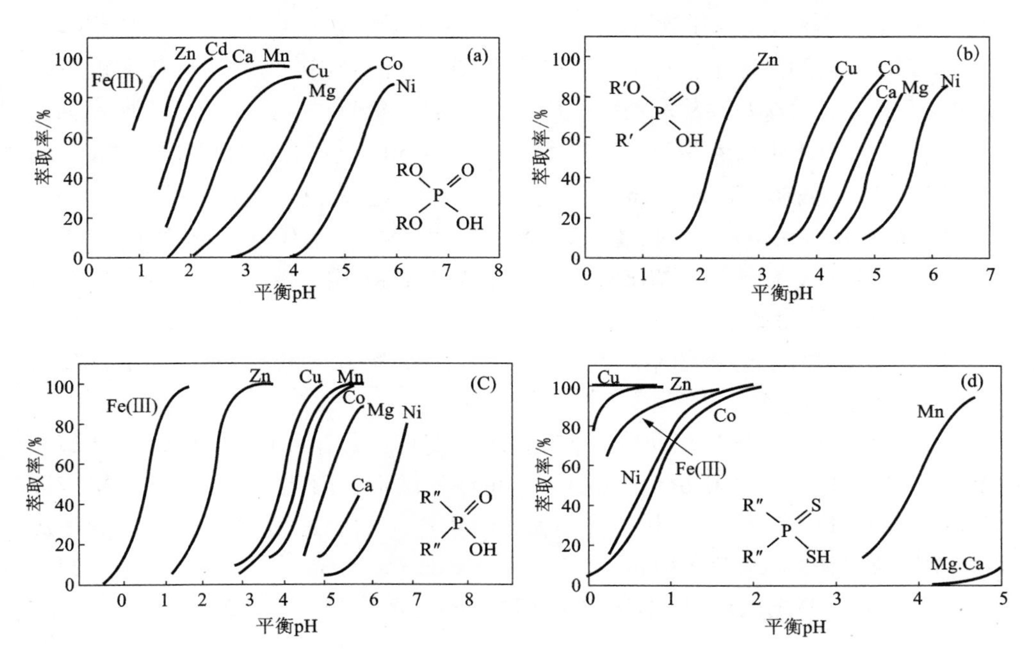

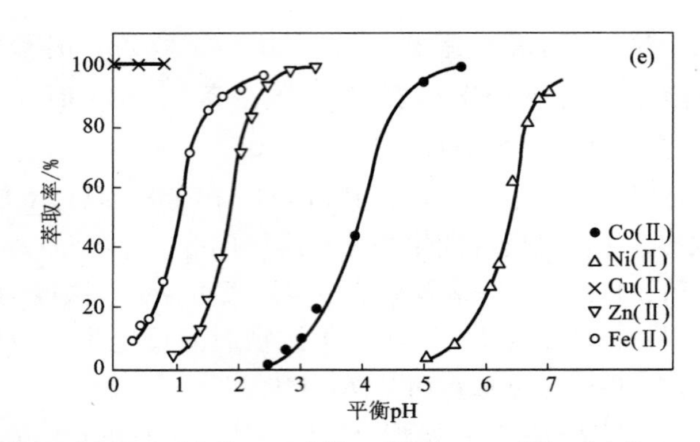

(a) D_2EHPA (b) P_{507} (c) Cyanex 272 (d) Cyanex 301 (e) Cynaex 302

图 2-38 不同萃取剂与阳离子萃取率与 pH 的关系[123, 124]

Sole & Cole[123]分别绘制了萃取剂二(2-乙基己基)磷酸酯(简称 D_2EHPA，国内称 P_{204})、2-乙基己基膦酸单(2-乙基己基)酯(国内简称 P_{507}、日本称 PC88)、二(2，4，4-三甲基戊基)膦酸(简称 Cyanex 272)、二(2，4，4-三甲基戊基)二硫代膦酸(商品名 Cyanex 301)、二(2，4，4-三甲基戊基)硫代膦酸(商品名 Cyanex 302)对各种金属阳离子的萃取率与 pH 的关系，见图 2-38。

从图 2-38 可以看出，以上 5 种阳离子萃取剂没有一种能够从含 Fe^{3+} 的锌溶液中选择性萃取锌；萃取过程中 D_2EHPA、CYANEX 272 和 Fe^{3+} 有很强的结合能力，不容易反萃，需要采用高浓度的 HCl 才能反萃 Fe^{3+}。D_2EHPA 和 CYANEX 272 可以从含镍、钴的溶液中很好的选择性萃取 Zn^{2+}，同时用中等浓度的硫酸就可轻易的反萃锌，因此这两种萃取剂已经用于镍、钴生产过程中除锌；提高 pH 可彻底除锌，并导致 D_2EHPA 萃取钙。萃取剂 CYANEX 301 对锌有很好的萃取性能，同时可以不萃取溶液中的 Ca^{2+}、Mg^{2+}。

Deep & de Carvalho[125]依据 Sole & Cole[123]绘制的不同萃取剂 D_2EHPA、PC-88A(国内称 P_{507})、CYANEX 272 和 CYANEX 301 萃取锌阳离子的萃取率与 pH 的关系图，见图 2-39。

图 2-39 表明，对锌的萃取性能 CYANEX 301≫D_2EHPA≫CYANEX 272 与 PC-88A(P_{507})。

CYANEX 301 负载锌有机相反萃锌要求酸度高、反萃困难；此外 Cyanex 272、CYANEX 301 相对于 D_2EHPA、P_{507}而言，价格较昂贵。因此，从复杂硫酸锌溶液中通过溶剂萃取、反萃、电积工艺大规模的生产电锌，采用的萃取剂一般是对 Zn^{2+} 萃取选择性好、价格便宜的 P_{204}。Deep & de Carvalho[125]得出了 Cyanex 272、CYANEX 301、CYANEX 302 对不同金属离子 pH_{50}的影响，见表 2-4。

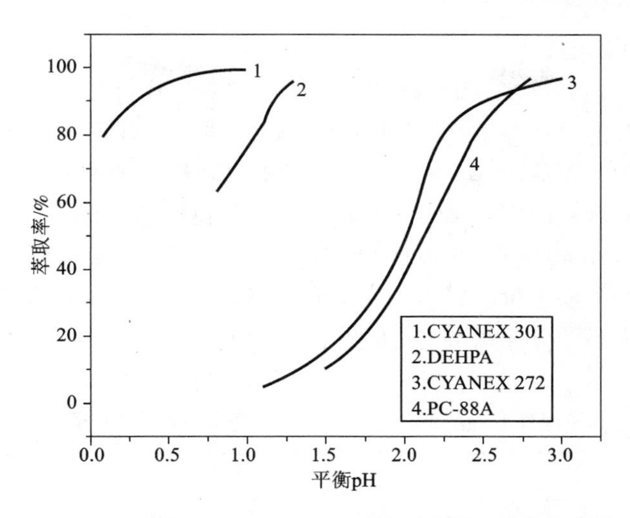

图 2－39　D_2EHPA，PC－88A，CYANEX 272 和 CYANEX 301 萃取 Zn(Ⅱ)的萃取率与平衡 pH 的关系[125]（$V_{aq}/V_o = 1:1$）

表 2－4　萃取剂浓度对不同金属离子 pH_{50} 的影响[125]

萃取剂	萃取剂浓度 /($mol \cdot L^{-1}$)	pH_{50}				
		Co(Ⅱ)	Ni(Ⅱ)	Cu(Ⅱ)	Zn(Ⅱ)	Fe(Ⅲ)
Cyanex 272	0.05	5.5	7.4	5.0	3.4	2.0
	0.10	5.2	7.05	4.6	3.0	1.6
	0.20	4.85	6.6	4.35	2.75	1.25
	0.50	4.45	6.05	4.05	2.05	0.85
Cyanex 302	0.05	4.5	6.4	< −1	2.2	51.4
	0.10	4.0	5.8	< −1	1.8	1.0
	0.20	3.2	3.6	< −1	1.3	0.6
	0.50	2.65	3.2	< −1	0.8	0.1
Cyanex 301	0.05	1.3	—	< −1	—	—
	0.10	0.85	1.55	< −1	−0.4	0
	0.20	0.6	1.3	< −1	<0	0
	0.50	0.2	0.6	< −1	< −1	0

注：水相：金属硫酸盐浓度 0.001 mol/L，Na_2SO_4 0.5 mol/L；有机相：萃取剂 + 二甲苯。

(2) D_2EHPA 萃取锌

对于二(2－乙基己基)磷酸酯(简称 D_2EHPA，国内称 P_{204})从硫酸体系中萃取锌的萃取试剂的物理性质、萃合物的组成、萃取热力学平衡、萃取过程传质与萃取过程动力学方程的建立，在本书第3章中单独有详细的介绍，本章仅对含多种金属阳离子的溶液应用 D_2EHPA 萃取分离锌的机理加以介绍。

Sato & Nakamura[126]对0.2 mol/L D_2EHPA＋煤油萃取剂从含 H_2SO_4 0.0005 mol/L的硫酸盐溶液中萃取二价金属离子的萃取平衡进行了研究。不同萃取温度下，各金属离子萃取平衡的分配系数与 ΔH 见表2－5。

表2－5　不同萃取温度下，D_2EHPA 萃取各金属离子的分配系数与 ΔH

Me^{2+}	分配系数				$\Delta H/(kJ\cdot mol^{-1})$
	10℃	20℃	30℃	40℃	
Zn^{2+}	20.0	22.3	26.5	29.1	－15.8
Mn^{2+}	0.920	0.936	1.04	1.08	－3.27
Co^{2+}	0.073	0.0847	0.0962	0.112	－20.0
Ni^{2+}	0.0279	0.0287	0.0295	0.0302	－1.20
Cu^{2+}	0.424	0.438	0.483	0.484	－6.15
Cd^{2+}	1.14	1.09	1.05	0.95	6.23
Hg^{2+}	0.0171	0.0174	0.0182	0.0188	－13.6

从表2－4可以看出，在相同的萃取条件下，萃取效率为：$Zn^{2+} > Cd^{2+} > Mn^{2+} > Cu^{2+} > Co^{2+} > Ni^{2+} > Hg^{2+}$。还对萃取温度为20℃时，各种稀释剂对萃取分配系数的影响进行了研究，发现对于脂肪族(包括环己烷)稀释剂，随着其在水相中的溶解性增加，萃取分配系数降低；而对于芳香族稀释剂，随着其在水相中的溶解性增加，萃取分配系数增加。

对于 D_2EHPA 从含杂质浓度低的硫酸锌溶液中萃取回收锌已有一些工业应用，本书第6章将详细介绍。这里仅对多金属溶液中回收锌的过程进行介绍。

①从多金属混合电解液中的萃取锌

Owusu G[127]研究了从含锌、镉、钴和镍的混合电解液中萃取分离杂质锌、镉的过程。首先采用模拟混合溶液，成分(g/L)为：Zn^{2+} 21，Cd^{2+} 12.6和 Co^{2+} 2.0；萃取有机相为：30%(V/V) D_2EHPA＋4% TBP＋SX－1，萃取温度25℃，绘制了平衡pH与 Zn^{2+}、Cd^{2+} 和 Co^{2+} 的萃取率的关系曲线，发现锌、镉、钴的萃取率为50%时的 pH_{50} 分别为1.52、3.75和5.0，Zn^{2+}、Cd^{2+} 的 pH_{50} 相差约2个pH单位；

控制平衡 pH=2，在 Zn^{2+} 具有较高的单级萃取率时，可以维持 Zn^{2+}、Cd^{2+} 之间具有较好的分离系数 $\beta_{Zn/Mn}$。工厂现场采用的混合电解液为多级逆流萃取的料液，其成分(g/L)为：Zn^{2+} 83.2，Cd^{2+} 52.8，Co^{2+} 2.0；萃取有机相为：30%(V/V) D_2EHPA +4% TBP + SX-1，维持萃取平衡 pH 为2，温度25℃，测得平衡等温线，据此绘制的 McCabe-Thiele 平衡等温线图，得到 O/A=4∶1 萃取级数为3。试验结果表明经过3级逆流萃取，溶液中 Zn^{2+} 可以降低到0.6 g/L；负载有机相含锌 21.1 g/L、Cd 0.17 g/L。负载有机相采用含 Zn^{2+} 30.2 g/L、pH 2.0~2.2 的稀硫酸溶液，O/A=5∶1，洗涤时间5 min，可以完全洗涤除去负载有机相中的 Cd^{2+}。洗涤后的负载锌的有机相，采用含 H_2SO_4 150 g/L 的溶液，单级反萃，反萃时间5 min，当 O/A=5∶1 时，有机相残 Zn^{2+} 0.3 g/L，反萃率98.6%；当 O/A=2∶1时，有机相残 Zn^{2+} 0.2 g/L，反萃率99.1%。

②从模拟红土镍矿浸出液中萃取分离锌等杂质元素

Cheng C Y[128]研究了采用 D_2EHPA 从模拟红土镍矿浸出液中萃取分离杂质元素锌、钙、铜、锰，使硫酸镍、钴溶液得到净化的过程。首先分别配置每种金属离子 Me^{2+} 浓度为3 g/L；萃取有机相为10(V/V)% D_2EHPA +5% TBP +85% Shellsol 2046，绘制了温度23℃、O/A=1∶1 下，平衡 pH 与每种金属离子 Me^{2+} 萃取率间的关系曲线，发现各种 Me^{2+} 的萃取顺序，依据 pH_{50} 排序为：$Zn^{2+} > Ca^{2+} > Mn^{2+} > Cu^{2+} > Co^{2+} > Ni^{2+} > Mg^{2+}$，这表明从硫酸镍、钴溶液中，杂质 Zn^{2+}、Ca^{2+} 可以较容易萃取分离，而 Mn^{2+}、Cu^{2+} 难萃取分离。

③从湿法炼锌厂含锌废水中萃取回收锌

Pereira D D 等[129]研究采用 D_2EHPA 从巴西 Votorantim 集团湿法炼锌厂(Votorantim Metals Co.)的含锌工业废水中萃取分离、回收锌。废水成分(mg/L)为：Zn^{2+} 13.462、Cd^{2+} 22.7、Co^{2+} 0.66、Cu^{2+} 4.6、Fe_T 240.6、Pb^{2+} 5.38、Ca^{2+} 564.2、Mg^{2+} 2375、Mn^{2+} 745.3、Ni^{2+} 0.84、SO_4^{2-} 39460 和 pH 3.1。首先进行实验室小型试验，绘制了温度28℃、O/A=1∶1 的条件下，30% D_2EHPA + Exxsol D-80 从工业废水中萃取各种金属离子的平衡 pH 与每种金属离子 Me^{2+} 萃取率间的关系曲线，Zn^{2+} 的 pH_{50} 约0.9，Fe^{2+}、Pb^{2+} 的 pH_{50} 为2.0~2.2，Cd^{2+}、Ca^{2+} 的 pH_{50} 为2.9~3.2，Mg^{2+}、Co^{2+} 的 pH_{50} 为4.3~4.8，它们的萃取顺序为：$Zn^{2+} \gg Fe^{2+} \sim Pb^{2+} > Cd^{2+} \sim Ca^{2+} > Mg^{2+} \sim Co^{2+}$。通过绘制固定 pH 1.5 与2.5 条件下，有机相中 D_2EHPA 含量对各种离子萃取率的影响曲线，发现提高 D_2EHPA 含量有利于锌萃取率的提高；在 D_2EHPA 含量固定为20%的条件下，pH 从1.5 升高到2.5，有利于萃取过程中 Ca^{2+}、Mg^{2+} 的抑制，使之残存在萃余液中。基于上述研究结果选取萃取 D_2EHPA 浓度20%、pH 2.5。测得平衡等温线为：

$$\overline{[Zn^{2+}]} = 1.868\ln[Zn^{2+}] + 10.771$$

依据萃取等温线和 McCabe - Thiele 法的绘制理论萃取级数图 2 - 40，得到 O/A = 1∶1，萃取级数为 2 级。

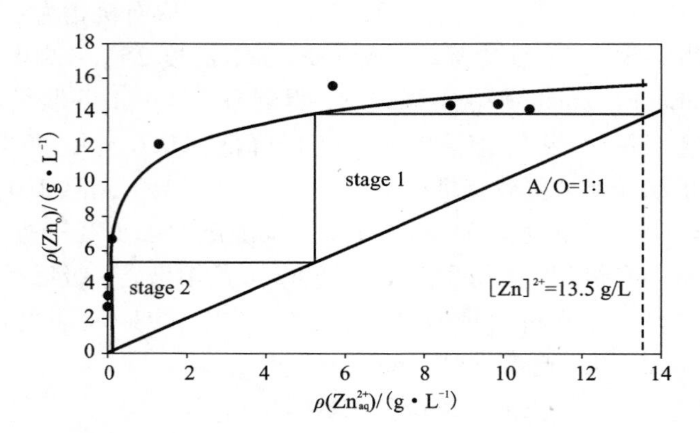

图 2 - 40　McCabe - Thiele 法绘制的理论萃取级数[129]

pH 2.5、[D_2EHPA] = 20% (*W/W*)、A/O = 1∶1

依据反萃等温线和 McCabe - Thiele 法的绘制理论反萃级数图，得到 O/A = 4∶1萃取级数为 2 级，有机相中 Zn^{2+} 浓度从 11.9 g/L 降低到 2.0 g/L；水相从 H_2SO_4 1.85 mol/L、Zn^{2+} 74 g/L 提高到 Zn^{2+} 120 g/L。

在此基础上进行了连续的混合 - 澄清现场试验，试验条件为萃取 3 级、反萃 3 级，混合槽体积 120 mL、时间 5 min、流速 12 mL/min；反萃液流速 3 mL/min。萃取过程中 Zn^{2+} 的萃取率约 99%，铁和镁的萃取率分别为 38.5% 和 6.0%；反萃阶段，Zn^{2+} 的反萃率约为 98%，浓度达到 125.7 g/L，杂质含量(mg/L)：Cd^{2+} 0.11、Co^{2+} 0.35、Ni^{2+} 0.50、Ca^{2+} 0.29、Mn^{2+} 2.95、Fe^{2+} 1.22、Pb^{2+} 0.89，可以送去电积锌。

④含锌尾渣浸出液中回收锌

Kitobo W 等[130]对刚果民主共和国 Katanga 省 Kipushi 矿山的选矿尾渣细菌浸出液中铜、锌有价金属的回收进行了研究。细菌浸出液成分为(g/L)：Cu^{2+} 3.20、Zn^{2+} 7.20、Fe_T 2.82、Pb^{2+} 0.002、Mn^{2+} 0.12 和 pH 1.90。首先经过 Lix 984N 选择性地从浸出液中萃取铜，萃余液再中和除铁，得到溶液成分(g/L)为：Cu^{2+} 0.041、Zn^{2+} 6.75、Fe_T 0.65、Mn^{2+} 0.11 和 pH 3.50。绘制了温度 33℃时，30% D_2EHPA + Escaid 100 从细菌浸出液中萃取锌，pH 对铜、锌、铁的萃取率的影响图，该图表明：在 pH 2.5 附近，对 Zn^{2+} 有较好的选择性萃取。对除铁后液采用 O/A = 1∶1、萃取级数 1 级的条件，锌的萃取率近 99%；但由于除铁效果不好，溶液中的铁大部分萃取进入有机相。负载锌的有机相采用 H_2SO_4 150 g/L、Zn^{2+} 60 g/L

单级反萃，溶液中的Zn^{2+}提高到85.5 g/L。

Vahidi E 等[131]从伊朗锌矿发展公司(Iranian Zinc Mines Development Company)的含锌、铅和铁等元素的工业废渣浸出液中萃取锌，浸出液成分(g/L)为：Zn^{2+} 28.80、Pb^{2+} 0.0112、Fe_T 0.210、Ni 0.060、Co^{2+} 0.114、Ca 0.0358。在萃取有机相20%(V/V) D_2EHPA + 煤油、溶液pH 2.5、温度40℃、A/O = 1∶1等优化条件下，水相中的Zn^{2+}浓度从4.69 g/L降低到0.040 g/L。

⑤从低品位氧化锌矿堆浸液中萃取锌

覃文庆等[132]对含Zn 14.24%、Cu 0.046%、Fe 23.12%、MgO 1.35%、CaO 3.64%、SiO_2 36.29%、Al_2O_3 8.52%、S 2.55%的低品位氧化锌矿的堆浸液，采用30%(V/V) D_2EHPA + 煤油为萃取有机相，两级萃取、两级洗涤和两级反萃的处理方式，回收锌；萃余液返回堆浸。萃取条件为：O/A = 1.5∶1、时间5 min、温度25℃、混合槽1.2 L、澄清池4.8 L；萃取前溶液pH≤2.0，萃余液pH降低到约1.0。洗涤采用pH为1.5的$ZnSO_4$溶液做为洗涤剂，O/A = 10∶1。反萃过程采用含H_2SO_4 1.53 mol/L的溶液为起始液。通过16次循环，锌的回收率达到95.21%；得到的反萃液成分(mg/L)为：Zn 68 g/L、Fe 0.30、Cu 0.03、Mn 25.00、Co 0.03、Cd 0.11、CaO 0.48、MgO 0.13、Ge 0.02、F <5.0、Cl <10.0、Ni 0.09、Sb 0.02、As 0.04、SiO_2 0.18。

⑥从钢铁厂电弧炉烟尘挥发产次氧化锌烟灰浸液中萃取锌

Gotfryd L 等[133, 134]对钢铁厂电弧炉烟灰(EAFD)回转窑挥发产次氧化锌浸出液中溶剂萃取回收锌进行了实验室试验与现场的连续萃取试验。试验原料成分见表2-6。

表2-6　试验原料次氧化锌成分/%

No	Zn	Pb	Fe	Cd	Mg	Cu	Sn	K	Na	As	Cl	F
1	58.20	6.32	2.64	0.17	0.20	—	—	2.8	2.8	—	7.95	0.15
2	54.46	5.80	5.00	0.50	0.12	0.063	0.10	3.46	2.45	0.0045	7.59	0.15
3	42.70	18.3	5.84	1.25	0.35	—	<0.05	0.58	0.29	0.30	1.37	0.023

注：No.1、No.2为钢铁厂次氧化锌；No.3为湿法炼锌厂产次氧化锌。

硫酸浸出液成分(g/L)为：Zn^{2+} 146.1、Cd^{2+} 0.0087、Cu^{2+} <0.0002、Fe^{2+} 0.0006、Mn^{2+} 0.3、Mg^{2+} 0.40、Al^{3+} 0.01、As <0.001、Sb^{3+} <0.001、Na^+ 10.1、K^+ 6.81、Si^{4+} <0.01、Cl^- 19.7、F^- 0.10。在进行萃取试验前稀释至Zn^{2+} 15 g/L。通过绘制10%、40% D_2EHPA + Exxsol D80对溶液中金属离子萃取率与平衡pH的关系曲线，发现40% D_2EHPA能够更好地从含杂质Cd^{2+}、Cu^{2+}、Ni^{2+}、

Co^{2+}、Mn^{2+}、Pb^{2+} 的溶液中选择性地萃取 Zn^{2+}。对常温下、40% D_2EHPA + Exxsol D80的不同萃取平衡 pH 条件下的萃取等温线进行了绘制，见图 2－41。从图 2－41 可以看出，溶液中平衡 pH 的提高有利于 Zn^{2+} 萃取率的提高；然而，在 pH≤2.0 的条件下，对 Zn^{2+} 有更好的选择性，其杂质含量低于 pH 3.0 和 4.0 时的萃取。采用含 H_2SO_4 240 g/L 或含 Zn^{2+} 58.5 g/L、H_2SO_4 135 g/L 的溶液反萃负载有机相，通过绘制反萃等温线的 McCabe－Thiele 图，发现需要 4～5 级才能消耗完酸。

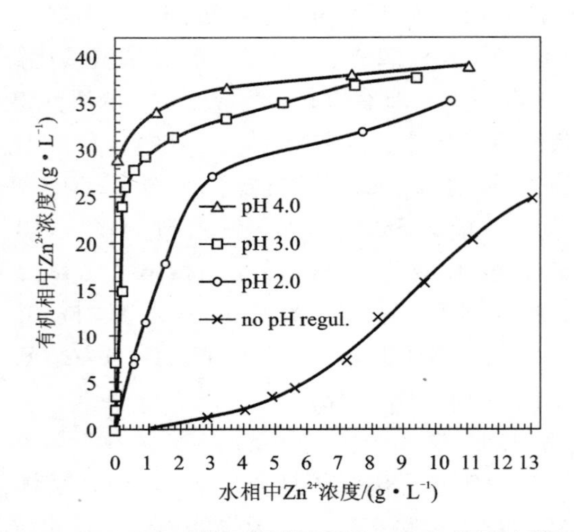

图 2－41　40%D_2EHPA 的不同萃取平衡 pH 条件下的萃取等温线

D_2EHPA 1.15 mol/L + Exxsol D80

现场的连续萃取试验采用的0.5 L/1.5 L 的混合/澄清槽，萃取—洗涤—反萃级数进行了 4－1－4、5－3－4 和3－3－6 三种组合，控制：料液温度 22～25℃、流速9.0～10.0 L/h，萃取有机相 2.75～3.0 L/h，洗涤液为 0.05 mol/L 的 $ZnSO_4$、流速 0.40～0.60 L/h，反萃酸 0.45～0.50 L/h。每个试验连续进行 4～6 d，收集到的反萃液杂质含量低于工业生产电积锌溶液的杂质含量。为了得到几乎不含硫酸的硫酸锌溶液，采用 4 级以上的反萃。

(3) D_2EHPA 与其他萃取剂的协同萃取

①D_2EHPA + Cyanex® 272 或 Cyanex® 302 混合萃取剂

Darvishi D 等[135, 136]研究了从类似于湿法炼锌钴渣的含 Zn^{2+}、Mn^{2+}、Co^{2+}、Cd^{2+}、Ni^{2+} 的废电池浸出液中选择性萃取分离 Zn^{2+} 和 Mn^{2+} 的过程。首先研究了 D_2EHPA与 Cyanex® 272 或 Cyanex® 302 混合萃取剂对溶液中 Zn^{2+}、Mn^{2+}、Co^{2+} 的萃取率的改变情况，见图 2－42。从图 2－42 可以看出，D_2EHPA + Cyanex® 302

与纯 D_2EHPA 相比，Zn^{2+} 的萃取平衡曲线左移，Mn 的萃取平衡曲线右移，Co^{2+} 的萃取平衡曲线基本不变；而 D_2EHPA + Cyanex® 272 的萃取平衡曲线全部右移，这表明用 D_2EHPA + Cyanex® 302 混合萃取剂，有利于分离 Zn^{2+} 和 Mn^{2+}。

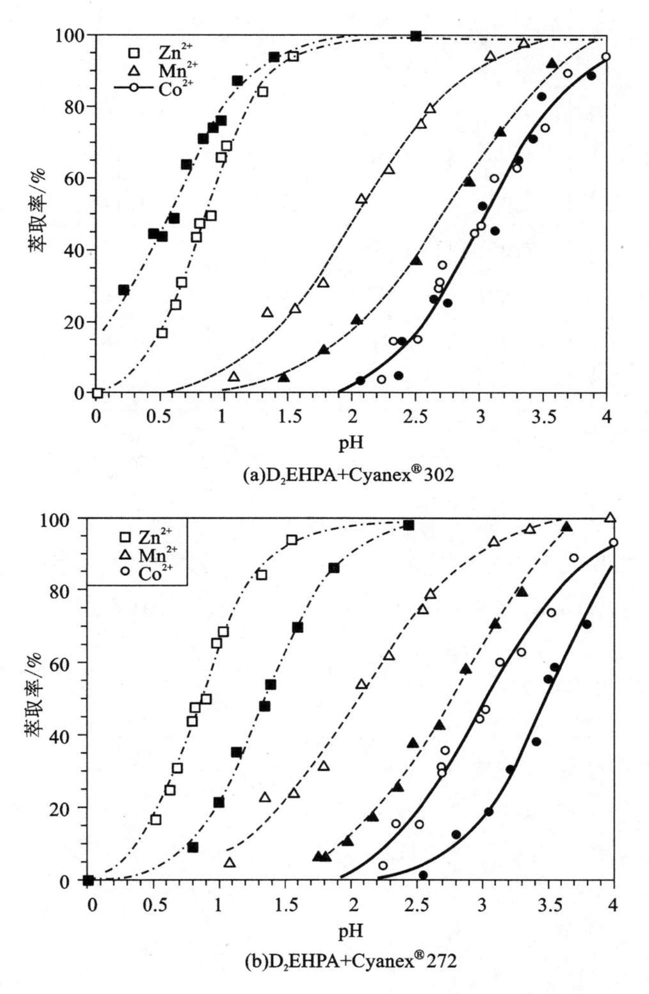

图2-42　平衡 pH 对 Zn^{2+}、Mn^{2+}、Co^{2+} 萃取率的影响

空心符号：0.6 mol/L D_2EHPA；实心符号 0.3 mol/L D_2EHPA + 0.3 mol/L Cyanex®

保持萃取有机相总浓度为0.6 mol/L，改变 D_2EHPA 与 Cyanex® 302 的配比，绘制25℃、不同 pH 条件下，Zn^{2+}、Mn^{2+}、Co^{2+} 的萃取平衡曲线，其 pH_{50} 与 ΔpH_{50} 见表2-6。从表2-6看出，采用0.3 mol/L D_2EHPA + 0.3 mol/L Cyanex® 302 可以使 Mn^{2+} 和 Zn^{2+} 的最大程度选择性分离，即 ΔpH_{50} 最大值2.17个 pH 单位。而

Mn^{2+}和Co^{2+}的分离采用纯D_2EHPA即可。

表2-7　不同D_2EHPA与Cyanex®比下pH_{50}与ΔpH_{50}

[D_2EHPA]:[Cyanex®]		pH_{50}			ΔpH_{50}	
		Zn^{2+}	Mn^{2+}	Co^{2+}	$Mn^{2+}-Zn^{2+}$	$Co^{2+}-Mn^{2+}$
272	0.6∶0.0	0.87	2.05	3.04	1.18	0.99
	0.5∶0.1	1.08	2.07	3.25	0.99	1.18
	0.4∶0.2	1.17	2.28	3.39	1.11	1.11
	0.3∶0.3	1.35	2.76	3.48	1.41	0.72
302	0.6∶0.0	0.87	2.05	3.04	1.18	0.99
	0.5∶0.1	0.70	2.18	3.11	1.48	0.93
	0.4∶0.2	0.61	2.43	3.11	1.82	0.68
	0.3∶0.3	0.57	2.74	3.13	2.17	0.37

料液含Zn^{2+} 22 g/L、萃取有机相0.6 mol/L、控制pH 1.5，绘制萃取平衡等温线，通过McCabe－Thiele法绘制的理论反萃级数图发现，通过3级萃取可以使溶液中的Zn^{2+}从22 g/L降低到0.07 g/L；负载有机相中的Zn^{2+}可以达到11 g/L，这时有机相中含Cd^{2+} 100 mg/L以上。负载有机相采用含Zn^{2+} 45 g/L、$H_2SO_4$40 g/L的溶液，O/A = 20∶1，经过1级洗涤就可使负载有机相中的Cd^{2+}降低到5 mg/L以下。洗涤后的负载有机相采用含Zn^{2+} 45 g/L、H_2SO_4 150 g/L的溶液，O/A = 20∶1，经过2级反萃，有机相中的Zn^{2+}降低到0.4 g/L以下。

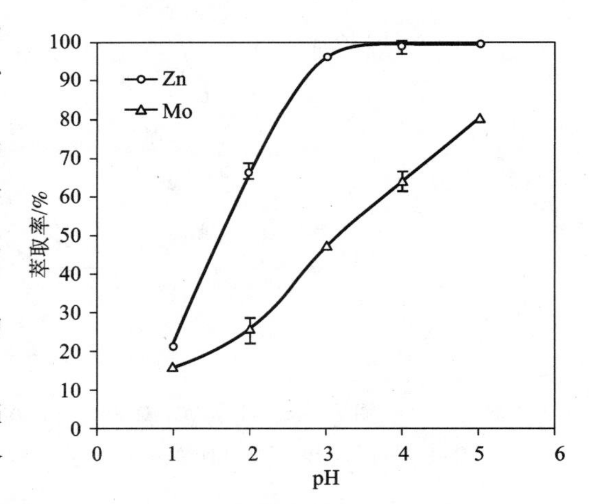

图2-43　平衡pH对20%D_2EHPA+煤油萃取Zn^{2+}、Mn^{2+}效率的影响

[Zn^{2+}] = [Mn^{2+}] = 5 g/L，40℃，O/A = 1∶1

Forrest & Hughes[137]、Innocenzi & Veglio[138]研究了D_2EHPA萃取分离硫酸盐溶液中锌与锰的过程，但分离效果不理想。Hosseini T等[139]研究发现，D_2EHPA与Cyanex 302协萃可以提高锌与锰的分离效率。首先研究了在 20% D_2EHPA + 煤油、20% Cyanex 302 + 煤油萃取有机相从 Zn^{2+} 或 Mn^{2+} 浓度为 5 g/L 的溶液中，在萃取温度 40℃、O/A = 1∶1 的条件下，平衡 pH 对 Zn^{2+}、Mn^{2+} 萃取率的影响，见图 2 – 43、图 2 – 44。

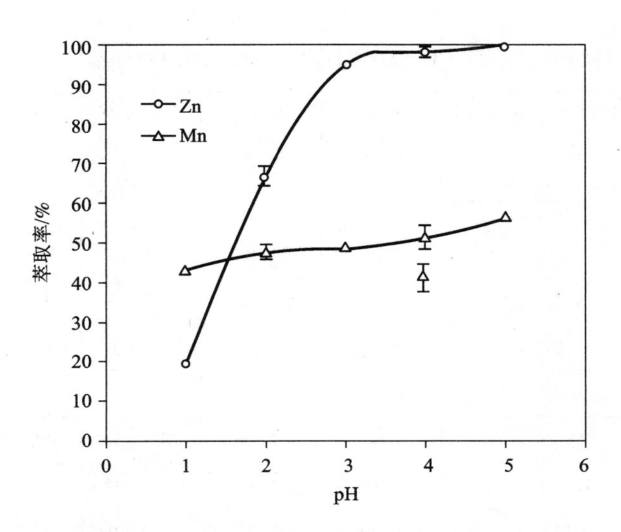

图 2 – 44 平衡 pH 对 20% Cyanex 302 + 煤油萃取 Zn^{2+}、Mn^{2+} 效率的影响

$[Zn^{2+}] = [Mn^{2+}] = 5$ g/L, 40℃, O/A = 1∶1

从图 2 – 43 可以看出，随着平衡 pH 从 1 升高到 5，20% D_2EHPA + 煤油对 Zn^{2+}、Mn^{2+} 的萃取率显著增大，这与 Owusu G[127]、Nathsarma & Devi[140] 的研究结果一致。萃取 Zn^{2+}、Mn^{2+} 的 pH_{50} 分别为 1.9 与 4.2；这说明 Zn^{2+} 比 Mn^{2+} 可以在更低的 pH 下萃取。Zn^{2+} 和 Mn^{2+} 的分离系数在 pH 为 5 时达到最大，$\beta_{Zn/Mn}$ = 162.02；而在 $1 < pH < 2$ 时，萃取分离系数很小。从图 2 – 44 可以看出，平衡 pH 从 1 升高到 5，20% Cyanex 302 + 煤油对 Zn^{2+} 萃取率从 19.5% 提高到 99.8%；在 $1 < pH < 3$ 范围内，Zn^{2+} 萃取曲线斜率大，说明 Zn^{2+} 萃取率提高很快。而对于 Mn^{2+} 的萃取率，在 pH 为 1 时，Mn^{2+} 的萃取率为 43%，然而提高平衡 pH 对 Mn^{2+} 的萃取率提高并不明显。Zn^{2+} 和 Mn^{2+} 的分离系数在 pH 为 5 时达到最大，$\beta_{Zn/Mn}$ = 381.46。

不同 D_2EHPA 与 Cyanex 302 比例萃取剂耦合作用，平衡 pH 对 Zn^{2+}、Mn^{2+} 萃取率的影响见图 2 – 45。随着 [Cyanex – 302]/[D_2EHPA] 的增大，Zn^{2+} 的萃取率曲线左移，而 Mn^{2+} 的萃取率曲线右移，这表明向萃取剂 D_2EHPA 中添加 Cyanex 302 有利于萃取分离溶液中 Zn^{2+} 和 Mn^{2+}。在 pH = 5、40℃、[D_2EHPA]/[Cyanex – 302] = 5%/15% 的条件下，Zn^{2+} 和 Mn^{2+} 的最大分离系数 $\beta_{Zn/Mn}$ 达到 2873.64。不

同温度、pH 和[D_2EHPA]/[Cyanex - 302]对 Zn^{2+} 和 Mn^{2+} 的分离系数 $\beta_{Zn/Mn}$ 的影响见表2-8。从表2-8可以看出，提高温度也有利于萃取剂 D_2EHPA + Cyanex 302 对 Zn^{2+}、Mn^{2+} 的萃取分离。

表2-8 不同pH、温度、[D_2EHPA]/[Cyanex - 302]对分离系数 $\beta_{Zn/Mn}$ 的影响

温度/℃	[D_2EHPA]/[Cyanex]	pH = 1	pH = 2	pH = 3	pH = 4	pH = 5
23	20:0	1.24	5.82	16.32	72.63	144.04
	15:5	2.65	11.90	53.16	193.12	841.38
	10:10	4.36	21.84	131.53	594.68	2418.68
	5:15	3.76	26.50	167.15	942.18	3624.07
	0:20	0.29	2.30	16.87	120.09	912.96
40	20:0	1.40	5.70	29.72	99.19	162.02
	15:5	2.48	11.96	87.33	445.18	778.88
	10:10	3.88	21.81	148.30	793.75	2156.93
	5:15	4.80	24.77	250.80	1155.53	2873.64
	0:20	0.31	2.22	21.79	64.33	381.46
60	20:0	1.65	6.92	33.53	92.36	158.46
	15:5	3.26	14.00	112.42	442.85	1371.03
	10:10	5.15	24.76	394.14	2617.63	3983.93
	5:15	5.18	30.02	258.46	1661.45	12687.33
	0:20	0.33	2.79	42.86	725.05	1483.47

Hosseini T 等[141]还依据所测得的不同温度、不同平衡 pH、不同[Cyanex - 302]/[D_2EHPA]条件下 Zn^{2+}、Mn^{2+} 的分配比数据，建立了 Zn^{2+}、Mn^{2+} 分配比与温度、pH 和 S(D_2EHPA 体积占总的萃取剂 D_2EHPA + Cyanex 302 体积的比)的模型，可以用如下方程表示：

$$\lg D_{Zn} = a_0 + a_1\mathrm{pH} + a_2T\mathrm{pH} + a_3T^2\mathrm{pH} + a_4\sqrt{S} + a_5S \quad (2-34)$$

$$\lg D_{Mn} = b_0 + b_1\mathrm{pH} + b_2\frac{\mathrm{pH}}{T} + b_3\frac{\mathrm{pH}^2}{T} + b_4\mathrm{pH}^2S + b_5\sqrt{S} + b_6S \quad (2-35)$$

式中：$a_0 \sim a_5$、$b_0 \sim b_6$ 分别为 Zn^{2+} 和 Mn^{2+} 分配比方程的系数，具体数值见表2-9。模型预测的结果与试验测定值基本一致。

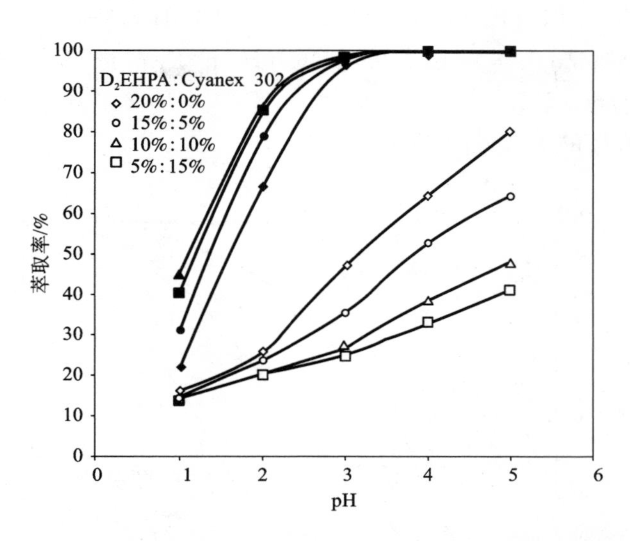

图2-45　不同[D_2EHPA]与[Cyanex 302]对Zn、Mn萃取率的影响

空心符号：Mn；实心符号：Zn

$\rho(Zn^{2+})=\rho(Mn^{2+})=5$ g/L，40℃，O/A=1∶1

表2-9　Zn^{2+}和Mn^{2+}分配比方程的系数

系数	值	系数	值
a_0	-3.4977	b_0	-0.8031
a_1	15.7175	b_1	0.9482
a_2	-0.0938	b_2	2.8264
a_3	1.61×10^{-4}	b_3	-4.0141
a_4	4.9252	b_4	-16.3161
a_5	-4.8405	b_5	0.1018
		b_6	-153.7330

Ahmadipour M等[142]研究发现，D_2EHPA与Cyanex 272协同作用可以有效地提高锌与锰的分离效率，实现锌锰电池酸浸液中Zn^{2+}和Mn^{2+}的分离。首先采用20% D_2EHPA+煤油或20% Cyanex 272+煤油萃取有机相，温度25℃、O/A=1∶1的条件下，平衡pH对Zn^{2+}、Mn^{2+}萃取率的影响见图2-46。从图中可以看出，pH 1~5时，随着pH的升高，Zn^{2+}、Mn^{2+}萃取率上升。对于采用20% D_2EHPA+煤油萃取有机相，萃取Zn^{2+}、Mn^{2+}的pH_{50}分别为1.49与2.49；对于采用20%

Cyanex 272 + 煤油萃取有机相，萃取 Zn^{2+}、Mn^{2+} 的 pH_{50} 分别为 1.94 与 3.54，这说明两组萃取剂 Zn^{2+} 均可以在更低的 pH 下优先于 Mn^{2+} 被萃取。不同 [D_2EHPA]/[Cyanex 272] 时，在温度 25℃、O/A = 1∶1 的条件下，平衡 pH 对 Zn^{2+}、Mn^{2+} 萃取率的影响见图 2-47。

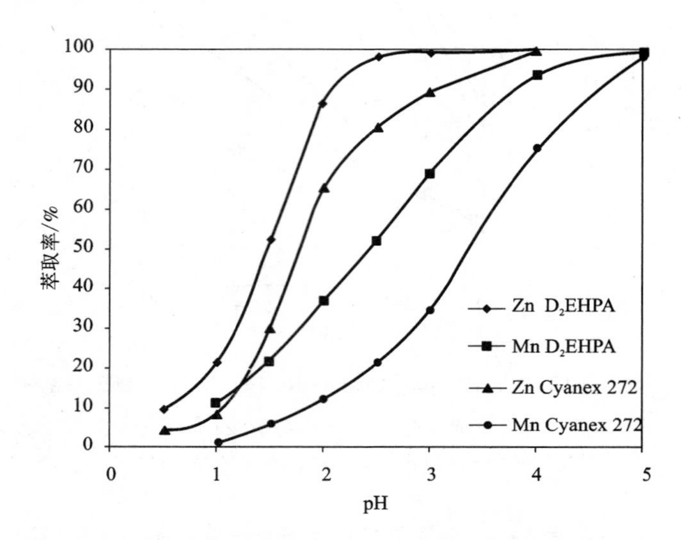

图 2-46　平衡 pH 对 20% D_2EHPA/Cyanex 272 + 煤油萃取效率的影响

25℃，O/A = 1∶1

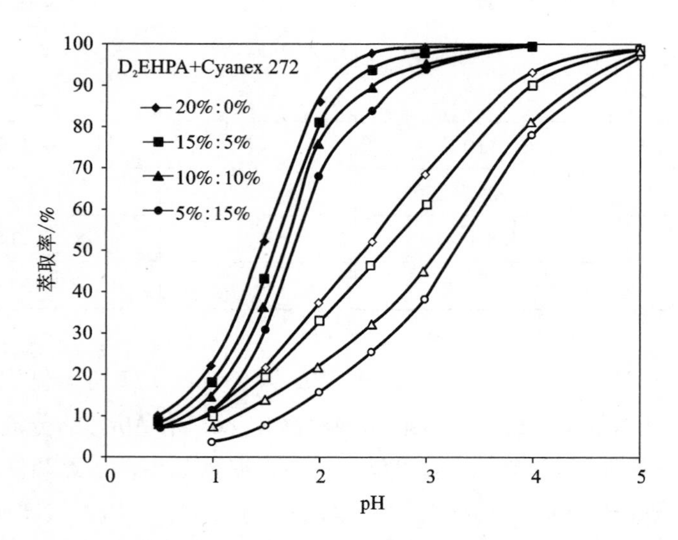

图 2-47　不同[D_2EHPA]/[Cyanex 272]对 Zn、Mn 萃取率的影响

25℃，O/A = 1∶1

从图中可以看出，提高[D_2EHPA]/[Cyanex 272]，Zn^{2+}、Mn^{2+}萃取曲线均向右移动，说明需要在更高 pH 时才能被萃取。从不同[D_2EHPA]/[Cyanex 272]下的 $pH_{50,Cd}$、$pH_{50,Zn}$以及 ΔpH_{50}可以知道，在[D_2EHPA]/[Cyanex 272] = 5%/15%时，ΔpH_{50}最大，达到 1.7，这说明在此比例下，Zn^{2+}、Mn^{2+}分离最好。通过计算[D_2EHPA]/[Cyanex 272] = 5%/15%、温度 25℃、O/A = 1∶1 条件下，不同 pH 下的 $\beta_{Zn/Mn}$，发现在 pH = 3 时最大，达到 52.15。

② D_2EHPA + MEHPA 混合萃取剂

二(2 - 乙基己基)磷酸酯(D_2EHPA)在采用强酸反萃时会发生分解，烷基被氢取代形成单(2 - 乙基己基)磷酸酯(MEHPA)，发生协同萃取，对萃取 Zn^{2+}过程中杂质的共萃产生影响。Keshavarz Alamdari E 等[143]研究了 MEHPA 对D_2EHPA萃取锌的协同影响。总的萃取剂含量 20%（*V/V*），D_2EHPA 中添加 MEHPA 含量对 Zn^{2+}、Cd^{2+}的萃取平衡曲线影响见图 2 - 48，对 pH_{50}与 ΔpH_{50}的影响见表 2 - 10。当 MEHPA 含量从 0.1% 提高到 6% 时，Cd^{2+}的 pH_{50}从 2.40 降低到0.67，而 Zn^{2+}的 pH_{50}仅从 1.22 降低到 0.93。这可以看出：MEHPA 的存在有利于 Zn^{2+}、Cd^{2+}的共萃，而不利于它们的分离。当2% 的 MEHPA 存在于萃取有机相 18% D_2EHPA + 80% 煤油中，使 Zn^{2+}、Cd^{2+}的分离系数 $\beta_{Zn/Cd}$降低到 10 以下；添加 5% 的 TBP 可以使 Zn^{2+}、Cd^{2+}的分离系数 $\beta_{Zn/Cd}$提高到接近 30[144, 145]。

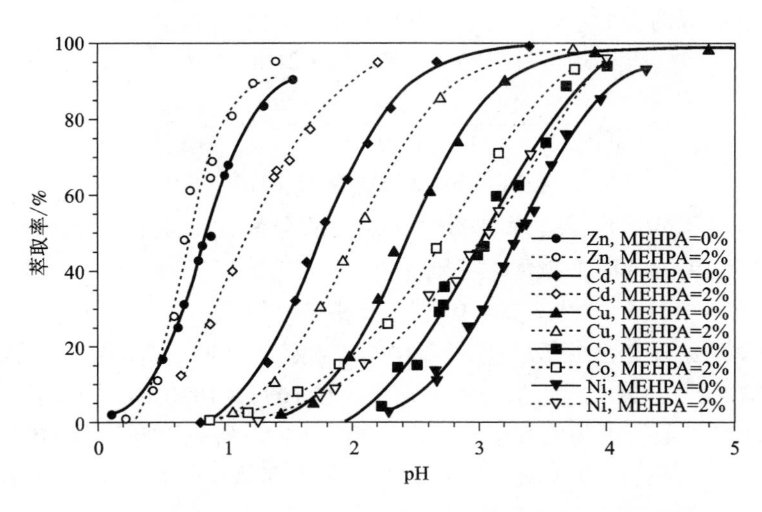

图 2 - 48　D_2EHPA 中添加 MEHPA 含量对萃取平衡曲线的影响[145]

表 2-10 不同 MEHPA 含量时，Zn、Cd 萃取的 pH_{50} 与 ΔpH_{50}

MEHPA 含量/%	$pH_{50,\ Cd}$	$pH_{50,\ Zn}$	ΔpH_{50}
8	0.63	0.99	-0.36
6	0.67	0.93	-0.26
4	0.74	0.92	-0.18
2	1.28	1.00	0.28
1	1.47	1.14	0.33
0.1	2.40	1.22	1.18

由于萃取剂 D_2EHPA 与溶液中 Fe^{3+} 结合紧密，被萃取进入负载有机相，硫酸反萃锌以后需要采用6 mol/L HCl 反萃再生，反萃得到含铁的盐酸溶液需要再次萃取分离 Fe^{3+}。Zhu 和 Cheng[146]研究发现采用 Ionquest 801 与 D_2EHPA 混合萃取剂，负载有机相反萃锌后，用4 mol/L H_2SO_4就可脱除有机相中的 Fe^{3+}。

(4) P_{507}萃取锌

P_{507}主要用于钴、镍的分离以及从镍、钴溶液萃取分离 Zn^{2+}、Mn^{2+} 等杂质金属离子[147-149]。

王靖芳等[150]采用 P_{507} + 磺化煤油从硫酸体系中萃取锌、镉。应用斜率法确定其萃合物组成为 $MeA_2 \cdot 2HA$，萃合反应为：

$$Me^{2+} + 4\overline{HA} = \overline{MeA_2 \cdot 2HA} + 2H^+ \tag{2-36}$$

$$K_{ex} = \frac{[\overline{MeA_2 \cdot 2HA}][H^+]^2}{[Me^{2+}][\overline{HA}]^4} = D\frac{[H^+]^2}{[\overline{HA}]^4} \tag{2-37}$$

$$\lg D - n\text{pH} = \lg K_{ex} + 4\lg[\text{HA}] \tag{2-38}$$

将测定的不同浓度 P_{507} 萃取 Zn^{2+}、Cd^{2+} 的分配比数据代入式(2-38)求得 Zn^{2+}、Cd^{2+} 的表观萃取平衡常数分别为：

$$K_{ex}^{Zn} = 10^{-2.672};\ K_{ex}^{Cd} = 10^{-3.953}$$

萃合物的红外光谱分析表明，P_{507}中与 P 相连的 2300 ~ 2400 cm^{-1}的羟基吸收峰，在萃取 Zn^{2+}、Cd^{2+} 后的萃合物中消失；在 1690 ~ 1810 cm^{-1}处的羟基吸收峰减弱，说明其萃取机理为酸性配合萃取。杨天林[151]研究不同稀释剂中 Zn^{2+} 的萃取速率的大小顺序为：正辛烷 > 环已烷 > 甲苯 > 四氯化碳 > 苯 > 氯仿 > 甲基异丁基酮。

Nathsarma & Devi[140]研究发现，采用皂化后的 P_{507} 从含硫酸锌、锰的溶液中萃取分离 Zn^{2+} 和 Mn^{2+}，通过控制适当的条件，可以获得很好的分离系数 $\beta_{Zn/Mn}$。首先，控制料液含 Zn^{2+} 或 Mn^{2+} 0.01 mol/L、Na_2SO_4 0.1 mol/L、温度 30℃、O/A

=1∶1，萃取剂为 NaD_2EHPA、Na - P_{507}、NaCyanex 272，研究不同萃取剂浓度(分别为0.03 mol/L、0.05 mol/L 与0.06 mol/L)下，平衡 pH 对 Zn^{2+}、Mn^{2+} 萃取率的影响。试验结果表明：pH 升高、萃取剂浓度增加，Zn^{2+}、Mn^{2+} 的萃取率提高。在萃取剂浓度为0.03 mol/L 时，萃取剂不足以和 Zn^{2+}、Mn^{2+} 形成萃合物，只有部分 Zn^{2+} 优先于 Mn^{2+} 形成萃合物被萃取；萃取剂含量稍高于萃合物量，Zn^{2+}、Mn^{2+} 的萃取率就大大提高；NaCyanex 272 提取锌需要的 pH 最高，而 NaD_2EHPA 提取锌需要的 pH 最低。0.03 mol/L 的 NaD_2EHPA 萃取分离锌和锰，平衡 pH 从3.0升高到3.9，分离系数 $\beta_{Zn/Mn}$ 从227 降低到37；0.05 mol/L 的 NaD_2EHPA 萃取分离锌和锰，平衡 pH 从3.25 升高到3.6，分离系数 $\beta_{Zn/Mn}$ 从69 提高到99；0.06 mol/L 的 NaD_2EHPA 萃取分离锌、锰，平衡 pH 从 3.25 升高到 3.95，分离系数 $\beta_{Zn/Mn}$ 从90 提高到142。0.03 mol/L 的 NaCyanex 272 萃取分离锌和锰，平衡 pH 从3.85 升高到4.25，分离系数 $\beta_{Zn/Mn}$ 从540 降低到88；0.05 mol/L 的 NaCyanex 272 萃取分离锌、锰，平衡 pH 从 4.15 升高到 4.85，分离系数 $\beta_{Zn/Mn}$ 从 544 提高到 4600；0.06 mol/L的 NaCyanex 272 萃取分离锌和锰，平衡 pH 从4.95 升高到5.45，分离系数 $\beta_{Zn/Mn}$ 从 226 提高到 2940。0.05 mol/L NaD_2EHPA，NaPC88A 和 NaCyanex 272 萃取分离锌、锰，平衡 pH 对 Zn^{2+} 和 Mn^{2+} 萃取分离系数 $\beta_{Zn/Mn}$ 的影响见图2 - 49。从图可以看出，0.05 mol/L 的 NaPC88A、平衡 pH 3.8 时，Zn^{2+} 和 Mn^{2+} 萃取分离最大分离系数 $\beta_{Zn/Mn}$ 为 8300。

选取 NaPC88A 为硫酸盐溶液中 Zn^{2+}、Mn^{2+} 的萃取剂，绘制温度30℃、萃余液 pH 4.8 条件下 Zn^{2+} 的萃取等温线，依据 McCabe - Thiele 法绘制 Na - P_{507} 0.05 mol/L、O/A =1∶1 的理论萃取级数为 2 级，起始溶液为0.6 g/L，经过2 级萃取，萃余液中的 Zn^{2+} 降低到1 mg/L 以下。负载有机相采用含 H_2SO_4 0.03 mol/L 的溶液、O/A =1∶1，两级反萃，有机相中的 Zn^{2+} 降低到2 mg/L 以下。

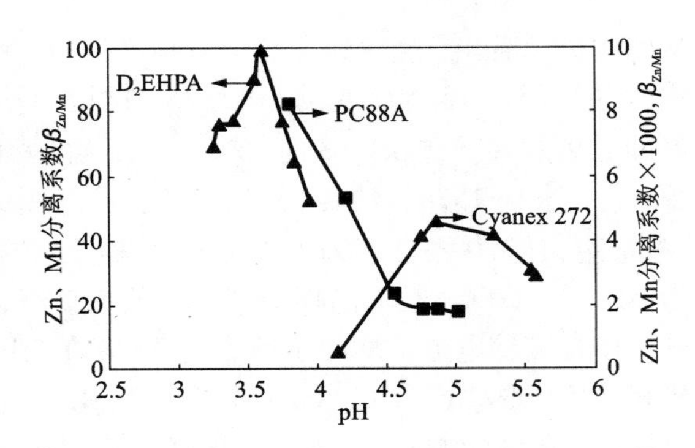

图2 - 49　平衡 pH 对 Zn^{2+}、Mn^{2+} 分离系数 $\beta_{Zn/Mn}$ 的影响[140]

NaD_2EHPA，NaPC88A 和 NaCyanex 272 均为 0.05 mol/L

Lee J Y 等[152]对 P_{507} 从废锌电池硫酸浸出液中萃取分离回收硫酸锌、硫酸锰进行了研究。模拟废锌电池硫酸浸出液成分(g/L)为：Mn^{2+} 28、Zn^{2+} 22 和 Fe^{3+}

0.8；萃取有机相 30% P_{507} + 5% TBP + Shellsol D70，温度 40℃、O/A = 1∶1，Mn^{2+}、Zn^{2+} 和 Fe^{3+} 的平衡 pH – 萃取率等温线见图 2 – 50。

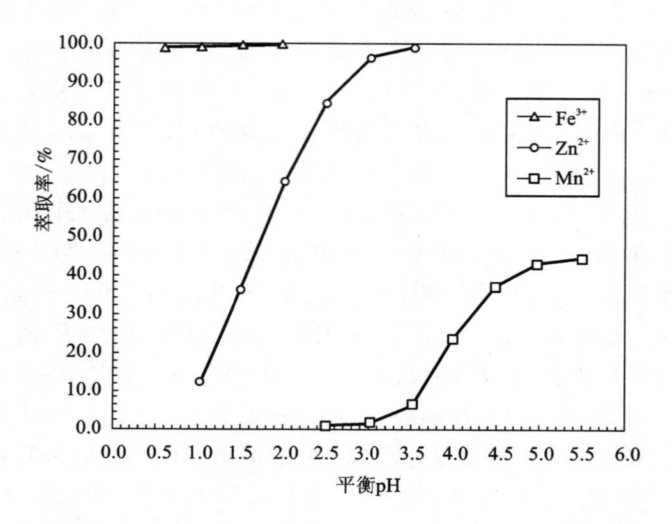

图 2 – 50　30% Ionquest 801 + 5% TBP + Shellsol D70 萃取模拟废电池浸出液的萃取等温线[152]

条件：A/O = 1∶1，40 ± 1℃，Mn^{2+} 28 g/L，Zn^{2+} 22 g/L，Fe^{3+} 0.8 g/L

从图中可以看出：金属离子的萃取顺序为 $Fe^{3+} \gg Zn^{2+} \gg Mn^{2+}$，$Zn^{2+}$、$Mn^{2+}$ 的 pH_{50} 分别为 1.75、>5.50，ΔpH_{50} > 3.75，这说明萃取剂对 Zn^{2+}、Mn^{2+} 的萃取具有很好的分离效果。在 pH = 3 时，Zn^{2+}、Mn^{2+} 的萃取率分别为：96% 与1.5%，分离系数 $\beta_{Zn/Mn}$ 达到 1578。绘制温度 40℃、有机相 30% P_{507} + 5% TBP + Shellsol D70、萃余液 pH 3.0 条件下 Zn^{2+} 的萃取等温线，依据 McCabe – Thiele 法绘制起始溶液为 20 g/L、O/A = 1∶1 的理论萃取级数为 2 级，萃余液中的 Zn^{2+} 降低到几毫克每升。模拟废锌电池硫酸浸出液中的 Mn^{2+} 在第一级萃取时仅268 mg/L进入负载有机相，其萃取率仅为 1.14%，分离系数 $\beta_{Zn/Mn}$ 达到 1700；第一级有机相进入到第二级后，负载的 Mn^{2+} 会进一步降低。采用含 Zn^{2+} 50 g/L、H_2SO_4 170 g/L的溶液，O/A = 1∶1、1 级反萃 1 min，有机相中的 Zn^{2+} 可以反萃 98% 以上。对 30% P_{507} + 5% TBP + Shellsol D70 萃取模拟废锌电池硫酸浸出液中 Fe^{3+}、Zn^{2+}、Mn^{2+} 的动力学过程测定表明：pH 2.7、温度 40℃ 条件下，混合 2 min，Fe^{3+}、Zn^{2+} 的萃取率就可以达到 99% 以上；而 Mn^{2+} 的萃取率仅 0.9%。而对于 Mn^{2+}，在 0.5 min时萃取率为 3.93%，1 min 后降低到 1.08%，2 min 后降低到 0.90%，这是由于 Fe^{3+}、Zn^{2+} 的挤出效应(crowding effect)造成的。

(5) CYANEX 272 萃取锌

工业萃取剂Cyanex 272不纯，粗Cyanex 272含二(2，4，4－三甲基戊基)膦酸84.4%、$RPO(OH)_2$ 4.6%和非酸性杂质11%。Biswas R K等[153, 154]采用微乳液法对粗Cyanex 272进行纯化，使有效成分二(2，4，4－三甲基戊基)膦酸提高到98.9%。并对纯化后的二(2，4，4－三甲基戊基)膦酸的物理化学特性、与稀释剂形成二元复合体系后的物理特性(密度、粘度等)进行了研究。

Sastre A M等[155]对0.01～0.1 mol/L的Cyanex 272(HR)＋Isopar－H有机相从硝酸盐溶液中萃取二价金属离子的萃取平衡进行了研究。采用斜率法对$\lg D_{Zn}$—pH作图，斜率为1，推测得到萃合物组成为$ZnR_2 \cdot HR$和$ZnR_2 \cdot (HR)_2$；它们的萃取反应平衡常数分别为：$10^{1.9}$和$10^{4.5}$。通过绘制不同Cyanex 272浓度下，Zn(Ⅱ)的存在形态，发现在高Cyanex 272浓度时，$ZnR_2 \cdot (HR)_2$为主要萃合物；在低Cyanex 272浓度时，$ZnR_2 \cdot HR$为重要萃合物。这与Devi N B等[156]的研究结果不一致，Devi N B等采用斜率法得到斜率为2.04，推测得到萃合物组成为$ZnR_2 \cdot 3HR$。宋其圣等[157]的研究结果表明，Cyanex 272与锌形成ZnR_2、$ZnR_2 \cdot HR$和$ZnR_2 \cdot 2HR$三种配合物，相应萃取热焓$\Delta H^{\ominus}$分别为－75.53 kJ/mol、－52.71 kJ/mol和－29.87 kJ/mol，依次相差约一个氢键的能量与反应中断裂氢键数目有关。TBP与Cyanex 272萃取锌时生成协同配合物$ZnR_2 \cdot 2HR \cdot TBP$，系由分子缔合物$2HR \cdot TBP$与$Zn^{2+}$直接配位产生，协同萃取反应平衡常数为15.8；同时还计算得到$2HR \cdot TBP$的生成常数为31.7(30℃)。宋其圣等[158]还对Cyanex 272＋煤油从硫酸介质中萃取Zn^{2+}的动力学进行了研究，试验结果表明：界面区域内化学反应是萃取锌的动力学控制步骤；表观活化能为49.45 kJ/mol。萃取有机相添加TBP后对萃取锌有明显的动力学加速作用，是由于TBP与Cyanex 272形成缔合分子$2HR \cdot TBP$，缔合分子以其功能基O═P上的O原子与Zn^{2+}直接配位生成协萃配合物$ZnR_2 \cdot 2HR \cdot TBP$，使萃取传质受一个活化能低的相内反应控制。因此，协同作用的机理为直接配位机理而不是TBP分子通过与$ZnR_2 \cdot (HR)_2$中的HA发生加成(合)作用的所谓加成机理。

Barnard K R[159]研究了Cyanex 272在萃取有机相中的稳定性。澳大利亚Murrin Murrin公司采用硫酸加压浸出—溶剂萃取的方法处理红土镍矿来回收镍。溶剂萃取厂采用Cyanex 272＋TBP＋Shellsol 2046为萃取有机相从$NiSO_4$浸出液中萃取脱除杂质Co^{2+}、Zn^{2+}。TBP为相改善剂，其作用是防止第三相的形成；为了防止溶液中Co催化氧化稀释剂，使稀释剂退化，需要加入抗氧化剂丁基羟基甲苯(BHT，亦称ionol)。Barnard K R对现场的萃取有机相采用气相色谱(GS)、高效液相色谱、红外、NMR等手段进行表征，解析出二(2，4，4－三甲基戊基)膦酸与TBP缓慢生成产物为二(2，4，4－三甲基戊基)膦酸丁基酯(butyl bis(2，4，4－trimethylpentyl)phosphinate)，有机相中含二(2，4，4－三甲基戊基)膦酸丁基酯3.7%～4.1%，其结构式如下：

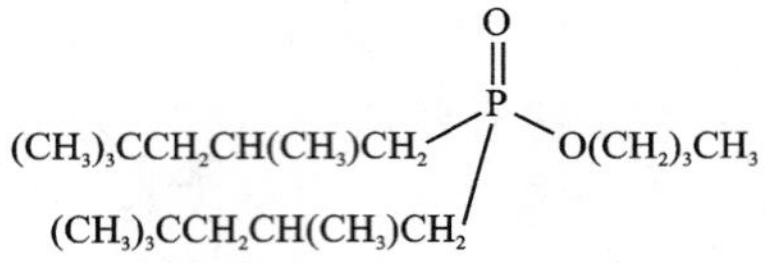

$$(CH_3)_3CCH_2CH(CH_3)CH_2(CH_3)_3CCH_2CH(CH_3)CH_2 \, P(=O) \, O(CH_2)_3CH_3$$

Barnard & Shiers[160]还揭示了二(2，4，4－三甲基戊基)膦酸丁基酯的形成机理为双分子亲核取代反应(bimolecular nucleophilic substitution，S_N2)：

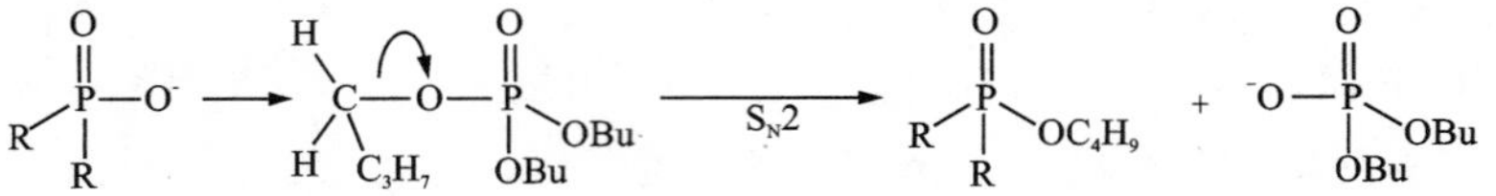

$$R_2P(=O)O^- + C_3H_7CH_2{-}O{-}P(=O)(OBu)_2 \xrightarrow{S_N2} R_2P(=O)OC_4H_9 + {}^-O{-}P(=O)(OBu)_2$$

对于没有水相存在的模拟有机相，70℃下，二(2，4，4－三甲基戊基)膦酸丁基酯生成速率为0.43 ±0.02 mol/(L·a)，表观活化能为122 kJ/mol。70℃下，将含H_2SO_4 20 g/L，pH 为 5 的溶液相与萃取有机相搅拌混合，其生成速率降低20%，0.34 ±0.02 mol/(L·a)；100 g/L 的 H_2SO_4时，其生成速率提高 0.39 mol/(L·a)。与萃取有机相搅拌混合的水相中含 Co^{2+} 0.28 mol/L 时，其生成速率提高至0.46 mol/(L·a)；水相中所含的0.15 mol/L Zn^{2+} 对二(2，4，4－三甲基戊基)膦酸丁基酯的生成速率没有影响。

Rickelton & Boyle[161]、Sole & Cole[123]研究了平衡 pH 对 Cyanex 272 从硫酸盐溶液中，萃取 Fe^{3+}、Zn^{2+}、Mn^{2+}、Cd^{2+}、Cu^{2+}、Co^{2+}、Ni^{2+}等金属离子萃取率的影响。萃取有机相 Cyanex 272 + 稀释剂可以用于从 EAFD 浸出液、矿山含锌废水、锌锰电池浸出液中萃取回收锌，从硫酸镍溶液中脱除杂质元素铁、铜、锌和锰，以及从印刷电路板(PCB)浸出液中分离、回收铜、镍、锌。

①人造丝含锌废水

Ali A M I 等[162]采用 Cyanex 272 从人造丝生产过程产生的含锌废水中萃取回收锌。萃取有机相为2.0% Cyanex272 + 煤油，模拟废水为含锌 1.53×10^{-3} mol/L、pH 为3；研究不同阴离子 SO_4^{2-}、NO_3^-、Cl^-浓度对水溶液中 Zn^{2+} 萃取率的影响，见图 2－51。从图中可以看出，随着 SO_4^{2-} 浓度增加，Zn^{2+} 萃取率增加，这与 Devi N B等[156]的研究得出的增加 Na_2SO_4引起 Zn^{2+} 的萃取率降低的结果不一致；而随着 NO_3^-、Cl^-浓度增加，Zn^{2+}萃取率降低。锌的萃取率顺序为 $SO_4^{2-} > NO_3^- > Cl^-$。这是由于随着 SO_4^{2-} 浓度的增大，周围水化作用增强，降低了 Zn^{2+} 的水化，导致 Zn^{2+} 与萃取剂的作用增强。

萃取剂浓度与水相 pH 试验结果表明：萃取剂浓度增加、水相 pH 升高，有利

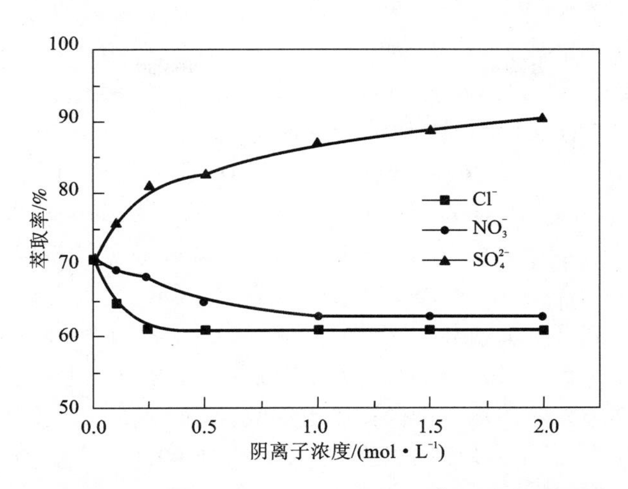

图 2-51　不同阴离子浓度对水相中 Zn^{2+} 萃取率的影响

Zn^{2+} 1.53×10^{-3} mol/L, pH 3, Cyanex 272 3.17×10^{-2} mol/L, 25℃

于 Zn^{2+} 萃取率的提高。$\lg D_{Zn}$—pH 图，斜率为 1，说明每萃取 1 mol Zn^{2+}，释放出 1 mol H^+，基于此 Ali A M I 等[162]对萃取反应进行了推测。在极低酸度下，锌离子以 $Zn(OH)^+$ 形式存在于水中[163]，Cyanex 272 以二聚物 $(HR)_2$ 形式存在于有机相中[164]，萃取平衡反应可以表示为：

$$Zn(OH)^+ + 2\overline{(HR)_2} \rightleftharpoons \overline{Zn(OH)R \cdot (HA)_2} + H^+ \tag{2-39}$$

$$K_{ex} = \frac{[\overline{Zn(OH)R \cdot (HA)_2}][H^+]}{[Zn(OH)^+][\overline{(HR)_2}]^2} = \frac{D_{Zn}[H^+]}{[\overline{(HR)_2}]^2} \tag{2-40}$$

在 pH 为 1～3，Cyanex 272 浓度为 2%～6% 时，$K_{ex}=2.67$。改变萃取温度（15～45℃），引起 K_{ex} 变化，绘制 $\lg K_{ex} \sim 1/T$ 图，依据 Van't Hoff 方程，可以计算 ΔH、ΔG、ΔS 分别为：-37.66 kJ/mol、2.43 kJ/mol 和 118 J/(mol·K)。2%（3.17×10^{-2}mol/L）Cyanex 272 萃取 Zn^{2+} 的饱和容量为 0.001585 mol/L，说明 1 mol 萃取剂的萃取容量为 0.105 mol/L。依据水相 Cyanex 272 pH 3.0 时 Zn^{2+} 的萃取等温线，按 McCabe - Thiele 法绘制有机相 2% P_{507} + 煤油、O/A = 1∶1 的理论萃取级数为 8 级。对于成分为 Zn^{2+} 186 mg/L、H_2SO_4 3.4 mg/L、Na_2SO_4 0.75 mg/L 的人造丝产含锌废水，进行连续混合—澄清试验，结果表明：有机相 2% Cyanex 272 + 煤油，萃取级数 8 级、洗涤 2 级、反萃 5 级；萃取段 O/A = 1∶1，混合、澄清池体积分别为 0.12 L 与 0.48 L；控制萃取、洗涤、反萃的水相流量为 1.8 L/min、0.9 L/min 与 0.45 L/min。真实溶液 Zn^{2+} 的萃取率为 94%、Zn^{2+} 的反萃率 96%。

②从电弧炉烟灰（EAFD）浸出液中萃取锌

对于从电弧炉烟灰（EAFD）浸出液中回收锌，Oustadakis P、Tsakiridis P E

等[165, 166]采用了稀硫酸浸出、黄钾铁矾除铁、溶剂萃取富集的方法回收锌。采用稀硫酸获得的浸出液成分(g/L)为：Zn^{2+} 14.0、Fe^{3+} 13.0、Al^{3+} 0.5、Cu^{2+} 0.3、Mn^{2+} 1.9、Mg^{2+} 2.3。控制温度95℃，用20% CaO 浆维持终点 pH 为3.5，铁的沉淀率99.9%，Zn^{2+} 损失 $<5\%$。除铁后液成分(g/L)为：Zn^{2+} 9.04、Mn^{2+} 1.55、Mg^{2+} 1.92 和 Ca^{2+} 0.49。控制萃取体系不同 pH，测定萃取有机相 25% Cyanex + 5% TBP + Exxsol D－80 对 Zn^{2+}、Mn^{2+}、Mg^{2+}、Co^{2+}、Ca^{2+} 萃取率的影响，见图 2－52。从图中可以看出，在 pH 3.0～3.5 时，Zn^{2+} 优先被萃取进入有机相，而 Mn^{2+}、Mg^{2+}、Co^{2+} 需要 pH >3.5 才有明显的萃取，Ca^{2+} 则完全不被萃取。通过控制萃取过程温度 40℃、有机相：25% Cyanex 272 + 5% TBP + Exxsol D－80、O/A =1∶1、水相 pH 3.5，一级萃取锌的萃取率可以大于 98%。反萃过程采用的负载有机相含 Zn^{2+} 8.98 g/L，反萃剂模拟废电解液含 Zn 62.5 g/L、H_2SO_4 3 mol/L，温度 40℃，O/A = 1∶1，一级反萃锌的反萃率达到 99.5%，溶液中 Zn^{2+} 浓度从 62.5 g/L提高到 80.37 g/L。

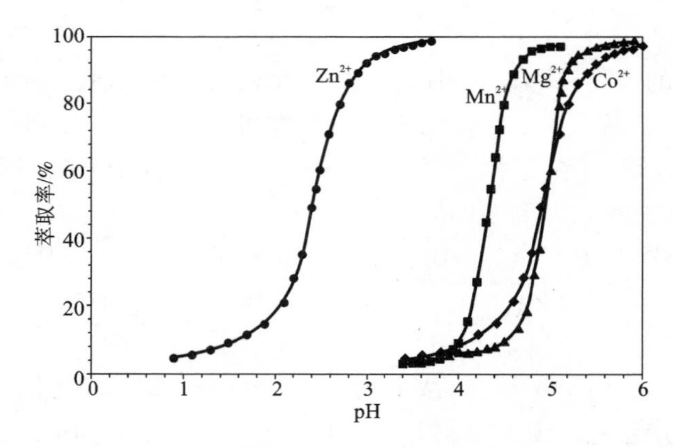

图 2－52　不同 pH 下，Cyanex 272 对 Zn^{2+}、Mn^{2+}、Mg^{2+}、Co^{2+} 萃取率的影响

温度：40℃；有机相：25% Cyanex 272 + 5% TBP + Exxsol D－80；O/A = 1∶1

③从锌矿山含锌废水中萃取锌

世界锌矿山有大量废弃的选矿尾矿，风化、氧化排出大量的含锌等重金属离子的废水，一般采用中和沉淀，这增加了矿山成本并造成环境污染。西班牙废弃的 Andalusia 矿山排出的废水约 10000 m^3/d，废水含 Zn^{2+} 约 1 g/L，还含有 Fe^{3+}、Fe^{2+}、Ca^{2+}、Cu^{2+}、Al^{3+}、Mn^{2+} 等离子。矿山含锌废水采用氧化亚铁硫杆菌进行细菌氧化[167]、控制溶液 pH 3.7 除去溶液中的铁，除铁液成分(mg/L)为：Zn^{2+} 881、$Fe_{总}$ 1.2、Al^{3+} 210、Ca^{2+} 580、Cu^{2+} 45、Mn^{2+} 195。Avila M 等[168, 169]进行实验室试验，采用 D_2EHPA、Cyanex272、Ioquest 290 三种萃取剂从矿山含锌废水中萃取回收锌。Ioquest 290 的主要活性成分与 Cyanex 272 一样，均为二(2，4，4－三甲基戊基)膦酸；但 Ioquest 290 的非活性杂质组分小于5%，Cyanex 272 的非活性杂质组分含量约15%。三种萃取剂的动力学研究表明：5% Cyanex 272 + 煤油、5% Ioquest 290 + 煤油的萃锌速度远大于40% D_2EHPA + 煤油的，前两者在 5 min 内 Zn^{2+} 的萃取率达到95%；后者需要 10 min，Zn^{2+} 的萃取率才达到95%。从对 Zn^{2+} 的萃取选择性而言，40% D_2EHPA + 煤油对 Al^{3+}、Ca^{2+} 的萃取效果比 Zn^{2+} 更好，Ca^{2+} 反萃进入溶液，使反萃液中 $CaSO_4$ 达到饱和，影响电积；而 Al^{3+} 残存在萃取剂中，会引起萃取剂中毒。5% Cyanex 272 + 煤油、5% Ioquest 290 + 煤油的反萃液中杂质 Al^{3+}、Ca^{2+}、Cu^{2+} 和 Mn^{2+} 没有发生富集现象，因此萃取过程负载有机相都不用洗涤脱除杂质离子。相同萃取条件下，萃取剂 5% Ioquest 290 + 煤油比 5% Cyanex 272 + 煤油可以提高 Zn^{2+} 的萃取率 5% ~ 10%，因此，选取最佳萃取剂为 Ioquest 290。以此为基础，Avila M 等[170]还进行了中间工厂试验，除铁前的矿山废液成分(mg/L)为：Zn^{2+} 1020、Fe^{2+} 254、Fe^{3+} 446、Al^{3+} 292、Ca^{2+} 600、Cu^{2+} 45、Mn^{2+} 265、Pb^{2+} 1.6，pH 3.0。采用氧化亚铁硫杆菌进行细菌氧化后、CaO 调节 pH 至 4.5，维持 65 min，过滤分离后液成分(mg/L)为：Zn^{2+} 1010、Fe^{2+} 0、Fe^{3+} 0.2、Al^{3+} 20、Ca^{2+} 600、Cu^{2+} 21.7、Mn^{2+} 200、Pb^{2+} 1.6，pH 4.78。萃取过程设备为2个 Bateman 脉冲筛板萃取塔，一个为萃取塔，直径 80 mm、高 7 m(相当于三级混合－澄清槽萃取)；另一个反萃塔直径 40 mm、高 6 m；通过将给定振幅与频率的脉冲鼓入空气使萃取塔内产生脉冲。中间工厂试验进行了 12 天、每天10 h，料液流速为 150 L/h，萃取 pH 调节用含 Na_2CO_3 50 ~ 100 g/L 的溶液；萃取剂为 5% Ioquest 290 + 煤油(Ketrul D100)，O/A = 1∶2，温度 25℃，萃余液中 Zn^{2+} < 50 mg/L。Zn^{2+} 萃取率 > 95%、Na_2CO_3 消耗量为1.7 kg/kg Zn。反萃采用含 Zn 50 g/L、H_2SO_4 190 g/L 的模拟废电解液，O/A = 20∶1，反萃后有机相中残留 Zn^{2+} 5 ~ 17 mg/L，反萃率 > 99%，总的锌回收率≥95%。

④废锌锰电池浸出液中萃取分离 Zn^{2+} 与 Mn^{2+}

Devi N B 等[156]研究了 Cyanex 272 的钠盐从硫酸盐溶液中萃取、分离 Zn^{2+} 和 Mn^{2+}，结果表明，料液含 $MeSO_4$ 0.01 mol/L、随着 pH 的升高，Zn^{2+}、Mn^{2+} 的萃取率增加；在 pH 5.2 时，Zn^{2+}、Mn^{2+} 的最大分离系数为 6000。在萃取剂 Cyanex 浓度为 0 ~ 0.05 mol/L 时，萃取率与萃取剂浓度成正比增加。测得 0.1 mol/L NaCyanex 272 萃取 Zn^{2+}、Mn^{2+} 的饱和容量分别为：2.0 g/L 和 1.52 g/L。当溶液中添加 Na_2SO_4、$NaNO_3$、NaCl 和 NaSCN 时，随着这些阴离子的增加，后三者对 Zn^{2+}、Mn^{2+} 的萃取率影响不明显；Na_2SO_4 增加，使 Zn^{2+}、Mn^{2+} 的萃取率显著降低，这与 Sole K C & Hiskey J B[124]报道的增加 Na_2SO_4 引起 Zn^{2+} 的萃取率降低一致，而与 Ali A M I 等[162]报道的试验结果相反。Zn^{2+}、Mn^{2+} 的分离系数与萃取

pH 有关，没有添加其他盐类的情况下，pH 5.2 时 $\beta_{Zn/Mn}$最大，为 5982。

Salgado A L 等[171]把萃取剂 Cyanex 272 用于废锌锰电池浸出液中萃取分离 Zn^{2+}、Mn^{2+}。采用 20% Cyanex + Escaid 110 有机相，料液起始含量为含 Zn^{2+} 5.24 g/L或 Mn^{2+} 6.69 g/L，O/A = 1∶1，萃取温度 50℃，控制萃取体系不同 pH，测定其对 Zn^{2+}或 Mn^{2+}萃取率的影响，试验结果表明：Zn^{2+}、Mn^{2+}的 pH_{50}分别为 1.78、3.75，两者的 pH_{50}差值，$\Delta pH_{50} = pH_{50,\ Cd} - pH_{50,\ Zn} = 3.75 - 1.78 \approx 2.0$，说明只需几级萃取就可实现 Zn^{2+}与 Mn^{2+}的分离。从 pH – 萃取率曲线可以看出，在 pH 2.0 ~ 2.6 时，就有较高的 Zn^{2+}萃取率，而 Mn^{2+}没有明显的萃取；Mn^{2+}需要 pH≥4.5 才有较高的萃取率，Ca^{2+}则完全不被萃取。因此，从锌锰电池浸出液中萃取 Zn^{2+}、Mn^{2+}，控制的 pH 分别为 2.6 与 4.5。

(6) 硫代膦酸萃取锌

美国 Cyanamid 公司发明萃取剂二(2，4，4 – 三甲基戊基)二硫代膦酸(Cyanex 301)和二(2，4，4 – 三甲基戊基)硫代膦酸(Cyanex 302)的目的是从含 Mg^{2+}、Ca^{2+}的低 pH、低浓度锌溶液中选择性萃取 Zn^{2+}[172]，如含 Zn^{2+}约 1 g/L、pH 1 ~ 2 的人造丝废水。Cyanex 301、Cyanex 302 分子上硫取代 Cyanex 272 上的氧，萃取剂的酸性 pK_a(酸的离解常数)增强，Cyanex® 301、Cyanex 302、Cyanex 272 的 pK_a分别为 2.6、5.6 与 6.4。由于硫原子与锌的作用力比氧强，因此在 pH≤2 的条件下，Cyanex 301、Cyanex 302 就能从溶液中完全萃取 Zn^{2+}；负载 Zn^{2+}有机相，尤其是负载 Zn^{2+}的 Cyanex 301，反萃困难，因此对单独的 Cyanex 301 萃取锌研究很少。后来的研究还发现 Cyanex 302 对 Cd、Co 的萃取能力较强，可以从硫酸镍、钴溶液中分离钴[173, 174]，或者从重金属溶液中选择性萃取镉[175]。

Caravaca & Alguacil[176]采用 Cyanex 302 从 $ZnSO_4/H_2SO_4$溶液萃取锌过程中，对温度、稀释剂、料液起始 Zn^{2+}浓度等因素对锌萃取率的影响进行了研究。试验结果表明：在温度 20℃或 50℃、5% Cyanex 302 + 260#煤油、Zn^{2+} 2 g/L 的条件下，振动萃取 1 min 就达到平衡，延长时间则萃取率不变；温度 20 ~ 60℃时，温度对萃取效率的影响很小。料液在 Zn^{2+} 1 g/L、温度 50℃的条件下，20% Cyanex 302 + 不同稀释剂的溶液 pH 与 Zn^{2+}萃取率平衡曲线表明，正十二烷 > EXXOL D – 100、260# 煤油、ESCAID 100 > SOLVESSO 150，正十二烷的 pH_{50}为 1.0、SOLVESSO 150 的 pH_{50}为 1.5，EXXOL D – 100、260#煤油、ESCAID 100 的 pH_{50}为 1.25 左右。料液起始 Zn^{2+}浓度对平衡 pH 与萃取率的关系曲线表明，料液起始 Zn^{2+}浓度从0.1 g/L提高 2.0 g/L，萃取溶液的 pH_{50}变化不大；但相同 pH 下，萃取率降低。料液在 Zn^{2+} 2 g/L、萃取温度 50℃的条件下、振荡时间 5 min 的条件下，3%、10%或 20%的 Cyanex 302 + 260#煤油对平衡 pH 与萃取率关系曲线的影响表明：提高浓度，有利于 Zn^{2+}的萃取率提高，pH_{50}的降低。测得温度 50℃，不同萃取剂浓度下的萃取等温线见图 2-53。萃取过程生成 H_2SO_4 的滴定结果表明，每萃取 1 mol 的 Zn^{2+}，生成 H^+ 2 mol。

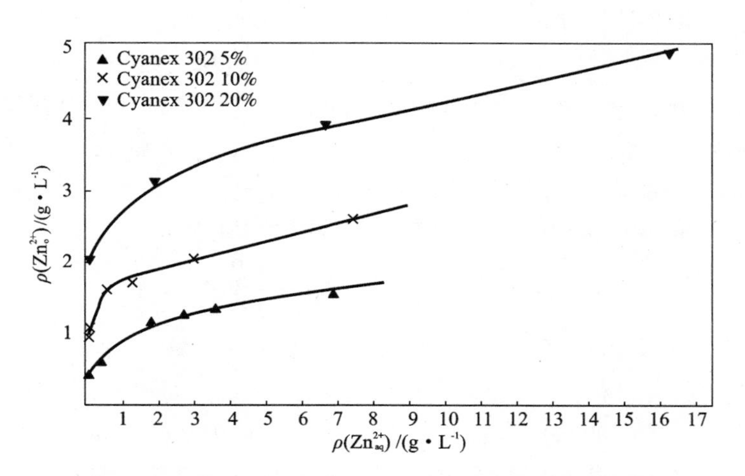

图 2-53 50℃下，不同 Cyanex 302 浓度下的萃取等温线

Sole & Hiskey[124] 采用滴定、^{31}P-NMR 和 GC-MS 对 Cyanex 272、Cyanex 301 和 Cyanex 302 的活性成分、杂质成分组成进行了测定。对水相含 Na_2SO_4 0.5 mol/L，金属离子 Fe^{3+}、Co^{2+}、Ni^{2+}、Cu^{2+}、Zn^{2+} 浓度均为 0.001 mol/L；萃取有机相为 0.1 mol/L Cyanex + 二甲苯，温度 25℃时，绘制了不同 pH 下，各种金属离子的萃取率平衡曲线。数据表明，它们萃取金属离子的难易顺序为：Cyanex 272：$Fe^{3+} > Zn^{2+} > Cu^{2+} > Co^{2+} > Ni^{2+}$；Cyanex 302：$Cu^{2+} > Fe^{3+} > Zn^{2+} > Co^{2+} > Ni^{2+}$；Cyanex 301：$Cu^{2+} > Zn^{2+} > Fe^{3+} > Co^{2+} > Ni^{2+}$。萃取剂 Cyanex 浓度对 Fe^{3+}、Co^{2+}、Ni^{2+}、Cu^{2+}、Zn^{2+} 萃取平衡的 pH_{50} 影响数据见表 2-3。pH_{50} 与萃取剂浓度对数 lg[Cyanex] 关系曲线表明，随着 Cyanex 浓度的增加，pH_{50} 一般降低。

Reis & Carvalho[177] 对二(2-乙基己基)二硫代磷酸(D_2EHTPA) + Shellsol T 从 $ZnSO_4/H_2SO_4/Na_2SO_4$ 溶液中萃取锌过程形成的产物、萃取平衡常数 K_{ex} 进行了测定。研究采用起始水相浓度为：$ZnSO_4$ 0.0046 ~ 0.0153 mol/L、Na_2SO_4 0 ~ 0.28 mol/L，温度 293K。

D_2EHTPA + Shellsol T 从硫酸溶液中萃取锌的平衡反应如下：

$$Zn^{2+} + n\,\overline{(RH)_2} \rightleftharpoons \overline{ZnR_2\,(RH)_{2n-2}} + 2H^+ \qquad (2-41)$$

$(RH)_2$ 表示 D_2EHTPA 的二聚体。

平衡向右发生移动，这样离子交换再生出酸。考虑到溶液中离子的活度与活度系数，锌萃取的平衡常数 K_{ex} 可以表示为：

$$K_{ex}=\frac{a_{\overline{ZnR_2(RH)_{n-2}}}\cdot a_{H^+}^2}{a_{Zn^{2+}}\cdot a_{\overline{(RH)_2}}^n}=D_{Zn}\frac{a_{H^+}^2}{a_{\overline{(RH)_2}}^n} \quad (2-42)$$

萃合物的化学计量数 n，通常通过公式(2－42)的对数：

$$\lg D_{Zn}=n\lg[a_{\overline{(RH)_2}}]+2pH+\lg K_{ex} \quad (2-43)$$

作 $\lg D_{Zn}$—$\lg[a_{\overline{(RH)_2}}]$图，可以求得斜率为 n，进而得到化学计量数 n。绘制 $ZnSO_4$ 0.00459 mol/L、Na_2SO_4 0.167 mol/L，H_2SO_4 0.382 mol/L 时，$\lg D_{Zn}$－$\lg[a_{\overline{(RH)_2}}]$的关系曲线，得到优化直线的斜率为1.6，平衡常数 K_{ex} 为32。这是由于没有考虑有机相中 D_2EHTPA 单体存在的原因所引起的。

$$2(HR)\rightleftharpoons(HR)_2 \qquad K_2=\frac{[(HR)_2]}{[(HR)]^2}=200 \quad (2-44)$$

考虑到 Cyanex 302 单体与二聚体的平衡，假设 $n=1.5$，平衡常数 K_{ex} 为32，绘制实际测得的有机相中的 Zn^{2+} 与计算值相比，发现相对误差仅2.7%，进而确定 Cyanex 302 与 Zn^{2+} 形成的萃合物为 $ZnA_2\cdot HA$，这个结果与 Reis & Carvalho[177] 采用乳状液膜测得的 D_2EHTPA 被 Zn^{2+} 饱和时形成的萃合物结果一致。

Bart H J 等[178] 绘制了不同 pH 与 D_2EHTPA 从硫酸盐体系萃取 Ca^{2+}、Al^{3+}、Cd^{2+}、Zn^{2+}、Fe^{2+}、Pb^{2+} 的萃取率平衡曲线，见图2－54。从图中可以看出，D_2EHTPA可以在较低的 pH 下萃取 Zn^{2+}、Cd^{2+}，而萃取 Ca^{2+} 需要较高的 pH。

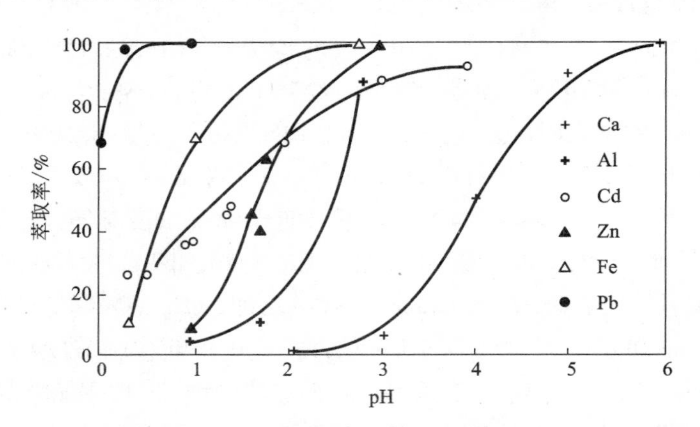

图2－54　不同 pH 与金属离子萃取率平衡曲线

Reis & Carvalho[179] 在改进的 Lewis 槽中，对 D_2EHTPA 从硫酸盐体系萃取 Zn^{2+} 的过程动力学进行了研究。有机相$[HR]_T$ 0.09 mol/L；水相：Zn^{2+} 0.00459 mol/L、Na_2SO_4 0.268 mol/L；温度20～30℃时，作 $\lg K-1/T$ 图，依据求得的斜率计算不同 pH 下萃取过程的表观活化能为：

pH＝1.5，$E_a=45\pm10$ kJ/mol；

pH = 2.5，E_a = 43 ± 5 kJ/mol；

pH = 3.0，E_a = 17 ± 1 kJ/mol。

动力学控制步骤为：在较高的 pH 2.5 ~ 3.0 下，水溶液中 Zn^{2+} 的扩散为关键控制步骤；在低 pH 下，为混合控制。求得的动力学方程表明反应为 Zn^{2+}、H^+ 的一级反应；求得正反应常数为 3.1×10^{-5} m/s，逆反应常数为 1.0×10^{-6} $m^{2.5}$/s。

研究了硫代膦酸萃取剂的稳定性。在测试条件为：萃取剂 Cyanex 301 + 稀释剂 Exxsol D – 80；水相：75 g/L HCl 或 300 g/L H_2SO_4；A/O = 1∶1，温度 50℃。在有冷却回流装置中，Cyanex 301 的有效活性成分随时间的变化情况见图 2 – 55。从图中可以看出，在 75 g/L HCl 中经过 411 h，有效活性成分从 75.6 g/L 降低到 73.6 g/L，仅降低 2.65%；而在 300 g/L H_2SO_4 中经过 466 h，有效活性成分从 100.0 g/L降低到 88.1 g/L，降低了 11.9%。

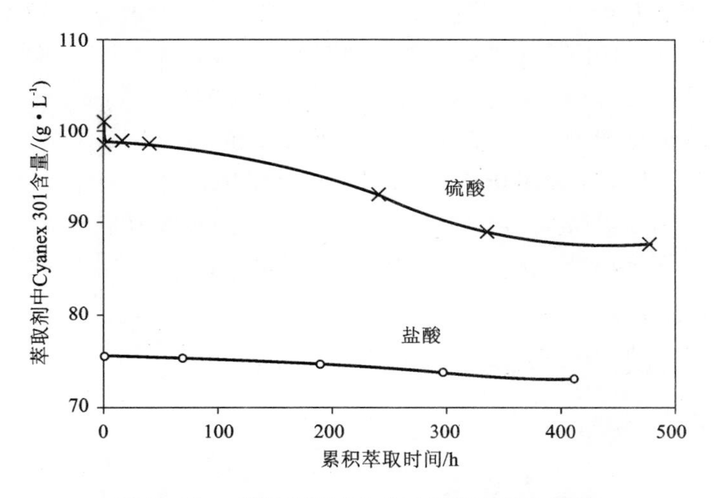

图 2 – 55　CYANEX 301 在水溶液中的稳定性

Groenewold GS 等[180, 181]采用 ^{31}P – NMR、有机相铵盐晶体的 XRD 图谱、电喷雾质谱(electrospray ionization mass spectrometry)对 Cyanex 301(HR 表示)的退化机理与产物进行分析表征，RH 与硝酸接触被氧化形成耦合物种 R_2，R_2 接着被氧化成二氧物种(dioxo species)。随着接触时间、HNO_3 浓度的增加，氧化形成耦合物种的数量增加。Menoyo B 等[182]把 Cyanex 301、Cyanex302、R_3PS 分别与 5 mol/L 的 HNO_3 接触十几天，通过 FT – IR、FT – Raman、液相色谱 – 质谱(GC – MS)对产物进行分析表征，认为产物为 NO_2、元素硫和氧类萃取剂。稀释的 Cyanex302 (R_2PSOH)、R_3PS 与硝酸振荡混合 15 min，就被完全氧化成 Cyanex 272 (R_2POOH)、R_3PO；然而 Cyanex 301(R_2PSSH)氧化速度慢很多，氧化产物也是

Cyanex 302(R_2PSOH)、Cyanex 272(R_2POOH)的混合物。

Menoyo & Elizalde[183]对商业萃取剂 Cyanex 301 的组成成分进行了测定，含有效成分二(2, 4, 4－三甲基戊基)二硫代膦酸约85%，还含有二(2, 4, 4－三甲基戊基)单硫代膦酸、二(2, 4, 4－三甲基戊基)膦酸、二(2, 4, 4－三甲基戊基)硫化膦($R_3P=S$)以及少量不能确定的化合物。Wieszczycka & Tomczyk[184]在一个120 mL的 Heraeus 光反应器中，研究 20～23℃、150 W 的红外－可见光辐射对0.001 mol/L Cyanex 301＋正己烷或甲苯萃取有机相中萃取剂的退化的影响进行了研究。试验结果表明：经过 10 h 的光辐射，0.001 mol/L Cyanex 301＋正己烷萃取有机相二(2, 4, 4－三甲基戊基)膦酸提高 35.4%，二(2, 4, 4－三甲基戊基)二硫代膦酸、三甲基戊基硫化膦($R_3P=S$)分别降低 7.5%与 49.6%。0.001 mol/L Cyanex 301＋甲苯萃取有机相中，二(2, 4, 4－三甲基戊基)二硫代膦酸、三甲基戊基)硫化膦($R_3P=S$)分别降低 19.5%与 35.7%。经过 10 h 的光辐射，负载了 Cu^{2+}的($[Cu^{2+}]/[HR]_T=0.28$)萃取有机相 0.001 mol/L Cyanex 301＋甲苯的光辐射结果表明，二(2, 4, 4－三甲基戊基)膦酸提高 24%，二(2, 4, 4－三甲基戊基)二硫代膦酸降低 22%，并且有黑色沉淀生成。负载了 Co^{2+}的($[Co^{2+}]/[HR]_T=0.31$)萃取有机相 0.001 mol/L Cyanex 301＋甲苯的光辐射结果表明，二(2,4, 4－三甲基戊基)二硫代膦酸降低65%，其他成分降低 90%。Wieszczycka & Tomczyk[184]对萃取剂 Cyanex 301 中的组分的光辐射反应过程进行了推测，见图 2－56。

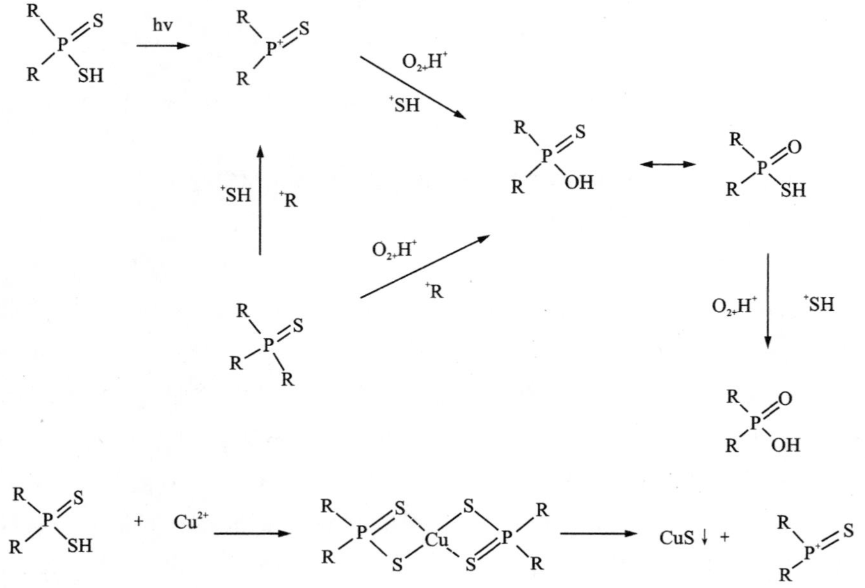

图 2－56　推测的光辐射引起的萃取剂 Cyanex 301 的退化机理[184]

(7)应用

①从人造丝废水中萃取回收锌

Rickelton & Boyle[185, 186]对 Cyanex 301、Cyanex 302 和 Cyanex 272 从硫酸盐中萃取 Zn^{2+}、Ca^{2+} 的平衡曲线进行了测定。在萃取剂：0.6 mol/L Cyanex + Exxosol D－80；水相：单金属硫酸盐 0.015 mol/L；相混合时间 5 min、温度 50°C、A/O = 1∶1 的条件下，萃取 Zn^{2+}、Ca^{2+} 的 pH－萃取率平衡曲线见图 2－57。

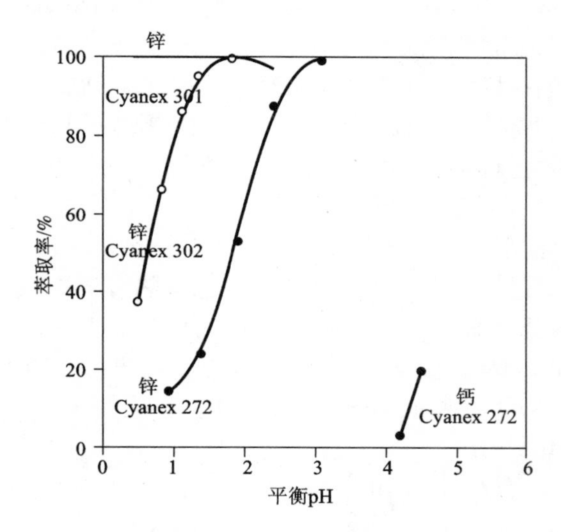

图 2－57　平衡 pH 对水相 Zn^{2+}、Ca^{2+} 萃取率的影响[186]

萃取剂：0.6 mol/L Cyanex + Exxosol D－80；水相：单金属硫酸盐 0.015 mol/L；
相混合时间 5 min，温度 50℃，A/O = 1∶1

从图中可以看出，在 pH < 1.5 时，Cyanex 301 对溶液中的 Zn^{2+} 的萃取率均为 100%；pH 0 ~ 1.5 时，随着 pH 的升高，Cyanex 302 对溶液中 Zn^{2+} 的萃取率急剧升高；Cyanex 272 与 Cyanex 302 对溶液中 Zn^{2+} 的萃取曲线相似，但 pH_{50} 提高约 1.2。对溶液中 Ca^{2+} 的萃取情况，在 pH 0 ~ 4 时，Cyanex 301、Cyanex 302 完全不萃取；而 Cyanex 272，在 pH > 4 以后，开始少量萃取 Ca^{2+}。因此，采用 Cyanex 301、Cyanex 302 可以从含 Ca^{2+} 的低浓度硫酸锌溶液中，在低 pH 时选择性地萃取分离 Zn^{2+}。但由于 Cyanex 301 反萃 Zn^{2+} 极其困难，采用高酸度的 H_2SO_4 溶液反萃，足以破坏 Cyanex 301 的分子结构，所以一般不采用 Cyanex 301，而是采用反萃相对较容易的 Cyanex 302。

Jha M K 等[187, 188]报道了采用 5% Cyanex 302 + 1% 异癸醇 + 煤油有机相，在 O/A = 1∶1、温度 25 ~ 30℃ 和混合时间 5 min 的条件下，从含不同的 Zn^{2+} 浓度的人造丝废液中萃取 Zn^{2+}。当料液中 Zn^{2+} 为 0.31 g/L 时，控制溶液 pH 从 0.65 上升

到2.98，Zn^{2+}萃取率从36.7%提高到99.98%；在pH≥2.78后，Zn^{2+}分配比急剧增大。当料液中Zn^{2+}为0.46 g/L时，控制溶液pH从1.77上升到2.98，Zn^{2+}萃取率从56.86%提高到99.03%；pH从2.24上升到2.98，Zn^{2+}分配比从4.6增大102。当料液中Zn^{2+}为0.87 g/L时，控制溶液pH从1.83上升到2.98，Zn^{2+}萃取率从约50%提高到98.25%；在pH为2.98时的Zn^{2+}分配比为56.2。从以上结果可以看出，当溶液中Zn^{2+}从0.31 g/L提高到0.87 g/L，在pH为2.98时的Zn^{2+}分配比急剧降低，从9977降低到56.2。印度M/s Baroda Rayon有限公司的人造丝废液含Zn^{2+} 0.085 g/L、Ca^{2+} 0.025 g/L，pH为6.23；采用5% Cyanex 302 +1%异癸醇+煤油有机相，在O/A=1∶30、温度25~30℃、控制溶液pH为3.4和混合时间5 min的条件下萃取这种废酸，Zn^{2+}的萃取率达到99.99%。反萃过程采用10% H_2SO_4溶液、O/A=10∶1，反萃液含Zn^{2+} 25.48 g/L，可以返回到纺纱池再使用。

②用于锌锰电池浸出液中萃取分离

El-Nadi Y A等[189]对Cyanex 301萃取锌锰的热力学与反应的表观活化能进行了测定。模拟溶液为H_2SO_4 2.0 mol/L、$ZnSO_4$ 0.15 mol/L或$MnSO_4$ 0.10 mol/L，有机相为0.75 mol/L Cyanex 301+煤油，O/A=1∶1，温度25℃，依据测定不同萃取剂浓度下的Zn^{2+}、Mn^{2+}萃取率数据，作$\lg D_{Me}-\lg[\overline{(HR)_2}]$图，得到斜率为2，推测反应产物为$MeA_2(HR)_2$。反应方程为：

$$Me^{2+}+2\overline{(HR)_2}\rightleftharpoons\overline{MeA_2(HR)_2}+2H^+ \quad (2-45)$$

$$K_{ex}=\frac{[\overline{MeA_2(HR)_2}][H^+]^2}{[Me^{2+}][\overline{(HR)_2}]^2} \quad (2-46)$$

得到Zn^{2+}、Mn^{2+}的反应平衡常数K_{ex}分别为16.9±0.78和0.37±0.02。根据不同温度下测得Zn^{2+}、Mn^{2+}的平衡分配比数据，依据Van's Hoff公式可以表示为：

$$\lg K_{ex}=-\frac{\Delta H}{2.303RT}+C \quad (2-47)$$

作$\lg K_{ex}-1/T$图，依据斜率就可求出萃取Zn^{2+}、Mn^{2+}过程的焓变(ΔH)分别为-14.5 kJ/mol与-13.6 kJ/mol。

El-Nadi Y A等[189]还对锌锰电池废料硫酸浸出液中0.7 mol/L Cyanex 301萃取分离Zn^{2+}和Mn^{2+}的工艺进行了研究。采用锌锰电池废料成分(%)为：Mn 37.4、Zn 12.2、O 21、C 25.3、Cl 3.1和K 0.5。采用H_2SO_4 2.0 mol/L或2 mol/L HCl、温度50℃和2 h下，硫酸为浸出剂固液比1∶5时锌的浸出率最佳，锌、锰浸出率分别为86.6%与6.7%；盐酸为浸出剂时固液比在1∶7时锌的浸出率最佳，不同的是锌、锰浸出率分别为71.1%与5.3%。说明硫酸对锌的浸出效果更好。在采用温度50℃、2 h和固液比1∶5，不同硫酸浓度时的试验结果表明，[H_2SO_4]

=3.0 mol/L 时，锌的浸出率最佳，锌、锰浸出率分别为91.8%与7.5%。研究了萃取剂浓度、H^+浓度（通过加 Na_2SO_4，维持[SO_4^{2-}] = 2 mol/L）、H_2SO_4浓度和O/A变化对 Zn^{2+}、Mn^{2+}的萃取率和分配比$\beta_{Zn/Mn}$的影响。试验结果表明：萃取剂用量在0.1～0.75 mol/L 时，对 Zn^{2+}、Mn^{2+}的萃取率有影响，但对分配比几乎没有影响，稳定在约47.8；而 H_2SO_4浓度改变时，Zn^{2+}、Mn^{2+}的萃取率变化相反，H_2SO_4浓度从0.05 mol/L 提高到2 mol/L，分配比$\beta_{Zn/Mn}$从315 降低到48.5。O/A 比的提高，有利于 Zn^{2+}、Mn^{2+}萃取率的提高，但较高的 O/A 比，会引起 Mn^{2+}的萃取，因此选取 O/A =1∶1。

锌锰电池废料中硫酸浸出液采用0.7 mol/L Cyanex 301 + 煤油，在温度50℃、O/A =1∶1 时，经过7 级连续萃取，锌、锰萃取率分别为98%与7%。负载有机相采用5 mol/L 的 HCl 经过2 级反萃，Zn^{2+}的反萃率达99%。

此外，Park & Fray[190]还把 Cyanex 301 用于含 Zn^{2+}、Ni^{2+}的硫酸盐溶液中 Zn^{2+}的提取，发现 Cyanex 301 对溶液中 Zn^{2+}、Ni^{2+}有很好的分离效果。在 pH≤6 的条件下，100% Cyanex 301 对 Zn^{2+}的萃取率 >99%，而 Ni^{2+}的萃取率 <20%；pH =6 时，Zn^{2+}、Ni^{2+}的分配系数$\beta_{Zn/Ni}$最大，达21700，有机相中锌的相对纯度达到99%。

③Cyanex 301、Cyanex 302 与其他萃取剂的协同萃取

Fleitlikh I Y 等[191]研究了0.2 mol/L Cyanex 301 + 壬烷从含 H_2SO_4 1.0 mol/L、$ZnSO_4$ 0.051 mol/L 的水相中萃取 Zn^{2+}时，有机相中加入电子供体剂（electron donor additive）三烷基胺（TAA）、三烷基氧化磷（TAPO）、磷酸三丁酯（TBP）和正辛醇，对 Zn^{2+}分配比的影响见图2－58。从图中可以看出，随着电子供体剂的加入，Zn^{2+}分配比显著降低，Zn^{2+}的萃取率降低可能是由于萃取剂 HR 与电子供体剂 L 发生了作用，降低了萃取剂活性。Zn^{2+}的萃取率顺序为 HR > HR + 正辛醇 > HR + TBP > HR + TAPO > HR + TAA。在 Cyanex 301 + 三烷基胺萃取剂体系中，当水相含 $ZnSO_4$0.05 mol/L、Na_2SO_4 0.5 mol/L 时，研究了在不同 pH 下，0.4 mol/L 或0.6 mol/L 的 TAA +0.2 mol/L Cyanex 301 + 壬烷 +10% 2－乙基己醇有机相对 Zn^{2+}分配比的影响，试验结果表明：与纯 Cyanex 301 萃取 Zn^{2+}不同，混合萃取剂需要在 pH >5.0 的条件下才能有效萃取 Zn^{2+}。在 pH <3.0 时，Zn^{2+}分配比 D_{Zn}很小，为0.01～0.05；而反萃在 pH <3.0 的溶液中就容易实现。

Cyanex 301 + 三烷基胺锌萃取反应机理，从 Cyanex 301 的阳离子交换反应，转变为二元萃取（binary extraction）。这是由于 Cyanex 301 + 三烷基胺萃取剂体系中，形成了[$TAAH^+$][R^-]离子对[192]，因此混合萃取剂从硫酸盐体系萃取 Zn^{2+}的反应可以表示为：

$$2\overline{[TAAH^+][R^-]} + Zn^{2+} + 2HSO_4^- \Longrightarrow \overline{ZnR_2} + 2\overline{[TAAH^+][HSO_4^-]} \quad (2-48)$$

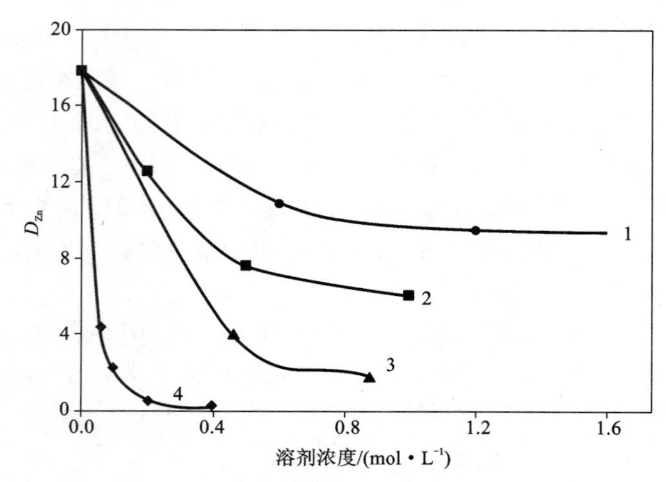

图 2-58　电子供体剂对 Cyanex 301 萃取 Zn^{2+} 分配比的影响[191]

有机相：0.2 mol/L Cyanex 301 + 壬烷；水相：H_2SO_4 1.0 mol/L、$ZnSO_4$ 0.051 mol/L

参考文献

[1] Jha M K, Kumar V, Singh R J. Solvent extraction of zinc from chloride solutions. Solvent Extr Ion Exch, 2002, 20(3): 389-405.

[2] du Preeez Jan G H. Recent advances in amines as separating agents for metal ions. Solvent Extr Ion Exch, 2000, 18(4): 679-701.

[3] Smith R M, Matell A E. Critical stability constants. Inorganic Complexes(Vol 4), New York and London: Plenum Press, 1976.

[4] Sato T, Nakamura T. The stability constants of the aqueous chloro complexes of divalent zinc, cadmium and mercury determined by solvent extraction with tri-n-octylphosphine oxide. Hydrometallurgy, 1980, 6: 3-12.

[5] 杨声海. Zn(Ⅱ)-NH_3-NH_4Cl-H_2O 体系制备高纯锌理论及应用. 长沙：中南大学，2003.

[6] Yang S-H, Tang M-T. Thermodynamics of Zn(Ⅱ)-NH_3-NH_4Cl-H_2O system. Trans Nonferrous Met Soc China, 2000, 10(6): 830-833.

[7] Mansur M B, Rocha S D F, Magalhães F S. Selective extraction of zinc(Ⅱ) over iron(Ⅱ) from spent hydrochloric acid pickling effluents by liquid-liquid extraction. J Hazard Mater, 2008, 150: 669-678.

[8] Li Z C, Furst W, Renon H. Extraction of zinc(Ⅱ) from chloride and perchlorate aqueous solutions by di(2-ethylhexyl) phosphoric acid in Escaid 100: Experimental equilibrium study. Hydrometallurgy, 1986, 16(2), 231-241.

[9] Grimm R, Kolařík Z. Acidic organophosphorus extractants-XIX: Extraction of Cu(Ⅱ), Co(Ⅱ), Ni(Ⅱ), Zn(Ⅱ) and Cd(Ⅱ) by di(2-ethylhexyl)-phosphoric acid. J Inorg Nucl Chem, 1974, 36: 189-192.

[10] Baba A A, Adekola F A. Beneficiation of a Nigerian sphalerite mineral: Solvent extraction of zinc by Cyanex® 272 in hydrochloric acid. Hydrometallurgy, 2011, 109: 187 - 193.

[11] Rickelton W A. Novel uses for thiophosphinic acids in solvent extraction. JOM, 1992, (5): 52 - 54.

[12] Benito R, Menoyo B, Elizalde M P. Extraction equilibria of Zn(II) from chloride medium by Cyanex302 in toluene. Hydrometallurgy, 1996, 40(1 - 2): 51 - 63.

[13] Alguacil F J, Cobo A, Caravaca C. Study of the extraction of zinc(II) in aqueous chloride media by Cyanex 302. Hydrometallurgy, 1992, 31: 163 - 174.

[14] Verhaege M. Influence of the chloride concentration on the distribution and separation of zinc and cadmium by means of solvent extraction with carboxylic acids. Hydrometallurgy, 1975, 1: 97 - 102.

[15] Preston J S. Solvent extraction of metals by carboxylic acids. Hydrometallurgy, 1985, 14: 171 - 188.

[16] Singh O V, Tandon S N. Extraction of zinc chloro complexes by high molecular weight amines and quaternary ammonium salts. J Inorg Nucl Chem, 1974, 36(9): 2083 - 2086.

[17] 乐少明，李德谦，倪嘉缵. 伯胺 N_{1923} 从 HCl 溶液中萃取 Zn(II) 的机理研究. 无机化学，1987，3(2)：80 - 90.

[18] Nakashio F, Sato H, KondoK, et al. Solvent extraction of zinc from chloride media with secondary long - chain alkylamine. Solvent Extr Ion Exch, 1986, 4(4): 757 - 770.

[19] Zaborska W, Leszko M. The extraction of Zn(II), Cd(II) and Pb(II) from hydrochloric acid media by amberlite LA - 2 hydrochloride dissolved in 1, 2 - dichloroethane. Talanta, 1986, 33(9): 769 - 774.

[20] Inoue K, Tsuji T, Nakamor I. Extraction equilibrium of zinc chloride with long - chain alkylamine. Journal of Chemical Engineering of Japan, 1979, 12(5): 353 - 357.

[21] Inoue K, Tsuji T, Nakamor I. Extraction kinetics of zinc chloride with long - chain alkylamine. Journal of Chemical Engineering of Japan, 1979, 12(5): 357 - 362.

[22] Nakashio F, azuo Kondo K, Kawano Y, et al. Extraction rates of zinc with ammonium chloride salts of amberlite LA-2 in a horizontal rectangular channel. Journal of Chemical Engineering of Japan, 1989, 22(4): 395 - 400.

[23] Sato T, Kato T. The stability constants of the chloro complexes of copper(II) and zinc(II) determined by tri - n - octylamine extraction. J Inorg Nucl Chem, 1977, 39(7): 1205 - 1208.

[24] Sato T, Adachi K, Kato T, et al. The extraction of divalent manganese, cobalt, zinc and cadmium from hydrochloric acid solutions by tri - n - octylamine. Sep Sci Technology, 1982, 17(13 - 14): 1565 - 1576.

[25] Abbruzzese C. Selective zinc - lead extraction from chloride solutions with long - chain amines. Int J Miner Process, 1977, 4: 307 - 315.

[26] McDonald C W, Earhart B P. Removal of zinc ions from aqueous chloride solutions by solvent extraction using Alamine 308. Sep Sci Technology, 1979, 14(8): 741 - 747.

[27] de San Miguel E R, Aguilar J C, Rodríguez M T J, et al. Solvent extraction of Ga(III), Cd(II), Fe(III), Zn(II), Cu(II), and Pb(II) with ADOGEN 364 dissolved in kerosene from 1 - 4 mol/dm³ HCl media. Hydrometallurgy, 2000, 57(2): 151 - 165.

[28] McDonald C W, Butt N. Solvent extraction studies of zinc with Alamine 336 in aqueous chloride and bromide media. Sep Sci Technology, 1978, 13(1): 39 - 46.

[29] Sayar N A, Filiz M, Sayar A A. Extraction of Zn(II) from aqueous hydrochloric acid solutions into Alamine 336 - m - xylene systems. Modeling considerations to predict optimum operational conditions. Hydrometallurgy, 2007, 86(1 - 2): 27 - 36.

[30] Lee M S, Nam S H. Solvent extraction of zinc from strong hydrochloric acid solution with Alamine 336. Bull Korean Chem. Soc, 2009, 30(7): 1526 - 1530.

[31] Danesi P R, Chiarizia R, Scibona G. The meaning of slope analysis in solvent extraction chemistry: The case of zinc extraction by trilaurylammonium chloride. J Inorg Nucl Chem, 1970, 32(7): 2349 - 2355.

[32] Aguilar M, Muhammed M. On extraction with long - chain amines - XXVI. The extraction of $ZnCl_2$ by tri - n - dodecylammonium chloride dissolved in benzene. J Inorg Nucl Chem, 1976, 38: 1193 - 1197.

[33] Masana A, Valiente M. Solvent extraction of zinc(II) in several aqueous chloride media by trilauryl ammonium chloride in toluene. Anal Sci, 1988, 4: 63 - 68.

[34] Aparicio J, Fernandez L, Coello J. Extraction kinetics of zinc by trilaurylammonium chloride at different chloride concentrations. Solvent Extr Ion Exch, 1988, 6(1): 39 - 60.

[35] Miller J D, Fuerstenau M C. Hydration effect in quaternary amine extraction systems. Metallurgical Transaction, 1970, 1: 2531 - 2535.

[36] Loyson P. The solvent extraction of zinc from lithium chloride by Aliquat 336 chloride, bromide and iodide in chloroform: an analytical investigation. Solvent Extr Ion Exch, 2000, 18(1): 25 - 39.

[37] Daud H, Cattrall R W. The extraction of zinc(II) from chloride solutions by methyltrioctylammonium and methyltridecylammonium chlorides dissolved in chloroform and other diluents and a comparison with Aliquat 336. Aust J Chem, 1982, 35(6): 1087 - 1093.

[38] Daud H, Cattrall R W. The mechanism of extraction of zinc(II) from aqueous chloride solutions into chloroform solutions of methyltrioctylammonium chloride. Aust J Chem, 1982, 35(6): 1095 - 1103.

[39] Sato T, Murakami S. Determination of the activity coefficient of tricaprylmethyl - ammonium chloride and the stability constants of the aqueous complexes formed in the extraction of zinc(II) from hydrochloric acid solutions. Anal Chem Acta, 1976, 82(1): 217 - 221.

[40] 段天平, 游贤贵, 段朝玉. 季胺萃取锌的动力学研究. 化学反应工程与工艺, 1995, 12(2): 136 - 140.

[41] Daud H, Cattrall H W. The extraction of Hg(II) from potassium iodide solutions and the extraction of Cu(II), Zn(II) and Cd(II) from hydrochloric acid solutions by Aliquat 336 dissolved in chloroform. J Inorg Nucl Chem, 1981, 43(4): 779 - 785.

[42] Daud H, Cattrall R W. The extraction of Cd(II) and Zn(II) from acidified lithium chloride solutions by Aliquat 336 dissolved in chloroform. J Inorg Nucl Chem, 1981, 43(3): 599 - 601.

[43] SatoT, Shimomura T, Murakami S. Liquid - liquid extraction of divalent manganese, cobalt, copper, zinc and cadmium from aqueous chloride solutions by tricaprylmethylammonium chloride. Hydrometallurgy, 1984, 12: 245 - 254.

[44] Sato T, Nakamura T, Fujimatsu T. Extraction of bivalent manganese, cobalt, copper, zinc, and cadmium from hydrochloric acid solutions by long - chain alkyl quaternary ammonium chloride in various organic solvents. Bull Chem Soc Jpn, 1981, 54(9): 2656 - 2661.

[45] Singh O V, Tondon S N. Extraction of cadmium as chloride by high molecular weight amines and quaternary ammonium salt. J Inorg Nucl Chem. 1975, 37, 607 - 612.

[46] Wassink B, Dreisinger D, Howard J. Solvent extraction separation of zinc and cadmium from nickel and cobalt using Aliquate - 336, a strong base anion exchanger in chloride and thiocyanate forms. Hydrometallurgy, 2000, 57, 235 - 252.

[47] Haesebroek G, De Schepper A, Van Peteghem A. Solvent extraction of iron and zinc from concentrated $CoCl_2$ solutions at metallurgie hoboken - overpelt. Extractive Metallurgy of Nickel and Cobalt. Tyroler G P, Landolt C

A, Eds. The Metallurgical Society, 1988: 463 - 477.

[48] Morris D F C, Anderson D T, Waters S L, et al. Zinc chloride and zinc bromide complexes - IV. stability constants. Electrochimica Acta, 1969, 14(8): 643 - 650.

[49] Morris D F C, Short E L. Zinc chloride and zinc bromide complexes. Part II. Solvent - extraction studies with zinc - 65 as tracer. J Chem Soc, 1962: 2662 - 2671.

[50] Bullock E, Tuck D G. Interaction of tri - n - butyl phosphate with water. Trans Faraday Soc, 1963, 59: 1293 - 1298.

[51] Takahashi F, Li N C. Proton magnetic resonance studies of water as a hydrogen donor. J Am Chem Soc, 1966, 88(6): 1117 - 1120.

[52] Nishimura S, Charles H, Ke, Li N C. Proton magnetic resonance studies of water as hydrogen donor to tributyl phosphate. J Am. Chem Soc, 1968, 90(2): 234 - 237.

[53] 俞斌, 陈智, 滕藤, 等. TBP - CCl_4 - H_2O 体系中水和磷酸三丁酯作用的 NMR 研究. 化学学报, 1984, 42: 893 - 898.

[54] 俞斌, 陈智, 滕藤, 等. 离子水合数及水在 TBP - $ZnCl_2$ 萃取体系中行为的核磁共振研究. 金属学报, 1985, 21(2): B51 - B57.

[55] 江涛, 苏元复. 磷酸三丁酯从氯介质中萃取锌的研究. 高校化学工程学报, 1992, 6(1): 70 - 74.

[56] 江涛, 苏元复. 磷酸三丁酯从氯化物介质中萃取 Zn 与 Cd 的机理研究. 金属学报, 1990, 26(4): B229 - B234.

[57] Sanad W, Flex H, Marei S A. Kinetics of zinc(II) cloride extraction with tributyl phosphate. Journal of Radioanalytical and Nuclear Chemistry, 1993, 170(1): 235 - 241.

[58] Niemczewska J, Cierpiszewski R, Szymanowski J. Mass transfer of zinc(II) extraction from hydrochloric acid solution in the Lewis cell. Desalination, 2004, 162: 169 - 177.

[59] Niemczewska J, Cierpiszewski R, Szymanowski J. Extraction of zinc(II) from model hydrochloric acid solutions in Lewis cell. Physicochemical Problems of Mineral Processing, 37(2003): 87 - 96

[60] Ritcey G M, Lucas B. H, Price K T. Extraction of copper and zinc from chloride leach liquor resulting from chlorination roast - leach of fine. Proceedings of the International Solvent Extraction Conference, Belgium, Sept 6 - 12, 1980. Duyckaerts G., Rue Forgeur: Liege, 1980.

[61] Ritcey G M, Lucas B H, Price K T. Evaluation and selection of extractants for the separation of copper and zinc from chloride leach liquor. Hydrometallurgy, 1982, 8: 197 - 222.

[62] Kruesi P R, Kruesi W H. A process for recovery, purification and electrowinning of zinc from secondary sources. Proceedings of the Recycle and Secondary Recovery of Metals Conference, Fort Lauderdale, Florida, December 1 - 4, 1985. Taylor P R, Sohn H Y, Jarret N. TMS - AIME: Warrendale, 1985.

[63] Forrest V M P, Scargill D, Spickernell D R. The extraction of zinc and cadmium by tri - n - butyl phosphate from aqueous chloride solutions. J Inorg Nucl Chem, 1969, 31: 187 - 197.

[64] 江涛, 苏元复. 从菱锌矿氯化浸出液中萃取锌和镉. I. 萃取提锌过程. 华东化工学院学报, 1991, 17(1): 1 - 9.

[65] Andersson S O S, Reinhardt H. Recovery of metals from liquid effluents. Hand Book of Solvent Extraction. Lo T C, Baird M H I, Handson A C. A Wiley Interscience Pub John Wiley & Sons, New York, 1983: 751 - 761.

[66] Samaniego H, San Román M F, Oritiz I. Modelling of the extraction and back - extraction equilibria of zinc from spent pickling solutions. Sep Sci Technology, 2006, 41: 757 - 769.

[67] Bressa M, Buttinelli D, Giavarini C. The selective extraction of zinc from acid industrial solutions with tributyl

butyl phosphate. Chimicae Industria, 1979, 61(12): 893 - 897.

[68] Buttinelli D, Giavarini C. Development of a zinc extraction process by TBP from sulphate waste liquors. Chemistry & Industry, 1981, 6: 395 - 396.

[69] Buttinelli D, Lupi C, Beltowska - Lehman E, Riesenkampf A. Recovery of zinc from zinc tankhouse bleed liquors by SX - EW Process. Proceedings of the Extraction Metallurgy - 89 Conference, London, July 10 - 13, 1989: 1003 - 1016.

[70] Regel - Rosocka M, Szymanowski J. Iron(II) transfer to the organic phase during zinc(II) extraction from spent pickling solutions with tributyl phosphate. Solvent Extr Ion Exch, 2005, 23: 411 - 424.

[71] Mishonov I V, Alejski K, Szymanowski J. A contributive study on the stripping of zinc(II) from loaded TBP using an ammonia/ammonium chloride solution. Solvent Extr Ion Exch, 2004, 22(2): 219 - 241.

[72] Juang R - S. Modelling of the extraction equilibrium of zinc from chloride solutions with tri - n - octylphosphine oxide. J Chem Tech Biotechnol, 1992, 54: 75 - 80.

[73] Rice N M, Smith M R. The separation and recovery of zinc and cadmium from chloride liquors by solvent extraction. Canadian Metallurgical Quarterly, 1973, 12(3): 341 - 349.

[74] Mousa S B, Altakrory A, Abdel Raouf M W. Extraction and separation of zinc and cadmium chlorides by TOPO from mixed media. Journal of Radioanalytical and Nuclear Chemistry, 1998, 227(1 - 2): 143 - 146.

[75] Rickelton W A, Boyle R J. Solvent extraction with organophosphines-commercial & potential applications. Sep Sci Technology, 1988: 23(12 - 13): 1227 - 1250.

[76] Martínez S, Alguacil F J. Solvent extraction of zinc from acidic calcium chloride solutions by CYANEX 923. Journal of Chemical Research - Part S, 2000, 4: 188 - 189.

[77] Alguacil F J, Martínez S. Solvent extraction equilibrium of zinc(II) from ammonium chloride medium by CYANEX 923 in Solvesso 100. Journal of Chemical Engineering of Japan, 2001, 34(11): 1439 - 1442.

[78] Nogueira E D, Suarez - Infazon L A, Cosmen P. The ZINCLOR Process: Simultaneous production of zinc and chlorine. Proceedings of the 13 th Ann Can Hydrometall Meet - Zinc'83, Canada, August 21 - 26, 1983. Edmonton A, Trail B C. CIM Metallurgical Society: Canada, 1983.

[79] Nogueira E D, Cosmen P. The solvent extraction of zinc chloride with di - n - pentyl pentaphosphonate. Hydrometallurgy, 1983, 9: 333 - 347.

[80] Juang R - Sn, Jiang J - D. Calculation of the thermodynamic data for zinc extraction from chloride solutions with di - n - pentyl pentanephosphonate. Ind Eng Chem Res, 1992, 31: 1222 - 1227.

[81] Lin H K. Extraction of zinc chloride with dibutyl butylphosphonate. Metallurgical Transactions B, 1993, 24B (1): 11 - 15.

[82] Alguacil F J, Schmidt B, Mohrmann R, et al. Extraction of zinc from chloride solutions using dibutyl butyl phosphonate(DBBP) in Exxsol D100. Revista De Metalurgia 1999, 35(4): 255 - 260.

[83] Diaz G, Regife J M, Frias C, et al. Recent advantage in zinclor technology. Proceedings of the World Zinc '93 Conference, Hobart, TAS, Australia, October 10 - 13, 1993. Matthew I G. The Australian Institute of Mining and Metallurgy, Melbourne, 1993.

[84] Regel - Rosocka M, Rozenblat M, Nowaczyk R, et al. Dibutylbutyl phosphonate as an extractant of zinc(II) from hydrochloric acid solution. Physicochemical Problems of Mineral Processing, 2005, 39: 99 - 106.

[85] Baba A A, Adekola F A, Mesubi M A. Solvent extraction of zinc with triphenylphosphite(TPP) from a Nigerian sphalerite in hydrochloric. Journal of Sciences, Islamic Republic of Iran, 2004, 15(1): 33 - 37.

[86] Baba A A, Adekola F A. Extraction of zinc(II) by triphenylphosphite(TPP) in hydrochloric acid: Kinetics and

mechanism. International Journal of Physical Sciences, 2008, 3(4): 104 - 111.

[87] Dziwinski E, Cote G, Bauer D, et al. Composition of KELEX® 100, KELEX® 100 s and KELEX® 108: a discussion on the role of impurities. Hydrometallurgy, 1995, 37: 243 - 250.

[88] Jakubiak A, Szymanowski J. Zinc(II) extraction from chloride solutions by KELEX 100. Physicochemical Problems of Mineral Processing, 1998, 32: 255 - 264.

[89] Kyuchoukov G, Jakubiak A, Szymanowski J. Zinc(II) extraction from chloride solutions by Kelex 100. Solvent Extr Res Dev, Jpn, 1997, 4: 1 - 11

[90] Kyuchoukov G, Jakubiak A, Szymanowski J, et al. Extraction of zinc(II) from highly concentrated chloride solutions by Kelex 100. Solvent Extr Res Dev, Jpn, 1998, 5: 172 - 188

[91] Kyuchoukov G, Zhivkova S. Options for the separation of copper(II) and zinc(II) from chloride solutions by KELEX 100. Solvent Extr Ion Exch, 2000, 18(2): 293 - 305.

[92] Bogacki M B, Zhivkova S, Kyuchoukov G, et al. Modeling of copper(II) and zinc(II) extraction from chloride media with KELEX 100. Ind Eng Chem Res, 2000, 39(3): 740 - 745.

[93] Kyuchoukov G, Zhivkova S, Borowiak - Resterna A, et al. Separation of copper(II) and zinc(II) from chloride solutions with alkyl - 8 - hydroxyquinoline in various stages of extraction: Stripping process. Ind Eng Chem Res, 2000, 39: 3896 - 3900.

[94] Dalton R F, Quan P M. Novel solvent extraction reagents - the key to new zinc processing technology. Proceedings of the World Zinc'93, Hobart, Australia, October 10 - 13, 1993. Mattew I G. The Australian Institute of Mining and Metallurgy, Victoria, Australia, 1993.

[95] Dalton R F, Burgess A. Acorga ZNX - 50 - a novel reagent for the selective solvent extraction of zinc from aqueous chloride solutions. Proceedings of the International Solvent Extraction Conference - 93. University of York, UK, Sept 9 - 15, 1993. Logsdail, D. H., Slater, M. J. Elsevier, 1993.

[96] Cote G, Jakubiak A. Modelling of extraction equilibrium for zinc(II) extraction by a bibenzimidazole type reagent(ACORGA ZNX 50) from chloride solutions. Hydrometallurgy, 1996, 43(1 - 3): 277 - 286.

[97] Dalton R F, Burgess A, Quan P M. Acorga ZNX50——a new selective reagent for the selective solvent extraction of zinc from chloride leach solutions. Hydrometallurgy, 1992, 30(1 - 3): 385 - 400.

[98] Dziwinski E, Szymanowski J, Wrzesien E. Composition of ACORGA ZNX 50. Solvent Extr Ion Exch, 2000, 18(5), 895 - 906.

[99] Harrison G, Lakhshmanan V I, Lawson G J. The extraction of zinc(II) from sulphate and chloride solutions with Kelex 100 and Versatic 911 in kerosene. Hydrometallurgy, 1976, 1(4): 339 - 345.

[100] 马根祥, 李德谦. 伯胺 N_{1923} 与中性磷萃取剂对 Zn(II) 的协同萃取. 无机化学, 1989, 5(4): 65 - 70.

[101] 韩树民, 李德谦. 甲基磷酸二甲庚酯与伯胺 N_{1923} 对锌(II)的协同萃取. 应用化学, 1991, 8(2): 11 - 15.

[102] 韩树民, 马根祥, 李德谦. HEH/EHP 和伯胺 N_{1923} 萃取 Zn(II) 的协同与反协同效应. 金属学报, 1991, 27(2): B75 - B80.

[103] Jia Q, Li D Q, Niu C J. Synergistic extraction of zinc(II) by mixtures of primary amine N_{1923} and CYANEX272. Solvent Extr Ion Exch, 2002, 20(6): 751 - 764

[104] Jia Q, Bi L H, Shang Q K. Extraction equilibrium of zinc(II) and cadmium(II) by mixtures of primary amine N_{1923} and 2 - ethylhexyl phosphonic acid di - 2 - ethylhexyl ester. Ind Eng Chem Res, 2003, 42: 4223 - 4227.

[105] Luo F, Li D Q, Wei P H. Synergistic extraction of zinc(II) and cadmium(II) with mixtures of primary amine

N_{1923} and neutral organophosphorous derivatives. Hydrometallurgy, 2004, 73: 31 - 40.

[106] Jia Q, Zhan C H, Li D Q, et al. Extraction of zinc(II) and cadmium(II) by using mixtures of primary amine N_{1923} and organophosphorus acids. Sep Sci Technology, 2004, 39(5): 1111 - 1123.

[107] Tian M M, Mu F T, Jia Q, et al. Solvent extraction studies of zinc(II) and cadmium(II) from a chloride medium with mixtures of neutral organophosphorus extractants and amine extractants. J Chem Eng Data, 2011, 56: 2225 - 2229.

[108] Xu G X, Wang W Q, Wu J G, et al. Chemistry of nuclear fuels extraction. Energy Sci Technol, 1963, 7: 487 - 508.

[109] Hoh Y - C, Chou N - P, Wang W - K. Extraction of zinc by LIX 34. Ind Eng Chem Process Des Dev. 1982, 21(1): 12 - 15.

[110] Hoh Y - C, Chuang, W - S. Influence of temperature on the extraction of zinc by LIX 34. Hydrometallurgy, 1983, 10: 123 - 128.

[111] Rao K S, Sahoo P K, Jena P K. Extractions of zinc from ammoniacal solutions by Hostarex DK - 16. Hydrometallurgy, 1993, 31: 91 - 100.

[112] Alguacil F J, Cobo A. Extraction of zinc from ammoniacal/ammonium sulphate solutions by LIX 54. J Chem Technol Biotechnol, 1998, 71: 162 - 166.

[113] Alguacil F J, Alonso M. The effect of ammonium sulphate and ammonia on the liquid - liquid extraction of zinc using LIX 54. Hydrometallurgy, 1999, 53: 203 - 209.

[114] 陈浩，朱云，胡汉. $Zn-NH_3-H_2O$ 体系中 LIX54 萃取锌. 有色金属, 2003, 55(1): 50 - 51.

[115] 王延忠，朱云，胡汉. 从氨浸出液中萃取锌的试验研究. 有色金属, 2004, 56(1): 37 - 39.

[116] 何静，黄玲，陈永明，等. 新型萃取剂 YORS 萃取 Zn(II) - NH_3配合物体系中的锌. 中国有色金属学报, 2011, 21(1): 687 - 693.

[117] 黄玲. 新型萃取剂从 Zn(II) - NH_3配合物溶液中萃取锌工艺及理论研究. 中南大学, 2011.

[118] 付翁. 高位阻β - 二酮萃取剂的制备及其对氨性溶液中铜和锌萃取性能的研究. 中南大学, 2010.

[119] Fu W, Chen Q Y, Wu Q, et al. Solvent extraction of zinc from ammoniacal/ ammonium chloride solutions by a sterically hindered β - diketone and its mixture with tri - n - octylphosphine oxide. Hydrometallurgy, 2010, 100: 116 - 121.

[120] Qiyuan Chen, Liang Li, Lan Bai, et al. Synergistic extraction of zinc from ammoniacal ammonia sulfate solution by a mixture of a sterically hindered beta - diketone and tri - n - octylphosphine oxide (TOPO). Hydrometallurgy, 2011, 105: 201 - 206.

[121] 吴贤文. $Zn-NH_3-NH_4Cl$ 体系锌的萃取—电积过程研究. 长沙，中南大学, 2010.

[122] 吴贤文，尹周澜，刘春轩，等. LIX84 和 LIX54 混合萃取剂从氨性溶液中萃取锌的研究. 中南大学学报(自然科学版), 2011, 42(3): 605 - 609.

[123] Sole K C, Cole P M. Purification of nickel by solvent extraction. Ion Exchange and Solvent Extraction, 2001, Vol. 15. Marcus Y, SenGupta A. New York, Marcel Dekker: 143 - 195.

[124] Sole K C, Hiskey J B. Solvent extraction characteristics of thiosubstituted organophosphinic acid extractants. Hydrometallurgy, 1992, 30: 345 - 365.

[125] Deep A, de Carvalho J M R. Review on the recent developments in the solvent extraction of zinc. Solvent Extr Ion Exch, 2008, 26(4): 375 - 404.

[126] Sato T, Nakamura T. Solvent extraction of divalent metals from sulphuric acid solutions by dialkylphosphoric acid. 日本鉱業会誌, 1985: 309 - 311.

[127] Owusu G. Selective extractions of Zn and Cd from Zn - Cd - Co - Ni sulphate solution using di - 2 - ethylhexyl phosphoric acid extractant. Hydrometallurgy, 1998, 47: 205 - 215.

[128] Cheng C Y. Purification of synthetic laterite leach solution by solvent extraction using D_2EHPA. Hydrometallurgy, 2000, 56: 369 - 386.

[129] Pereira D D, Rocha S D F, Mansur M B. Recovery of zinc sulphate from industrial effluents by liquid - liquid extraction using D_2EHPA(di - 2 - ethylhexyl phosphoric acid). Sep & Purif Technol, 2007, 53: 89 - 96.

[130] Kitobo W, Gaydardzhiev S, Frenay J, et al. Separation of copper and zinc by solvent extraction during reprocessing of flotation tailings. Sep Sci Technology, 2010, 45(4): 535 - 540.

[131] Vahidi E, Rashchi a F, Moradkhani D. Recovery of zinc from an industrial zinc leach residue by solvent extraction using D_2EHPA. Miner Eng, 2009, 22: 204 - 206.

[132] Qin W - Q, Li W - Z, Lan Z - Y, et al. Simulated small - scale pilot plant heap leaching of low - grade oxide zinc ore with integrated selective extraction of zinc. Miner Eng, 2007, 20: 694 - 700.

[133] Gotfryd L, Chmielarz A, Szołomicki Z. Recovery of zinc from arduous wastes using solvent extraction technique. Part I. Preliminary laboratory studies. Physicochem Probl Miner Process. 2011, 47: 149 - 158.

[134] Gotfryd L, Chmielarz A, Szołomicki Z. Recovery of zinc from arduous wastes using solvent extraction technique. Part II. Pilot plant tests. Physicochem Probl Miner Process. 2011, 47: 249 - 258.

[135] Darvishi D, Haghshenas D F, Alamdari E K. Extraction of Zn, Mn and Co from Zn - Mn - Co - Cd - Ni containing solution using D_2 EHPA, Cyanex® 272 and Cyanex® 302. IJE Transactions B: Applications, 2011, 24(2): 183 - 192.

[136] Darvishi D, Teimouri M, Keshavarz Alamdari E, et al. Extraction of manganese from solutions containing zinc and cobalt by D_2EHPA and D_2EHPA - Cyanex® 272 or Cyanex® 302 mixtures. ISEC'05, Beijing.

[137] Forrest C, Hughes M A. The separation of zinc from copper by di - 2 - ethylhexylphosphoric acid—An equilibrium study. Hydrometallurgy, 1978(3): 327 - 342.

[138] Innocenzi V, Veglio F. Separation of manganese, zinc and nickel from leaching solution of nickel - metal hydride spent batteries by solvent extraction. Hydrometallurgy, 2012, 129/130: 50 - 58.

[139] Hosseini T, Rashchi F, Vahidi E, et al. Investigating the synergistic effect of D_2EHPA and Cyanex 302 on zinc and manganese separation. Sep Sci Technology, 2010, 45(8): 1158 - 1164.

[140] Nathsarma K C, Devi N. Separation of Zn(II) and Mn(II) from sulphate solutions using sodium salts of D2EHPA, PC88A and Cyanex 272. Hydrometallurgy, 2006, 84: 149 - 154.

[141] Hosseini T, Mostoufi N, Daneshpayeh M, et al. Modeling and optimization of synergistic effect of Cyanex 302 and D_2EHPA on separation of zinc and manganese. Hydrometallurgy, 2011, 105: 277 - 283.

[142] Ahmadipour M, Rashchi F, Ghafarizadeh B, et al. Synergistic effect of D_2 EHPA and Cyanex 272 on separation of zinc and manganese by solvent extraction. Sep Sci Technology, 2011, 46: 2305 - 2312.

[143] Keshavarz Alamdari E, Moradkhanib D, Darvishib D, et al. Synergistic effect of MEHPA on co - extraction of zinc and cadmium with DEHPA. Miner Eng, 2004, 17(1): 89 - 92.

[144] Keshavarz Alamdari E, Darvishi D, Sadrnezhaad S K, et al. Synergistic effect of TBP on separation of zinc and cadmium with D_2EHPA. ISEC'05, Beijing, 2005.

[145] Haghshenas Fatmehsari D, Darvishi D, Etemadi S, et al. Interaction between TBP and D_2EHPA during Zn, Cd, Mn, Cu, Co and Ni solvent extraction: A thermodynamic and empirical approach. Hydrometallurgy, 2009, 98: 143 - 147.

[146] Zhu Z, Cheng C Y. A study on zinc recovery from leach solutions using Ionquest 801 and its mixture with D_2EHPA. Miner Eng, 2012, 39: 117 - 123.

[147] Reddy B R, Parija C, Sarma P V R B. Processing of solutions containing nickel and ammonium sulphate through solvent extraction using PC - 88A. Hydrometallurgy, 1999, 53(1): 11 - 17.

[148] Kumbasar R A. Selective extraction and concentration of cobalt from acidic leach solution containing cobalt and nickel through emulsion liquid membrane using PC - 88A as extractant. Sep & Purif Technol, 2009, 64: 273 - 279.

[149] Ahn J G, Park, K H, Sohn J S. Solvent extraction separation of Co, Mn and Zn from Ni - rich leaching solution by Na - PC88A. Materials Transactions, 2002, 43(8): 2069 - 2072.

[150] 王靖芳, 杨文斌, 冯彦琳. P_{507}萃取锌、镉的机理. 山西师范大学学报(自然科学版), 1994, 17(1): 38 - 41.

[151] 杨天林. 稀释剂对萃取速率的影响及机理解释. 固原师专学报自然科学版, 2000, 21(6): 17 - 20.

[152] Lee J Y, Pranolo Y, Zhang W, et al. The recovery of zinc and manganese from synthetic spent - battery leach solutions by solvent extraction. Solvent Extr Ion Exch, 2010, 28(1): 73 - 84.

[153] Biswas R K, Habib M A, Singha H P. Colorimetric estimation and some physicochemical properties of purified Cyanex 272. Hydrometallurgy, 2005, 76: 97 - 104.

[154] Biswas R K, Singha H P. Densities, viscosities and excess properties of bis - 2, 4, 4 - trimethylpentylphosphinic acid(Cyanex 272) + diluent binary mixtures at 298.15 K and atmospheric pressure. Journal of Molecular Liquids, 2007, 135: 179 - 187.

[155] Sastre A M, Miralles N, Figuerola E. Extraction of divalent metals with bis(2, 4, 4 - trl methylpentyl) phosphinic acid. Solvent Extr Ion Exch, 1990, 8(4&5): 597 - 614.

[156] Devi N B, Nathsarma K C, Chakravortty V. Extraction and separation of Mn(II) and Zn(II) from sulphate solutions by sodium salt of Cyanex 272. Hydrometallurgy, 1997, 45(1 - 2): 169 - 179.

[157] 宋其圣, 孙思修, 吴郢, 等. 二(2, 4, 4 - 三甲基戊基)膦酸萃取锌. 山东大学学报(自然科学版), 1995, 30(1): 94 - 99.

[158] 宋其圣, 孙思修, 吴郢, 等. 二(2, 4, 4 - 三甲基戊基)膦酸萃取锌 II. 萃取动力学. 山东大学学报(自然科学版), 1995, 30(3): 312 - 317.

[159] Barnard K. R. Identification and characterisation of a Cyanex 272 degradation product formed in the Murrin Murrin solvent extraction circuit. Hydrometallurgy, 2010, 103: 190 - 195.

[160] Barnard K R, Shiers D W. Mechanism and rate of butyl phosphinate formation from reaction of phosphinic acid(Cyanex 272) and tributyl phosphate. Hydrometallurgy, 2011, 106: 76 - 83.

[161] Rickelton W A, Boyle R J. Solvent extraction with organophosphines—commercial &potential applications. Sep Sci Technology, 1988, 23(12 - 13): 1227 - 1250.

[162] Ali A M I, Ahmad I M, Daoud J A. CYANEX 272 for the extraction and recovery of zinc from aqueous waste solution using a mixer - settler unit. Sep Purif Technol, 2006, 47: 135 - 140.

[163] Cotton FA, Wilkinson G. Advanced Inorganic Chemistry, 3rd ed, Wiley, Eastern Ltd, 1997: 513.

[164] Kean L, Muralidharan S, Freiser H. Determination of the equilibrium constants of organo - phosphorous liquid - liquid extractants by inductively coupled plasma - atomic emission spectroscopy. Solv Extr Ion Exch, 1995, (3): 895 - 908.

[165] Oustadakis P, Tsakiridis P E, Katsiapi A, et al. Hydrometallurgical process for zinc recovery from electric arc furnace dust(EAFD). Part I: characterization and leaching by diluted sulphuric acid. J Hazard Mater,

2010, 179(1 -3): 1 -7.

[166] Tsakiridis P E, Oustadakis P, Katsiapi A, et al. Hydrometallurgical process for zinc recovery from electric arc furnace dust(EAFD). Part II: Downstream processing and zinc recovery by electrowinning. J Hazard Mater, 2010, 179: 8 -14.

[167] Mazuelos A, Carranza F, Palencia I, et al. High efficiency reactor for the biooxidation of ferrous iron. Hydrometallurgy, 2000, 58(3): 269 -275.

[168] Avila M, Perez G. Valiente M. Extractant and solvent selection to recover zinc from a mining effluent. Solv Extr Ion Exch, 2011, 29: 384 -397.

[169] Avila M, Perez G, Valiente M. Valorization of a mining effluent by selective recovery of Zn using solvent extraction. Options Méditerranéennes A, 2009, 88: 187 -198.

[170] Avila M, Grinbaum B, Carranza F, et al. Zinc recovery from an effluent using Ionquest 290: From laboratory scale to pilot plant. Hydrometallurgy, 2011, 107: 63 -67.

[171] Salgado A L, Veloso A M O, Pereira D D, et al. Recovery of zinc and manganese from spent alkaline batteries by liquid - liquid extraction with Cyanex 272. Journal of Power Sources, 2003, 115, 367 -373.

[172] Rickelton W A. Novel uses for thiophosphinic acids in solvent extraction. JOM, 1992, (5): 52 -54.

[173] Tait B K. Cobalt - nickel separation: The Extraction of Cobalt(II) and Nickel(II) by Cyanex 301, Cyanex 302 and Cyanex 272. Hydrometallurgy, 1993, 32(3): 365 - 372.

[174] Pashkov G L, Grigorieva N A, Pavlenko N I, et al. Nickel(II) Extraction from sulphate media with bis(2, 4, 4 - trimethylpentyl) dithiophosphinic acid dissolved in nonane. Solv Extr Ion Exch. 2008, 26(6): 749 -763.

[175] Jha M K, Kumar V, Jeong J, et al. Review on solvent extraction of cadmium from various solutions. Hydrometallurgy, 2012, 111 -112: 1 -9.

[176] Caravaca C, Alguacil F J. Study of the $ZnSO_4$ - Cyanex 302 extraction equilibrium system. Hydrometallurgy, 1991, 27(3): 327 -338.

[177] Reis MTA, Carvalho JMR. Extraction equilibrium of zinc from sulfate solutions with bis(2 - ethylhexyl) thiophosphoric acid. Ind Eng Chem Res, 2003, 42: 4077 -4083.

[178] Bart H - J, Marr R, Draxler J, et al. Heavy metal recovery by extraction and permeation in incineration processes. Chem Eng Technol, 1990, 13(5): 313 -318.

[179] Reis MTA, Carvalho JMR. Kinetic studies of zinc extraction from sulfate solutions with bis(2 - ethylhexyl) thiophosphoric acid. Sep Sci Technology, 2004, 39(10): 2457 -2475.

[180] Groenewold GS, Peterman DR, Klaehn JR, et al. Oxidative degradation of bis(2, 4, 4 - trimethylpentyl) dithiophosphinic acid in nitric acid studied by electrospray ionization mass spectrometry. Rapid Communications in Mass Spectrometry. 2012, 26(19): 2195 -2203.

[181] Marc P, Custelcean R, Groenewold GS. Degradation of Cyanex 301 in contact with nitric acid media. Ind Eng Chem Res, 2012, 51(40): 13238 -13244.

[182] Menoyo B, Elizalde MP, Almela A. Determination of the degradation compounds formed by the oxidation of thiophosphinic acids and phosphine sulfides with nitric Acid. Analytical Sciences, 2002, 18(7): 799 -804.

[183] Menoyo B, Elizalde MP. Composition of Cyanex 301? by gas chromatography - mass spectrometry. Solvent Extraction and Ion Exchange, 2002, 20(1): 35 -47.

[184] Wieszczycka K, Tomczyk W. Degradation of organothiophosphorous extractant Cyanex 301. J Hazard Mater, 2011, 192: 530 -537.

[185] Rickelton W A, Boyle R J. Solvent extraction with organophosphines-commercial & potential applications. Sep Sci Technology, 1988: 23(12 - 13): 1227 - 1250.

[186] Rickelton W A, Boyle R J. The selective recovery of zinc with new thiophosphinic acids. Solvent Extr Ion Exch, 1990, 8(6): 783 - 797.

[187] Jha MK, Kumar V, Maharaj L, et al. Extraction and separation of Zn and Ca from solution using thiophosphinic extractant. Journal of Metallurgy and Materials Science, 2005, 47(2): 71 - 83.

[188] Jha M K, Kumar V, Bagchi D, et al. Processing of rayon waste effluent for the recovery of zinc and separation of calcium using thiophosphinic extractant. J Hazard Mater, 2007, 145: 221 - 226.

[189] El - Nadi Y A, Daoud J A, Aly H F. Leaching and separation of zinc from the black paste of spent MnO_2 - Zn dry cell batteries. J Hazard Mater, 2007, 143: 328 - 334.

[190] Park Y J, Fray D J. Separation of zinc and nickel ions in a strong acid through liquid - liquid extraction. J Hazard Mater, 2009, 163: 259 - 265.

[191] Fleitlikh I Y, Pashkov G L, Grigorieva N A, et al. Zinc extraction from sulfate media with bis(2, 4, 4 - trimethylpentyl) dithiophosphinic acid in the absence and in the presence of electron donor additives. Hydrometallurgy, 2011, 110: 73 - 78.

[192] Grigorieva NA, Pavlenko NI, Pleshkov MA, et al. Investigation of the state of bis(2, 4, 4 - trimethylpentyl) dithiophosphinic acid in nonane in the presence of electron donor additives. Solv Extr Ion Exch, 28(4): 510 - 525.

第 3 章　D_2 EHPA 从 $ZnSO_4$ 溶液中萃取锌的理论基础

3.1　概述

化学萃取(reactive extraction)是指被萃物与萃取剂间发生化学反应的萃取过程，包括配合反应(或螯合反应)、阳离子交换反应与离子缔合反应。对于化学萃取已经有几本手册[1~5]进行了详细的介绍。主要研究目标在于能够足够准确地描述化学萃取体系的物理属性(密度、黏度、表面张力)；利用获得的活度系数模型来预测反应萃取体系的平衡，开发适于计算求解的动力学模型。

D_2EHPA 从 $ZnSO_4$ 溶液中萃取锌属于典型反应萃取过程，已经被欧洲化学工程联合会(European Federation of Chemical Engineering)采纳为反应萃取的标准测试体系(Standard Test Systems)。反应萃取测试系统包括：水相为 $ZnSO_4-H_2SO_4$ 溶液，有机相为阳离子萃取剂 D_2EHPA – 稀释剂。文献报道使用的稀释剂有正庚烷[6-11]、异丙基苯[12]、煤油[13-16]、正十二烷[17,18]和异十二烷[19-21]等。出于安全与成本考虑，标准测试体系选取的稀释剂为异十二烷。

Bart H J 等人[6]对 D_2EHPA + 稀释剂从硫酸溶液中萃取锌这类反应萃取体系存在的问题进行了广泛的总结。反应萃取体系的处理方法及它们平衡研究的进一步信息能在 Rydberg J 等[3]和 Slater M J[22]的著作中找到。D_2EHPA + 异十二烷从硫酸溶液中萃取锌的平衡反应如下：

$$Zn^{2+}+\frac{n}{2}(RH)_2 = ZnR_2(RH)_{n-2}+2H^+ \qquad (3-1)$$

$(RH)_2$表示 D_2EHPA 的二聚体，Kolarik & Grimm 的文献中[23,24]报道 D_2EHPA 在脂肪族类稀释剂中主要以二聚体存在。

平衡向右移动，离子交换再生出酸。锌萃取的平衡常数 K 可以表示为：

$$K=\frac{[\overline{ZnR_2(RH)_{n-2}}]\cdot[H^+]^2}{[Zn^{2+}]\cdot[\overline{(RH)_2}]^{\frac{n}{2}}} \qquad (3-2)$$

从式(3-2)可以看出，与物理提取体系相比，本反应萃取体系的分配系数与 pH、萃取剂浓度、形成萃合物的化学计量数 n 有关。采用 FTIR 分析测定确定萃合物的化学计量数 n 为 3。采用 Karl-Fischer 滴定显示，在低 Zn^{2+} 与低 D_2EHPA 负载分数条件下，水没有与萃合物一起共萃进入有机相中[7]；这和镍、钴的萃取过程中发生水的共萃或反向胶束化不同[25]。

3.2 萃取试剂的物理性质

工业级的 D_2EHPA 不纯，需要采用 Hancil V 等[9]与 Sainz - Diaz C I 等[7]报道的方法进行纯化，直至一元酸含量小于 0.5%。D_2EHPA、异十二烷、H_2SO_4 与 $ZnSO_4$ 的物理性质见表 3 - 1。

表 3 - 1 试剂的物理性质与毒性

	D_2EHPA	异十二烷	H_2SO_4	$ZnSO_4$
状态	液	液	液	固
沸点/K	不适用	449	>550	不适用
熔点/K	223	192	258	
闪点/K	471	318	不适用	不适用
着火点/K	>550	683	不适用	不适用
298K 蒸气压/mBar	不适用	1	不适用	不适用
298K 在水中溶解度/$(g \cdot L^{-1})$	<1	<0.1	很高	高
pH	≈3	中性	酸性	中性
$LD_{50}/(mg \cdot kg^{-1})$	4940	>2000	—	不适用
$LC_{50}/(mg \cdot kg^{-1})$	—	>21.3	—	不适用
皮肤刺激	强	无	强	—

pH 和 Zn^{2+} 浓度的改变，引起的溶液黏度的变化可以忽略不计，而对溶液密度的变化用式(3 - 3)表示。D_2EHPA 的黏度中等，密度 960 kg/m^3，以下的相互关系在 298K 下有效。溶液的表面张力对 pH 不太敏感，但对溶液中 Zn^{2+} 浓度的改变有点敏感。

$$\rho_{aq} = 997.2 + 156.5 \times [ZnSO_4] \pm 2.28 \quad kg/m^3 \tag{3-3}$$

$$\rho_o = 745.4 + 75.7 \times [D_2EHPA] \pm 96.2 \quad kg/m^3 \tag{3-4}$$

$$\nu_{org} = 1.6365 + 1.0801 \times [D_2EHPA] \pm 3.39 \times 10^{-3} mm^2/s \tag{3-5}$$

$$[Zn^{2+}]_a < 0.001 \ mol/L$$

$$\sigma = 17.23 \times [D_2EHPA]^{-0.094} \pm 1.95 \ mN/m \tag{3-6}$$

$$0.001 \ mol/L < [Zn^{2+}]_{aq} < 0.01 \ mol/L$$

$$\sigma = 18.31 \times [D_2EHPA]^{-0.088} \pm 1.36 \ mN/m \tag{3-7}$$

$$[Zn^{2+}]_{aq} > 0.01 \ mol/L$$

$$\sigma = 18.61 \times [D_2EHPA]^{-0.092} \pm 1.00 \text{ mN/m} \quad (3-8)$$

Zn^{2+}的活度系数为：

$$\gamma_{Zn^{2+}} = -0.124\ln[SO_4^{2-}]_T - 0.095 \quad (3-9)$$

萃取剂$(RH)_2$的活度系数为：

$$\gamma_{(RH)_2} = -0.972\,[D_2EHPA]_T - 0.993 \quad (3-10)$$

H^+的活度系数为：

$$\gamma_{H^+} = -0.055\ln[SO_4^{2-}]_T - 0.579 \quad (3-11)$$

欧洲化学工程联合会采纳的反应萃取标准测试体系中对D_2EHPA-异十二烷/$ZnSO_4$体系的热力学平衡测试与模拟进行了详细的介绍(Bart & Slater)[26]。该测试体系采用的Baysolvex(Bayer)产的D_2EHPA，含0.5 %一元酸和2.2%(w)的中性杂质(主要是2-乙基乙醇)，使用时没有进一步提纯。试验体系的主要浓度范围见表3-2。

表3-2 测试体系的浓度范围

浓度	$ZnSO_4$	H_2SO_4	D_2EHPA
mol/L	$5\times10^{-5}\sim5\times10^{-2}$	0~0.01	0.005~0.2
g/L	0.008~8	0~0.98	1.61~64.4
%	0.0008~0.8	0~0.098	0.22~8.7

在283~303K，测量的平衡数据与物理性质，如密度、动态黏度和界面张力见附表1。

3.3 萃取锌过程热力学

3.3.1 研究现状

对于D_2EHPA-稀释剂/$ZnSO_4$体系萃取锌的热力学研究，文献报道较多，表3-3列举了一些研究采用不同稀释剂，在一定浓度范围内测定的萃合物的存在形态、反应萃取的稳定常数。

表 3-3 D_2EHPA-稀释剂/$ZnSO_4$体系萃取锌的热力学研究结果

水相成分浓度/(mol·L^{-1})	稀释剂	温度/℃	产物	平衡常数	文献
$ZnSO_4$ $1.7\times10^{-4}\sim0.3$ D_2EHPA $0.015\sim0.3$	正庚烷	25	ZnR_2HR	—	[7]
$ZnSO_4$ $1\times10^{-4}\sim0.05$ H^+ $0.001\sim0.012$ D_2EHPA $0.006\sim0.06$	正庚烷	25	ZnR_2HR	0.1137	[8]
有机相中 Zn^{2+} 0.0397 D_2EHPA 0.12 H_2SO_4 $0.5\sim2.0$	正庚烷	25	—	0.5 ± 0.1	[11]
$ZnSO_4$ $0.00081\sim0.011$ 0.5(Na, H)SO_4 D_2EHPA $0.0025\sim0.2$	煤油	25	ZnR_2HR	$(9.45\pm0.82)\times10^{-3}$	[14]
$ZnSO_4-H_2SO_4$ [Zn^{2+}]$0.00059\sim0.1251$ [HA]$0.025\sim0.200$ pH $1.48\sim3.57$	煤油	25	ZnR_2HR	0.0977	[15]
$ZnSO_4$ $0.0015\sim0.15$ Na_2SO_4 $0.1\sim3$ D_2EHPA $0.01\sim0.5$	正十二烷	25	ZnR_2HR $ZnR_2(HR)_2$	0.1164	[17]
$ZnSO_4$ 0.007645 pH $1.5\sim4.5$ Na_2SO_4 $I=0.5$	正十二烷	25	ZnR_2HR $ZnR_2(HR)_2$	0.1306 0.0286	[18]
$ZnSO_4$ $0.008\sim8$ g/L pH $1.5\sim7$ D_2EHPA $0.005\sim0.2$	异十二烷	25	ZnR_2HR	0.0739	[19]
$ZnSO_4$ $5\times10^{-5}\sim0.05$ H_2SO_4 $0\sim0.01$ D_2EHPA $0.005\sim0.2$	异十二烷	25	ZnR_2HR	0.0651	[20]
(Na, H)SO_4 1.0	正庚烷	25	ZnR_2HR	7.35×10^{-3}	[27]
0.5 (Na^+, H^+, Zn^{2+})SO_4^{2-}	Isopar-H	25	ZnR_2HR $ZnR_2(HR)_2$	0.0468	[28]
$ZnSO_4$ $0.00382\sim0.0306$ D_2EHPA $0.025\sim0.2$	煤油	25	ZnR_2	0.152	[29]
$ZnSO_4$ 0.02 $(NH_4)_2SO_4$ 2.0 D_2EHPA $0.1\sim0.48$	正庚烷	25	ZnR_2HR $ZnR_2\cdot3HR$	$(1.66\pm0.07)\times10^{-4}$ $(1.10\pm0.08)\times10^{-3}$	[30]
$ZnSO_4$ $0.0046\sim0.0153$ Na_2SO_4 $0\sim0.28$ D_2EHPA 0.09	Shellsol-T	20	ZnR_2HR	32	[31]

3.3.2　D_2EHPA-异十二烷/$ZnSO_4$体系的热力学平衡测试与模拟

负载锌的有机相(甚至在钠存在下)几乎表现为理想态，两相可以认为是互不相溶的。因为大部分反应萃取过程涉及金属离子，所以研究的重点放在体系的多相(界面)反应，单相反应的极限情况不在这个研究体系里考虑。

利用有机相与水相中锌的分配系数 D_{Zn}，式(3-2)可以写成：

$$K = D_{Zn}\frac{[H^+]^2}{[\overline{R_2H_2}]^{\frac{n}{2}}} \tag{3-12}$$

萃合物的化学计量数 n，通常通过取式(3-12)的对数：

$$\lg D_{Zn} = \frac{n}{2}\lg([\overline{R_2H_2}]) + 2pH + \lg K \tag{3-13}$$

$\lg D_{Zn}$与$\lg([\overline{R_2H_2}])$作图，如图3-1。

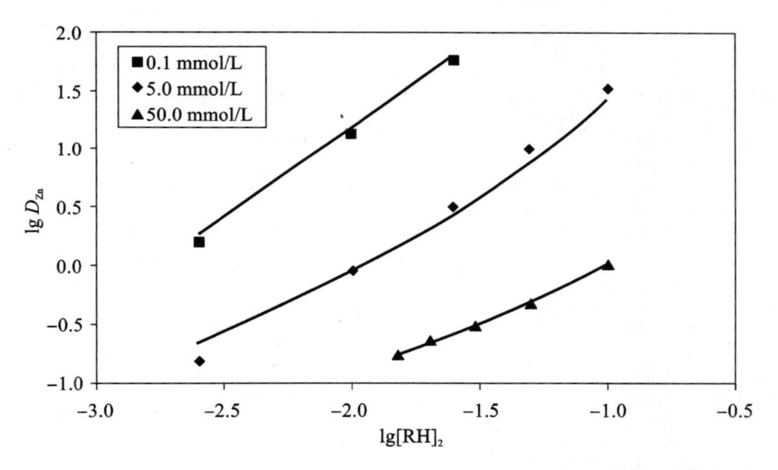

图3-1　不同起始Zn^{2+}浓度$\lg D_{Zn}$与$\lg[D_2EHPA]_2$的关系图[26,19]

图3-1的斜率为$n/2$，进而得到化学计量数n。在最低Zn^{2+}浓度(0.0001 mol/L)下，直线的斜率为1.5，它与Sainz-Diaz C I等[7]的FTIR的测量值$n=3$相等。在最高锌浓度(0.05 mol/L)时，得到的斜率为1或$n=2$，与FTIR的测量值不一致。考虑离子的活度系数，可以认为在整个研究的浓度范围内得到的化学计量数n为3。这与Huang & Juang[14]、Sainz-Diaz C I等[7]、Lee M-S等[15]报道的采用斜率法求得的化学计量数一致。反应方程可以表示为：

$$Zn^{2+} + 1.5(R_2H_2) = ZnR_2(RH) + 2H^+ \tag{3-14}$$

而Wachter[32]研究认为反应过程的化学计量数n为1~1.3，与负载有机相中的$[Zn^{2+}]_o/[(RH)_2]$有关系，可以表示为：

$$n = 2.8/(1 + 2.7[Zn^{2+}]_o/[(RH)_2]_T)$$

式(3－14)的反应平衡常数为：

$$K_{1,3} = \frac{[\overline{ZnR_2(RH)}][H^+]^2}{[Zn^{2+}]\cdot[\overline{R_2H_2}]^{1.5}}\cdot\frac{r_{\overline{Zn}}\cdot r_H^2}{r_{Zn}\cdot r_{\overline{R_2H_2}}^{1.5}} \tag{3-15}$$

对于活度系数γ_i的计算，Pitzer 模型用于水相[33－37]、Hildebrand－Scott 溶解度参数(the Hildebrand－Scott－solubility parameter)用于有机相[38]。Pitzer 参数，Masson 参数和溶解度参数可以从文献[39－42]中获得。利用 Baes C F 等[43]设计的免费软件(http://www.ornl.gov/divisions/casd/csg/sxlsqi/)，可以估算有机配合物的溶解度参数和平衡常数。拟合曲线的质量通过拟合因子σ来表示(见式(3－37))。从附表 1 中所列的 102 个试验中选取 66 个用于模拟萃取平衡，模拟所需要的参数见表 3－4～表 3－6。

表 3－4　298K 下 $ZnSO_4/H_2SO_4$体系的 Pitzer 参数[39]

反应	$\beta^{(0)}$	$\beta^{(1)}$	$\beta^{(2)}$	C^{ϕ} 或 $C^{\phi(0)}$	$C^{\phi(1)}$	α_1	α_2	ω
$Zn^{2+}-SO_4^{2-}$	0.16724	3.49906	-40.5911	0.036746	-12.9451	1.4	12	3.3
$Zn^{2+}-HSO_4^-$	0.56879	2.61593	—	-0.045724	—	2.0	—	—
$H^+-SO_4^{2-}$	0.06421	0.225902	—	0.031126	—	2.0	—	—
$H^+-HSO_4^{2-}$	0.22297	0.460016	—	-0.002660	—	2.0	—	—
$Zn^{2+}-H^+$			Θ		0			
$Zn^{2+}-H^+-SO_4^{2-}$			Ψ		0			
$Zn^{2+}-H^+-HSO_4^-$			Ψ		0			
$SO_4^{2-}-HSO_4^-$			Θ		-0.135342			
$Zn^{2+}-SO_4^{2-}-HSO_4^-$			Ψ		0.0731378			
$H^+-SO_4^{2-}-HSO_4^-$			Ψ		0.0278059			

表 3－5　298K 下有机相中离子的 Masson 参数(298K)，分子量(MW)和摩尔体积(φ^V)[42]

离子	MW/(g·mol^{-1})	φ_j^0/(cm^3·mol^{-1})	S_j	$\varphi_{Zn,o}^V$/(cm^3·mol^{-1})
H^+	1.0079	0	0	0.0
Zn^{2+}	65.38	-22.27	4.66	-4.2
SO_4^{2-}	96.0636	13.98	8.64	
HSO_4^-	97.0715	37.88	2.18	

表 3－6　298K 下 D_2EHPA＋异十二烷的分子量(MW)和摩尔体积 V_i和溶解度参数 δ_i[40,44]

物种	MW/($g \cdot mol^{-1}$)	V_i/($cm^3 \cdot mol^{-1}$)	δ_i/($cal^{1/2} \cdot cm^{-3/2}$)
D_2EHAP(monomeric)	322.43	332.61	8.76
Isododecane	170.34	228.42	7.031

Baes 软件[43]模拟得到萃取平衡的计算值与实验值见图 3－2～图 3－4。

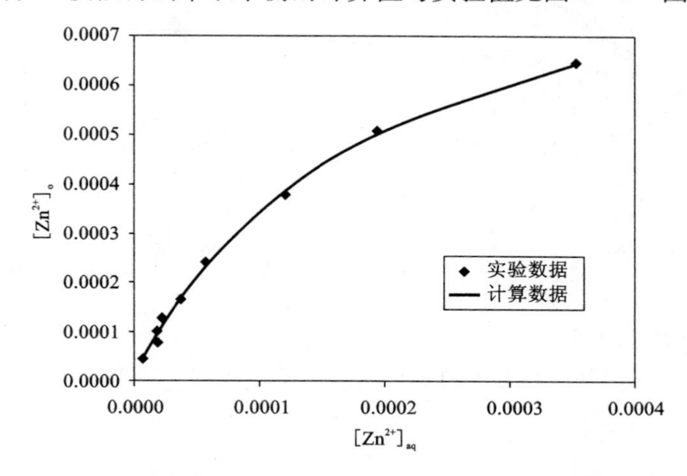

图 3－2 实验 A48－A57，$[Zn^{2+}]_o$与$[Zn^{2+}]_{aq}$的关系曲线[19, 26]

起始浓度：$[Zn^{2+}]$ = 0.05～1.0 mmol/L，$[D_2EHPA]$ = 10 mmol/L，$[H_2SO_4]$ = 2.0 mmol/L

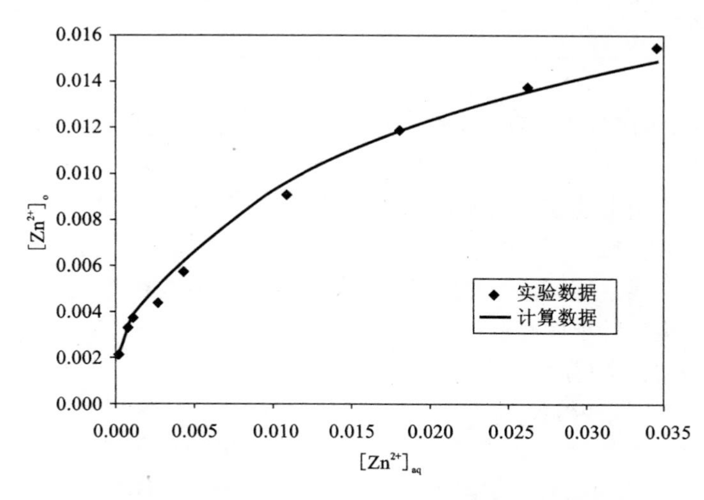

图 3－3 实验 A58－A66，$[Zn^{2+}]_o$对$[Zn^{2+}]_{aq}$的关系曲线[19, 26]

起始浓度：$[Zn^{2+}]$ = 2.0～50.0 mmol/L，$[D_2EHPA]$ = 0.1 mol/L，$[H_2SO_4]$ = 0.01 mol/L

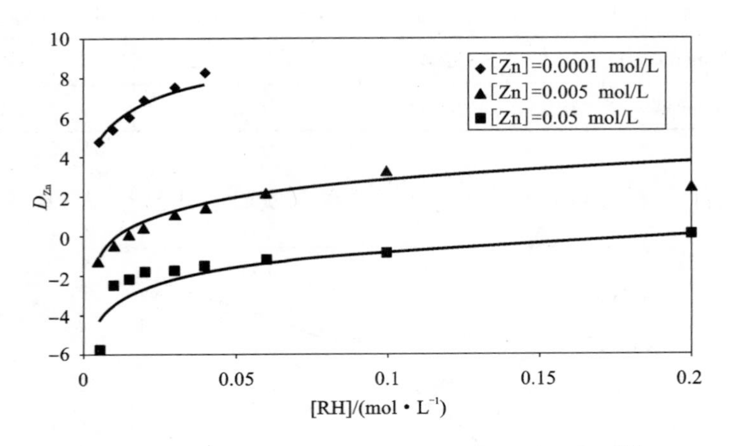

图 3-4 起始 pH=7 下，[RH]与 D_{Zn} 的关系曲线[19]

图 3-2 和图 3-3 表明，计算值与实验值能很好的一致。用正庚烷代替异十二烷做稀释剂，在表 3-1 所示的物种浓度范围内，估算的平衡参数值见表 3-7。

表 3-7 估算的平衡参数值

物种	$\lg K_{1,3}$	$\delta/(\mathrm{cal}^{1/2}\cdot\mathrm{cm}^{-3/2})$	σ
$\overline{ZnR_2(RH)}$在异十二烷中	-1.1863	9.3040	1.2194
$\overline{ZnR_2(RH)}$在正庚烷中	-0.9441	9.086	1.6479

从表 3-7 可以看出，改变萃取剂的稀释剂，配合物化学计量数、平衡值均没有明显的区别。

如果不想采用上述完整模型，通过假设所有物种的活度常数 $\gamma_i=1$，式(3-14)可以用于估算萃取平衡浓度。如液相 Zn^{2+} 平衡浓度 <50 μmol/L，D_2EHPA浓度可以设为一个固定值，这个理想状态计算预测的有机相锌浓度与考虑活度系数模拟得到的有机相锌浓度，相对误差 δ 在 20% 以内，见图 3-5。

图 3-5 表明，随着水相中平衡[Zn^{2+}]的升高，基于浓度估算的值变差。

3.3.3 萃合物的红外检测

反应萃取过程中生成的萃合物的形态，除了可以依据式(3-13)，通过对 $\lg D_{Zn}$ 与 $\lg[D_2EHPA]_2$ 的关系作图，求得参与反应的 D_2EHPA 与 Zn^{2+} 的分子比，从而确定参与反应的存在形态。此外，Morais & Mansur[45]、Sainz-Diaz C I 等[7]采用红外光谱(FT-IR)对萃取剂 D_2EHPA、萃取 $ZnSO_4$ 生成的萃合物进行了表征，其图谱分别见图 3-6、图 3-7。

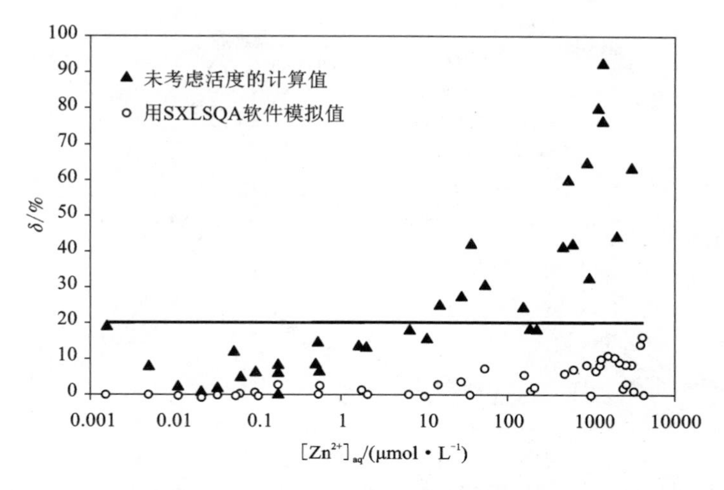

图 3－5　基于活度系数的模拟值与浓度的估算值的相对误差 δ 与水相中 $[Zn^{2+}]$ 的关系[26]

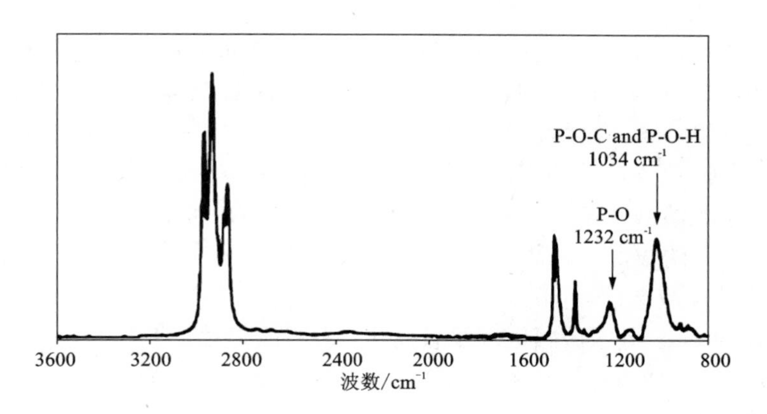

图 3－6　D_2EHPA 溶于正庚烷的 FT－IR 图谱（c_B^0 = 75 mol/m³）[45]

图 3－6 表明，纯 D_2EHPA 在 1030 cm^{-1} 附近P—O—C键有很强的吸收峰，P—O—H 键的吸收峰也重叠在这个频率区；P ═O 键的伸缩频率在 1230 cm^{-1}。D_2EHPA溶于正庚烷的 FT－IR 图谱表明，P—O—C 键与 P—O—H 键的吸收峰有些许移动至 1034 cm^{-1}，P ═O 键的伸缩频率移动至 1232 cm^{-1}。在纯 D_2EHPA 中观察到的 1690 cm^{-1} 处的 OH 伸缩频率，在溶于正庚烷的 D_2EHPA 的 FT－IR 图谱中不再存在，可能是由于 D_2EHPA 在正庚烷中是以二聚物的形式存在的原因。3000～2840 cm^{-1}、1465 cm^{-1} 与 1380 cm^{-1} 是有机物的烷基峰。

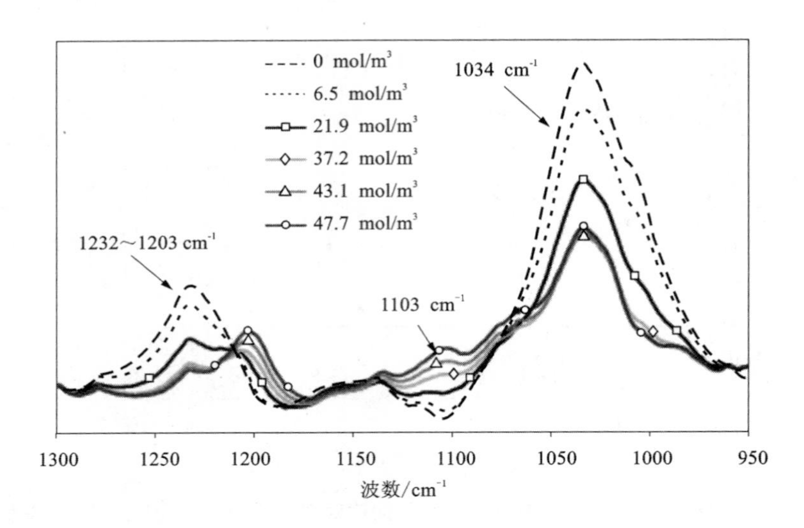

图 3-7　不同锌浓度的有机相 FT-IR 图谱[45]（c_B^0 = 75 mol/m³）

从图 3-7 可以看出，在有机相中[Zn^{2+}]≤37.2 mol/m³时，随着有机相中 Zn^{2+}浓度的增加，1034 cm^{-1}处吸收峰强度相应减弱；以后继续提高有机相中的 Zn^{2+}浓度，但 1034 cm^{-1}处吸收峰强度不变。既然此处是 P—O—C 键与 P—O—H 键重叠的吸收峰，那么吸收峰强度减弱应该对应于 P—O—H 键的消失，这是由于随着 H^+释放进入溶液，溶液中的 Zn^{2+}被萃取，而 P—O—C 键不发生变化。依据 Mansur M B 等[11]的报道，萃取 Zn^{2+}的克分子量为 D_2EHPA 的克分子量的 68% 是一个界限，继续反应会消耗剩余的 P—O—H 键。然而，超过极限萃取锌浓度后继续萃取锌，1034 cm^{-1}处吸收峰强度没有变化，表明该峰对应于 P—O—C 键。

图 3-7 表明，随着有机相中 Zn^{2+}浓度的提高，Zn ═O 键在 1103 cm^{-1}[46]伸缩震动峰增强。FT-IR 图谱表明在[Zn^{2+}]≥37.2 mol/m³时，谱线峰由凹的转变成凸的。这说明，超过这个界限后继续萃取 Zn^{2+}，游离的 P—O—H 键较少，更利于 Zn—O 键形成，ZnR_2配合物成为首选的存在形态。

图 3-7 中，1232 ~ 1203 cm^{-1}处代表的是 P ═O 键的伸缩震动峰，Sainz - Diaz C I 等[7]也观察到相似结果。然而，由于形成 ZnR_2配合物而导致峰的相对强弱被中断。像 1034 cm^{-1}处的吸收峰一样，在前面提到的界限浓度[Zn^{2+}] = 37.2 mol/m³前，随着有机相中 Zn^{2+}浓度的增加，1232 cm^{-1}处吸收峰降低。

因此，FT-IR 图谱表明：在有机相中负载低 Zn^{2+}浓度时，有机相中的产物主要为 ZnR_2RH；而在负载高 Zn^{2+}浓度时，有机相中产物 ZnR_2RH、ZnR_2共存。

3.4　萃取过程质量传递

3.4.1　研究现状

在 D_2EHPA - 硫酸锌溶液这一反应萃取体系中，依据反应式(3 - 1)，总的质量传递(Mass transfer)通过扩散与反应动力学来完成。当传质不受扩散影响时，反应动力学参数可以通过混合动力学拟合模型来估算。这类实验通常在固定水平界面面积的 Lewis 型槽[12, 47]、改进的 Lewis 型槽[8]等中进行。当提高体相(Bulk phase)中的涡流速度时，减少界面锌离子的扩散作用，就可以确定动力学关键步骤，这类试验在一 Nitsch 型槽中进行[48]。此外还可以采用单液滴法来研究萃取锌过程动力学[49]。

Ajawin L A 等[27]采用萃取剂 D_2EHPA - 正庚烷，从含 $ZnSO_4$、$(Na, H)_2SO_4$ 的溶液中萃取 Zn^{2+}，在溶液中离子强度为 1.0 mol/L 时，推测界面上水和 Zn^{2+} 与 R_2H^- 结合成锌配合物为其反应的速率控制步骤：

$$(Zn(H_2O)_4^{2+})_i + (R_2H^-)_i \Longleftrightarrow (Zn(H_2O)_3^{2+} \cdot 2R^-)_i + (H_3O^+)_i \qquad (3-16)$$

Svendsen H F 等[12]采用浓度 0.005 ~ 0.05 mol/L 的 D_2EHPA + 稀释剂乙丙基苯为萃取有机相，从含 $ZnSO_4$ 0.002 ~ 0.01 mol/L 的溶液中萃取 Zn^{2+}，推测界面有机锌配合物的传输为反应的速率控制步骤。

Huang & Juang[13]认为与 Zn^{2+} 直接反应的是 R_2H^- 阴离子，有机相外界的 $Zn(H_2O)_3^{2+} \cdot 2R^-$ 配合物和水相与有机相界面 RH_i 的化学反应为速率控制步骤：

$$(Zn(H_2O)_3^{2+} \cdot 2R^-)_i + RH_i \Longleftrightarrow \overline{ZnR_2 \cdot RH} + 3H_2O \qquad (3-17)$$

Huang & Juang[13]采用浓度为 0.0025 ~ 0.2 mol/L 的 D_2EHPA + 煤油为萃取有机相，从含 $ZnSO_4$ 0.00081 ~ 0.011 mol/L、$(Na, H)_2SO_4$ 0.5 mol/L 的溶液中萃取 Zn^{2+}，求得萃取初始阶段的动力学方程为：

$$R = k[Zn^{2+}][\overline{(RH)_2}]^{1.5}[H^+]^{-2}(1 + 9.94[SO_4^{2-}]^{1.2})^{-1} \qquad (3-18)$$

式中：$k = (3.21 \pm 0.20) \times 10^{-7}$ ($m^{1/2}/s$)。$[SO_4^{2-}]$ 0.5 mol/L 时，$k = (6.03 \pm 0.45) \times 10^{-8} m^{1/2}/s$。

Mansur M B 等[10]对 D_2EHPA + 正庚烷从 $ZnSO_4$ 溶液中萃取 Zn^{2+} 的动力学进行了研究，得到速率控制步骤为混合控制，动力学方程为：

$$R = 2.7 \times 10^{-6}\left(\frac{[Zn^{2+}][(RH)_2]}{[H^+]} - \frac{[ZnR_2 \cdot 2(HR)_2][H^+]}{9.436[(RH)_2]^{n-1}}\right) \qquad (3-19)$$

式中：$n = 1.5$ 或 2。

3.4.2　反应动力学

Klocker H 等人[8]采用 Cianetti & Danesi[50]的化学动力学模型来描述，认为以下两步反应为速度控制步骤：

反应 1：

$$Zn^{2+} + 2(RH)_{ad} \underset{k_{r,1}}{\overset{k_{v,1}}{\rightleftharpoons}} (ZnR_2)_{ad} + 2H^+ \tag{3-20}$$

反应 2：

$$(ZnR_2)_{ad} + 1.5\,\overline{R_2H_2} \underset{k_{r,2}}{\overset{k_{v,2}}{\rightleftharpoons}} \overline{ZnR_2(RH)} + 2(RH)_{ad} \tag{3-21}$$

反应 1 的速率方程为：

$$-\frac{d[Zn^{2+}]}{dt} = k_{v,1} \cdot [Zn^{2+}] \cdot [(RH)_{ad}]^2 - k_{r,1} \cdot [(ZnR_2)_{ad}] \cdot [H^+]^2 \tag{3-22}$$

反应 2 的速率方程为：

$$-\frac{d[(ZnR_2)_{ad}]}{dt} = k_{v,2} \cdot [(ZnR_2)_{ad}] \cdot [\overline{R_2H_2}]^{1.5} - k_{r,2} \cdot [\overline{ZnR_2(RH)}] \cdot [(RH)_{ad}]^2 - k_{v,1} \cdot [Zn^{2+}] \cdot [(RH)_{ad}]^2 + k_{r,1} \cdot [(ZnR_2)_{ad}] \cdot [H^+]^2 \tag{3-23}$$

假设界面锌配合物被稳态吸附：

$$-\frac{d[(ZnR_2)_{ad}]}{dt} = 0 \tag{3-24}$$

从式(3-22)~式(3-24)导出：

$$-\frac{d[Zn^{2+}]}{dt} = [(RH)_{ad}]^2 \frac{k_{v,1} \cdot [Zn^{2+}] \cdot [\overline{R_2H_2}]^{1.5} - \dfrac{k_{r,1} \cdot k_{r,2}}{k_{v,2}} \cdot [H^+]^2 \cdot [\overline{ZnR_2(RH)}]}{[\overline{R_2H_2}]^{1.5} + \dfrac{k_{r,1}}{k_{v,2}} \cdot [H^+]^2} \tag{3-25}$$

$(RH)_{ad}$可以用 Langmuir 定律来描述：

$$[(RH)_{ad}] = \frac{\alpha_L \cdot \dfrac{[\overline{RH}]}{\gamma_L}}{1 + \dfrac{[\overline{RH}]}{\gamma_L}} \tag{3-26}$$

D_2EHPA 单分子的二聚反应平衡可以表示为：

$$\frac{1}{2}[\overline{R_2H_2}] \longleftrightarrow \overline{RH} \qquad 平衡常数\ K_{0,1} \tag{3-27}$$

$\overline{RH}$浓度可以表示为：

$$[\overline{RH}] = k_{0,1} \cdot [\overline{R_2H_2}]^{0.5} \tag{3-28}$$

引进常数 C_2：

$$C_2 = \frac{r_L}{k_{0,1}} \tag{3-29}$$

式(3-26)和式(3-28)可以写成：

$$[(RH)_{ad}] = \alpha_L \frac{[\overline{R_2H_2}]^{0.5}}{C_2 + [\overline{R_2H_2}]^{0.5}} \tag{3-30}$$

引进常数 C_1：

$$C_1 = \frac{k_{r,1}}{k_{v,2}} \tag{3-31}$$

反应1与反应2总的反应动力学常数为：

$$k_v = \alpha_L^2 \cdot k_{v,1} \tag{3-32}$$

和

$$k_r = \alpha_L^2 \cdot \frac{k_{r,1} \cdot k_{r,2}}{k_{v,2}} \tag{3-33}$$

由反应1与反应2平衡常数得到总的反应动力学常数：

$$k_{1,3} = \frac{k_v}{k_r} \tag{3-34}$$

联合式(3-25)和式(3-30)导出传质表达式[6]：

$$-\frac{d[Zn^{2+}]}{dt} = \frac{k_v \cdot [Zn^{2+}] \cdot [\overline{R_2H_2}]^{1.5} - k_r \cdot [H^+]^2 \cdot [ZnR_2(RH)]}{[\overline{R_2H_2}]^{1.5} + C_1 \cdot [H^+]^2} \cdot \left(\frac{\sqrt{[R_2H_2]}}{1 + \sqrt{[R_2H_2]}}\right)^2 \tag{3-35}$$

常数 C_1、C_2和总的正反应速度常数 k_v 可以从实验数据确定。知道 k_v值，利用式(3-15)计算的 $k_{1,3}$值，就可以计算 k_r值：

$$k_r = \frac{k_v}{k_{1,3}} \qquad k_{1,3} = 10^{-1.1863}\ \mathrm{mol^{1/2}L^{-1/2}} = 2.059\ \mathrm{mol^{1/2}m^{-3/2}} \tag{3-36}$$

依据式(3-35)，典型的[Zn^{2+}]-时间关系图见图3-8。采用正庚烷、异十二烷稀释剂，动力学模型参数见表3-8。

误差因子 σ 定义为：

$$\sigma = \left[\sum_{i=1}^{N_E}\left(\frac{1}{\sigma_i^2}(y_i - y_{i,\mathrm{calc}})^2 \frac{1}{N_E - N_P}\right)\right]^{0.5} \tag{3-37}$$

式中：N_E为实验数据的个数；N_P为调整参数的个数；σ_i表示实验误差。

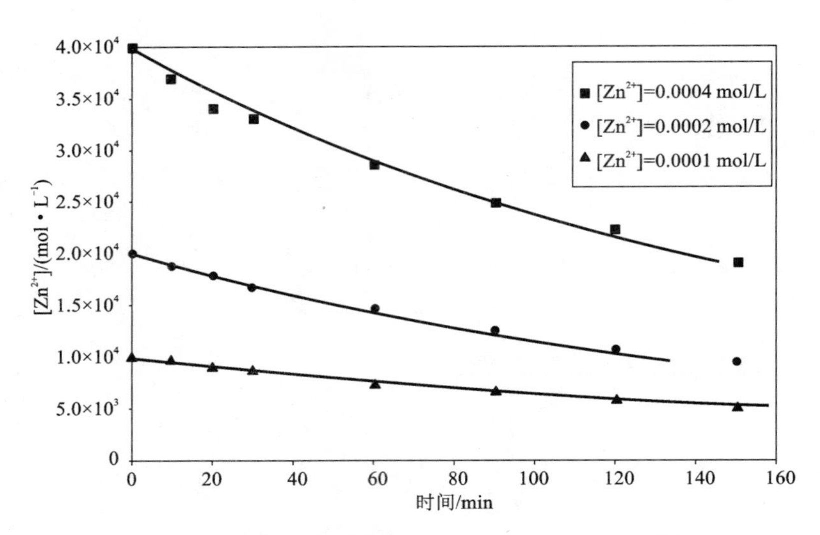

图 3-8　不同起始锌浓度的[Zn^{2+}]-时间关系图[26]

点为实验值，实线表示按式(3-35)的计算值

表 3-8　低锌浓度下实验结果的模拟值

低 Zn^{2+} 浓度下的实验	k_v /s^{-1}	k_r /($mol^{-1/2} \cdot m^{3/2} \cdot s^{-1}$)	C_1 /($mol^{-1/2} \cdot m^{3/2}$)	C_2 /($mol^{1/2} \cdot m^{-3/2}$)	σ
附表 1 1~10 数据 D_2EHPA-异十二烷	2.3801×10^{-4}	1.1559×10^{-4}	1.2379	0.5962	1.47
文献[44] F8~F28 实验 D_2EHPA-正庚烷	3.262×10^{-4}	9.065×10^{-5}	1.126	0.591	1.72

从表 3-8 可以看出，动力学数据与稀释剂的种类无关。

3.4.3　传质

用反应动力学方程式(3-35)来描述低锌浓度下搅拌槽的试验结果很好。然而，对于高 Zn^{2+} 浓度值(≥0.01 mol/L)，扩散阻力也必须考虑，由于稀释剂正庚烷和异十二烷的黏性差别明显。为了计算混合区的传质(Mass transport)[8]或为了利用标准的传质相互关系[22]，将无限稀释水相溶液中的扩散系数列于表 3-9 中[51]。

表 3－9　在无限稀释水相溶液中的 Fick 扩散系数(298K)

离子	扩散系数/($m^2 \cdot s^{-1}$)
Zn^{2+}	0.71×10^{-9}
H^+	9.312×10^{-9}
SO_4^{2-}	1.065×10^{-9}
HSO_4^-	1.33×10^{-9}

依据 Wilke & Chang [52] 的报道和 Le Bas 的分子吸引力理论[53, 54]，能计算有关的有机相分子体积，见表 3－10。

表 3－10　Wilke 和 Chang 的扩散系数[52]

双组分体系	V_1 /($cm^3 \cdot mol^{-1}$)	M_2 /($g \cdot mol^{-1}$)	η_2 /($mPa \cdot s$)	$D° = Đ$ /($m^2 \cdot s^{-1}$)
R_2H_2 + 异十二烷	806.4	170.34	1.219	4.257×10^{-10}
$ZnR_2(RH)$ + 异十二烷	1191.1	170.34	1.219	3.369×10^{-10}
$ZnR_2(RH) + R_2H_2$	1191.1	644.86	39.7	2.014×10^{-11}

质量传输进出液滴与液滴群时所产生的相互影响也必须加以考虑。然而，非常小的液滴像刚性球体，由分子扩散控制质量传递过程；随着液滴直径的增大，液滴内开始产生循环。对于内部混合均匀的大液滴，分子扩散对分散相并不重要；而活性成分如离子交换剂 D_2EHPA 会影响液滴的内部流动，从而影响质量转换过程。

Slater M J[22] 对文献报道的液相传质关系进行了评述；Klocker H 等[8] 的模拟结果表明：在 Lewis 型传质槽中，给定体系的传质阻力主要来源于有机相。Bart & Slater [26]、Mörters M[55]、Mörters & Bart[56] 也进行了详细的讨论，并获得了相同的结果。

3.5　反萃过程理论

3.5.1　反萃热力学

反萃是萃取过程的逆过程，从理论上说，反萃过程的反应平衡常数就是萃取的反应平衡常数的倒数，但萃取过程与反萃过程的浓度范围不一致，尤其是反萃过程采用的是较高浓度的 H_2SO_4，必然导致其与不考虑活度系数的反应平衡常数不一致。

Mansur M B 等[11]采用负载 Zn^{2+} 0.0397 mol/L、$[D_2EHPA]_T$ 0.12 mol/L、稀释剂为正庚烷的有机相，反萃剂 H_2SO_4 0.5～2.0 mol/L，求得反应的热力学平衡常数为 0.5±0.1 mol/L^{2-n}。

Zimmermann & Robl[57]采用起始$[H_2SO_4]$ 0.5～1.0 mol/L 的反萃剂，从含$[Zn^{2+}]$ 0.0262 mol/L、0.0380 mol/L 与 0.0464 mol/L，$[D_2EHPA]_T$ 0.08 mol/L、0.12 mol/L 和 0.15 mol/L，稀释剂为正庚烷的负载有机相中反萃 Zn^{2+}。

3.5.2 反萃动力学

Huang & Juang[13]还对反萃过程的动力学进行了研究，起始实验条件为：负载有机相 D_2EHPA 的浓度 0.004～0.025 mol/L、$[Zn^{2+}]$ 0.00051～0.0038 mol/L；反萃剂$(Na, H)_2SO_4$ 0.5 mol/L 溶液、H_2SO_4 调节 pH 0.78～1.6。求得反萃初始阶段的动力学方程为：

$$R = k'[\overline{Zn^{2+}}]$$

式中：$k' = (2.66 \pm 0.16) \times 10^{-5}$(L/s)。

Mansur M B 等[10]对 H_2SO_4 溶液从负载 Zn^{2+} 的 D_2EHPA + 正庚烷有机相中反萃 Zn^{2+} 的动力学进行了研究，而反萃过程的控制步骤为锌配合物的传质过程，其动力学方程可以表示为：

$$R = 1.3 \times 10^{-7}\left(\frac{[ZnR_2 \cdot (HR)_2][H^+]}{9.436[(RH)_2]^{n-1}} - \frac{[(HR)_2][Zn^{2+}]}{[H^+]}\right) \quad (3-38)$$

Corsi C 等[58]采用起始$[H_2SO_4]$ 0.5 mol/L、1.0 mol/L 和 1.5 mol/L 的反萃剂，从含$[Zn^{2+}]_o$ 0.0380 mol/L，$[D_2EHPA]_T$ 0.08～0.20 mol/L，稀释剂为正庚烷的负载有机相中反萃 Zn^{2+} 的动力学进行了研究。认为反萃过程的速率控制步骤可表示为：

$$ZnR_2 + H^+ \underset{k_{-1}}{\overset{k_1}{\rightleftharpoons}} Zn^{2+} + R_2H^- \quad (3-39)$$

反应速率可以表示为：

$$R = k_1[ZnR_2][H^+] - k_{-1}[Zn^{2+}][R_2H^-] \quad (3-40)$$

Murthy & Perez de Ortiz[59]、Svendsen H F 等[12]和 Ajawin L A 等[27]也认为这步为速率控制步骤。依据平衡反应：

$$R_2H^- + H^+ \longleftrightarrow (RH)_2 \quad (3-41)$$

给定以上方程的化学反应计量数为 $n=1$。该反应的平衡常数可以表示为：

$$K_{ex} = [(RH)_2]/[R_2H^-][H^+] \quad (3-42)$$

为消除反萃锌速率与 R_2H^- 的关系，将式(3-42)代入式(3-40)：

$$R = k_1[ZnR_2]_i[H^+]_i - k_{-1}[Zn^{2+}][(RH)_2]/K_{ex}[H^+]_i \quad (3-43)$$

稳定状态下，反应速率也可以用不同参与反应的物种的扩散传质速率表述：

$$r = k_w([ZnR_2] - [ZnR_2]_i) \quad (3-44)$$

$$r = k_x([Zn^{2+}]_i - [Zn^{2+}]) \quad (3-45)$$

$$r = k_y([(HR)_2]_i - [(HR)_2]) \quad (3-46)$$

$$r = 0.5\,k_z([H^+] - [H^+]_i) \quad (3-47)$$

减少中间浓度，这些方程的解也可表示为：

$$Ar^3 + Br^2 + Cr + D = 0 \quad (3-48)$$

式中：

$$A = 4(k_1/k_w)(1/k_z)^2 \quad (3-49)$$

$$B = -\left\{2/k_z + \frac{4k_1}{k_w k_z}[H^+] + 4\frac{k_1}{k_z^2}[ZnR_2] - \frac{k_{-1}}{K_e k_y k_x}\right\} \quad (3-50)$$

$$C = [H^+] + \frac{k_1}{k_w}[H^+]^2 + \frac{k_{-1}}{K_e k_y}[Zn^{2+}] + \frac{4k_1}{k_z}[ZnR_2][H^+] + \frac{k_{-1}}{K_e k_x}[(RH)_2] \quad (3-51)$$

$$D = -\left\{k_1[ZnR_2][H^+]^2 - \frac{k_{-1}}{K_e}[Zn^{2+}][(RH)_2]\right\} \quad (3-52)$$

式(3-43)与式(3-47)是建立在给定的化学反应计量数基础上的，因此最终的速率方程式(3-48)就与化学反应计量数 n 有关；如果我们给定 $n = 1.5$ 或2，就可以获得其他两种动力学模型，它们适用于萃取锌的过程而不适合于反萃过程。

在给定的反萃过程实验条件下，式(3-48)中 Ar^3 和 Br^2 相比于 Cr 和 D 的重要性降低了两个数量级，因此可以简化为：

$$R = -D/C$$

另外，如果正向反应速率远远大于逆向反应速率，C 和 D 的表达式可以简化，起始萃取速率可以表示为：

$$R = \frac{k_1[H^+][ZnR_2]}{1 + \frac{k_1}{k_w}[H^+] + \frac{4k_1}{k_z}[ZnR_2]} \quad (3-53)$$

如果认为 H^+ 的扩散系数 k_z 远大于大分子的扩散系数 k_w，或者说 $[ZnR_2] \ll [H^+]$，起始反萃速率可以简化为：

$$R = \frac{k_1[H^+][ZnR_2]}{1 + k_1[H^+]/k_w} \quad (3-54)$$

当 $[H^+]$ 高、k_w 较小时，简化为：

$$R = k_w[ZnR_2] \quad (3-55)$$

式(3-55)与 Huang & Juang[13, 14]研究结果的表达式一致，他们在固定横界面槽、低有机相负载浓度下，得到的反萃过程反应速率为2.7 μm/s。

Corsi C 等[58]根据试验数据，提出更准确的模型为：

$$R=\frac{k_1[H^+][ZnR_2]}{\left(1+\frac{k_1}{k_w}[H^+]+\frac{4k_1}{k_z}[ZnR_2]\right)(1+K_r[(RH)_{2游离}]^{0.5})} \tag{3-56}$$

式中：经验参数K_r为0.0082，反应速率常数k_1为1.04×10^{-7}。提出质量传输与频率－振幅的关系为：

$$k_w=a+bf^{(3+p)/4}\cdot A_p^{(2+p)/2} \tag{3-57}$$

式中：常数a、b、p分别为5.5×10^6、3.5×10^7和2.5；f、A_p分别表示频率和振幅，mm。

$$k_w=5.5\times10^6+3.5\times10^7f^{1.625}\cdot A_{p2.25} \tag{3-58}$$

对于 Hancil 槽，可以假设k_z/k_w＝常数＝10，总的动力学方程可以表示为：

$$R=1.04\times10^{-7}[H^+][ZnR_2]/\left(1+\frac{1.04\times10^{-7}}{5.5\times10^{-6}+3.5\times10^{-7}f^{1.625}\cdot A_p2.25}[H^+]+\frac{4.16\times10^{-7}}{5.5\times10^{-5}+3.5\times10^{-6}f^{1.625}\cdot A_p2.25}[ZnR_2]\right)(1+0.0082[(RH)_{2游离}]^{0.5}) \tag{3-59}$$

符号说明：A为特定的界面面积，m^2/m^3；A_p为振幅，mm；a，b，n为化学计算的常数；C_1为动力学规律常数1，$m^{3/2}/mol^{1/2}$；C_2为动力学规律常数2，$mol^{1/2}/m^{3/2}$；D为传质系数，m^2/s；d为液滴直径，mm；f为频率，s^{-1}；$K_{1,3}$为平衡常数，$mol^{1/2}/m^{3/2}$；$K_{0,1}$为D_2EHPA二聚体的离解平衡常数，$mol^{1/2}/m^{3/2}$；k为传质系数，m/s；$k_{v,1}$为反应1的正向反应动力学常数，$m^6/(mol^2\cdot s)$；$k_{r,1}$为反应1的逆向反应动力学常数，$m^6/(mol^2\cdot s)$；$k_{v,2}$为反应2的正向反应动力学常数，$m^{4.5}/(mol^{3/2}\cdot s)$；$k_{r,2}$为反应1的逆向反应动力学常数，$m^6/(mol^2\cdot s)$；MW为分子量，g/mol；$S_j$为 Masson 常数；$t$为时间，s；$V_i$为摩尔体积，$cm^3/mol$；$\alpha_L$为 Langmuir 常数，$mol/m^3$；$\alpha_i$，$\beta^i$，$C^\phi$，$\omega$，$\Theta$，$\psi$为 Pitzer 常数；$\gamma_L$为 Langmuir 常数，$mol/m^3$；$\gamma_i$为活度系数；$\delta$为溶解度常数，$cal^{1/2}/cm^{2/3}$；$\Phi^V$为分子体积，$cm^3/mol$；$\eta$为动态粘度，mPa·s；$k_r$为总的逆反应速度常数，$m^{3/2}/mol^{1/2}\cdot s$；$k_v$为总的正反应速度常数，$s^{-1}$；$\nu$为粘度，$mm^2/s$；$P$为密度，$kg/m^3$；$\sigma$为界面张力，mN/m。

参考文献

[1] Bart H－J. Reactive extraction. Springer, Berlin, 2001a.

[2] Lo Teh C, Baird M H I, Hanson C. Handbook of Solvent Extraction. New York, Wiley, 1983.

[3] Rydberg J, Musikas C, Choppin G R. Principles and Practice of Solvent Extraction. New York: Marcel－Dekker, 1992.

[4] Thornton J D. The Science and Practice of Liquid－Liquid Extraction. Oxford : Oxford Press, 1992.

[5] Godfrey J C, Slater M J. Liquid – Liquid Extraction Equipment. New York, John Wiley & Sons, 1994.

[6] Bart H – J, Berger R, Misek T, et al. Recommended systems for liquid extraction studies//Godfrey/Slater (Eds.): Liquid – Liquid Extraction Equipment, Wiley & Sons, New York, 1994, 3: 15 – 43.

[7] Sainz – Diaz C I, Klocker H, Marr R, et al. New approach equilibrium in the modelling of the extraction of zinc with bis – (2 – ethylhexyl) phosphoric acid. Hydrometallurgy, 1996, 42(1): 1 – 11.

[8] Klocker H, Bart H J, Marr R, et al. Mass transfer based on chemical potential theory: $ZnSO_4/H_2SO_4/D_2EHPA$. AIChE J. 1997, 43(10): 2479 – 2487.

[9] Hancil V, Slater M J, Yu W. On the possible use of di – (2ethylhexyl) phosphoric acid/zinc as recommended system for liquid – liquid extraction: the effect of impurities on kinetics. Hydrometallurgy, 1990, 25: 375 – 386.

[10] Mansur M B, Slater M J, Biscaia Jun E C. Kinetic analysis of the reactive liquid – liquid test system $ZnSO_4/D_2EHPA$/n – heptane. Hydrometallurgy, 2002A, 63: 107 – 116.

[11] Mansur M B, Slater M J, Biscaia Jun E C. Equilibrium analysis of the reactive liquid – liquid test system $ZnSO_4/D_2EHPA$/n – heptane. Hydrometallurgy, 2002B, 63: 117 – 127

[12] Svendsen H F, Schei G, Osman M. Kinetics of extraction of zinc by di(2 – ethylhexyl) phosphoric acid in cumene. Hydrometallurgy, 1990, 25: 197 – 212.

[13] Huang T – C, Juang R – S. Kinetics and mechanism of zinc extraction from sulfate medium with di(2 – ethylhexyl) phosphoric acid. Journal of Chemical Engineering of Japan, 1986a, 19(5): 379 – 386.

[14] Huang T – C & Juang R – S. Extraction equilibrium of zinc from sulfate media with bis(2 – ethylhexyl) phosphoric acid. Ind Eng Chem Fundam, 1986b, 25: 752 – 757.

[15] Lee M – S, Ahn J – G, Son S – H. Modeling of solvent extraction of zinc from sulphate solutions with D_2HEPA. Materials Transaction, 2001, 42(12): 2548 – 2552.

[16] Darvishi D, Haghshenas D F, Etemadi S. Water adsorption in the organic phase for the D_2EHPA – kerosene/water and aqueous Zn^{2+}, Co^{2+}, Ni^{2+} sulphate systems. Hydrometallurgy, 2007, 88: 92 – 97.

[17] Bart H J, Marr R, Scheks J, et al. Modeling of solvent extraction equilibria of Zn(II) from sulfate solutions with bis – (2 – ethylhexyl) – phosphoric acid. Hydrometallurgy, 1992, 31: 13 – 28.

[18] Wachter B, Bart H – J, Moosbrugger T, et al. Reactive liquid – liquid test system Zn/di(2 – ethylhexyl) phosphoric acid/n – dodecane. Equilibrium and Kinetics. Chem. Eng. Technol. 1993, 16: 413 – 421.

[19] Bart H – J, Rousselle H – P. Microkinetics and reaction equilibria in the system $ZnSO_4/D_2EHPA$/isododecane. Hydrometallurgy, 1999, 51: 285 – 298.

[20] Mörters M, Bart H – J. Extraction equilibria of zinc with bis(2 – ethylhexyl) phosphoric acid. J Chem Eng Data, 2000, 45: 82 – 85.

[21] Mörters M, Bart H – J. Fluorescence indicated mass transfer in reactive extraction. Chem Eng Techn, 2000: 23(4): 1 – 7.

[22] Slater M J. Rate coefficients in liquid – liquid extraction systems//Liquid – Liquid Extraction Equipment. J. C. Godfrey, M. J. Slater, J Wiley & Sons, New York, 1994: 48 – 94.

[23] Kolarik Z, Grimm R. Acidic organophosphorous extractants. XXIV: the polmerization behaviour of Cu(II), Cd(II), Zn(II) and Co(II) – complexes of di(2ethylhexyl) phosphoric acid in fully loaded organic phases. J Inorg Nucl Chem, 1976, 38: 1721 – 1727.

[24] Kolarik Z. Critical evaluation of some equilibrium constants involving acidic organophosphorus extractants. Pure Appl Chem, 1982, 54: 2593 – 2674.

[25] Neuman R D, Zhou N F, Wu J, et al. General model for aggregation of metal – extractant complexes in acidic

organophosphorus solvent extraction Systems. Sep Sci and Technol, 1990, 25: 1655 – 1674.

[26] Bart H – J, Slater M J. Standard test system for reactive extraction – Zinc/D_2EHPA, 2001b.

[27] Ajawin L A, Pérez de Ortiz E S, Sawistowski H. Extraction of zinc by di(2 – ethylhexyl) phosphoric acid. Chem Eng Res Des, 1983, 61: 62.

[28] Sastre A M, Muhammed M. The extraction of zinc(II) from sulphate and perchlorate solutions by di(2 – ethylhexyl) phosphoric acid dissolved in Isopar – H. Hydrometallurgy, 1984, 12: 177 – 193.

[29] Lee M S, Lee E C, Sohn H Y. Development and verification of a new thermodynamic model for solvent extraction of metal ions based on the *k* – value method. Journal of Chemical Engineering of Japan, 1996, 29 (5): 781 – 793.

[30] Nagaosa Y, Yao B H. Extraction equilibria of some transition metal ions by bis(2 – ethylhexyl) phosphinic acid. Talanta, 1997, 44: 327 – 337.

[31] Reis M T A, Carvalho J M R. Extraction equilibrium of zinc from sulfate solutions with bis(2 – ethylhexyl) thiophosphoric acid. Ind Eng Chem Res, 2003, 42: 4077 – 4083.

[32] Wachter B P. PhD Thesis, TU Graz, Austria, 1996.

[33] Pitzer K S. Thermodynamics of electrolytes. I. Theoretical basis and general equations. J Phys Chem, 1973, 77: 268.

[34] Pitzer K S. Thermodynamics of electrolytes. V. Effects of higher – order electrostatic terms. J Soln Chem, 1975, 4: 249 – 265.

[35] Pitzer K S, Roy R N, Silvester L F. Thermodynamics of electrolytes. 7. Sulfuric acid. J Am Chem Soc, 1977, 99: 4930.

[36] Pitzer K S, Silvester L F. J Phys Chem, 1978, 82: 1239.

[37] Pitzer P S. Theory: Ion interaction approach//Activity coefficients in electrolyte solutions. Pytkowicz, 1979, Vol. 1, CRC Press, Boca Raton: 157 – 208.

[38] Hildebrand J H, Scott R L. The solubility of nonelectrolytes. 3rd Edition, Reinhold Publishing Corp, New York, 1950.

[39] Klocker H, Sainz – Diaz C I, Wachter B, et al. Modelling of solvent extraction equilibria induding the nonideality of the aqueous and organic phases in the system zinc sulfate/D_2 EHPA//D. C. Shallcross, R. Paimin, L. M. Prvicic. Value Adding Through Solvent Extraction; Proceed. ISEC 96, Melbourne, Austr., 1996a, Vol. 1: 617 – 622.

[40] Baes C F, Moyer B A. Estimating activity and Osmotic coefficients in $UO_2(NO_3)_2$ – HNO_3 – $NaNO_3$ Mixtures. Solvent Extraction and Ion Exchange, 1988, 6, 675 – 697.

[41] Clegg S L, Rard J A, Pitzer K S. Thermodynamic properties of 9 ~ 6 mol/kg aqueous sulfuric acid from 273.15 to 328.15 K. J Chem Soc Faraday Trans, 1994, 90: 1875 – 1894.

[42] Moyer B A, Baes C F, Case G N, et al. Equilibrium analysis of aggregation behaviour in the solvent extraction of Cu(II) from sulphuric acid by didodecylnaphthalene sulfonic acid. Sep Sci and Techno, 1993, 28: 81 – 113.

[43] Baes C F, Moyer B A, Case G N, et al. SXLSQA, A computer program for including both complex formation and activity effects in the interpretation of solvent extraction data. Sep Sci & Technol, 1990, 25: 1675.

[44] Klocker H. Multikomponentenstoffaustausch bei der reaktivextraktion im system zinksulfat/di(2 – ethylhexyl) – phosphorsäure. Dissertation, TU Graz, 1996b.

[45] Morais B S, Mansur M B. Characterisation of the reactive test system $ZnSO_4$/D_2 EHPA in n – heptane. Hydrometallurgy, 2004, 74: 11 – 18.

[46] Rao C N R. Chemical Applications of Infrared Spectroscopy. Academic Press, London, UK. 1963.

[47] Asai S, Hatanaka J, Uekawa Y. Liquid – liquid mass transfer in an agitated vessel with a flat interface. Journal of Chemical Engineering of Japan, 1983, 16(6): 463 – 469.

[48] Nitsch W. Transportprozesse und chemische Reaktionen an fluiden Phasengrenzflächen, DECHEMA – Monographie, 1989, 144: 285 – 302.

[49] Altunok M U, Kalem M, Pfennig A. Investigation of mass transfer on single droplets for the reactive extraction of zinc with D_2EHPA. AIChE Journal, 2011,

[50] Cianetti C, Danesi P R. Kinetics and mechanism of the interfacial mass transfer of Zn(II), Co(II) and Ni(II) in the system: Bis(2ethylhexyl) phosphoric acid – n – dodecane – KNO_3 – water. Solv Extr & Ion Exchange, 1983, 1: 9 – 26.

[51] Newman J S. Electrochemical systems. 2nd Ed. Prentice – Hall. Englewood Cliffs, New York. 1991

[52] Wilke C R, Chang P. Correlation of diffusion coefficients in dilute solutions. AIChE J, 1955, 1: 264 – 270.

[53] Reid R C, Prausnitz J M, Poling B E. The properties of gases & liquids, International edition. 4 th Edition. McGraw – Hill, Inc, New York, 1988.

[54] Le Bas G. The molecular volumes of liquid chemical compounds. Longmans, Green, New York, 1915,

[55] Mörters M. Zum stoffübergang in tropfen bei der reaktivextraktion. Shaker Verlag, Aachen, 2001.

[56] Mörters M, Bart, H. – J. Mass transfer into droplets in reactive extraction. Chem Engng & Processing, 2003, 42: 801 – 809.

[57] Zimmermann W, Robl S. Kinetics and equilibrium of the stripping process in the $Zn/D_2EHPA/n$ – heptane system, Diploma Thesis, TU Graz, Austria. 1997.

[58] Corsi C, Gnagnarelli G, Slater M J, et al. A study of the kinetics of zinc stripping for the system $Zn/H_2SO_4/D_2EHPA/n$ – heptane in a Hancil constant interface cell and a rotating disc contactor. Hydrometallurgy, 1998, 50: 125 – 141.

[59] Murthy C V R, Perez de Ortiz E S, Proc. ISEC 1986, Munich, 1986, II: 353 – 360.

第4章　ZINCEX工艺及应用

4.1　概述

20世纪70年代西班牙的Técnicas Reunidas研究开发了一种从黄铁矿烧渣提取锌的新方法，通过两种萃取剂分别从两个循环步骤萃取分离锌，最后电积生产金属锌，该方法称为ZINCEX(或Espindesa)工艺[1]。1976年在西班牙毕尔巴鄂(Bilbao)地区的MQN(Metalquimica Del Nervion)厂得到应用，年产金属锌8000 t。接着，1980年葡萄牙里斯本按照此法兴建了Quimigal厂，用该法从含锌氯化物浸出液中回收锌，设计能力为年产11.5 kt电锌[2,3]。

4.2　工艺介绍

西班牙的MQN厂与Quimigal厂均从黄铁矿烧渣浸出液中提取锌，其原则工艺流程相似，如图4-1所示[2,3]。

Zincex工艺利用两步萃取，第一个循环利用阴离子萃取剂；第二个循环利用阳离子萃取剂。浸出液中含有的游离Cl^-不少于1.0 mol/L，足够使Zn^{2+}形成阴离子$ZnCl_4^{2-}$而被仲胺(Amberlite LA2)萃取：

$$\overline{2R_2NHHCl} + ZnCl_4^{2-} \rightleftharpoons \overline{(R_2NH_2)_2ZnCl_4} + 2Cl^- \qquad (4-1)$$

其他能与Cl^-形成配合物的金属离子也有少量进入$ZnCl_2$反萃液中，主要是Cu^{2+}、Cd^{2+}与Fe^{3+}。有机相中的Zn^{2+}用水反萃形成$ZnCl_2$溶液：

$$\overline{(R_2NH_2)_2ZnCl_4} \rightleftharpoons \overline{2R_2NHHCl} + Zn^{2+} + 2Cl^- \qquad (4-2)$$

第二步从$ZnCl_2$溶液中萃取Zn^{2+}，采用D_2EHPA为萃取剂、煤油为稀释剂。准确控制溶液pH使Zn^{2+}被萃取，而杂质元素残存在萃余液中。负载有机相用硫酸溶液(通常是废电解液)反萃，得到的$ZnSO_4$溶液在传统的电锌厂电沉积金属锌。

由于只有Zn^{2+}被反萃，而Fe^{3+}在萃取剂D_2EHPA有机相中富集。为了避免Fe^{3+}的富集，需要不断排出部分反萃Zn^{2+}后的有机相D_2EHPA，用浓盐酸脱除Fe^{3+}，再生后的D_2EHPA萃取剂返回萃取。为了节约成本和再生盐酸返回使用，含Fe^{3+}的盐酸液用仲胺萃取Fe^{3+}再与水反萃$FeCl_3$，并相应地补充由$FeCl_3$带走的盐酸量，这个反应与第一个循环的萃取反应原理一样。

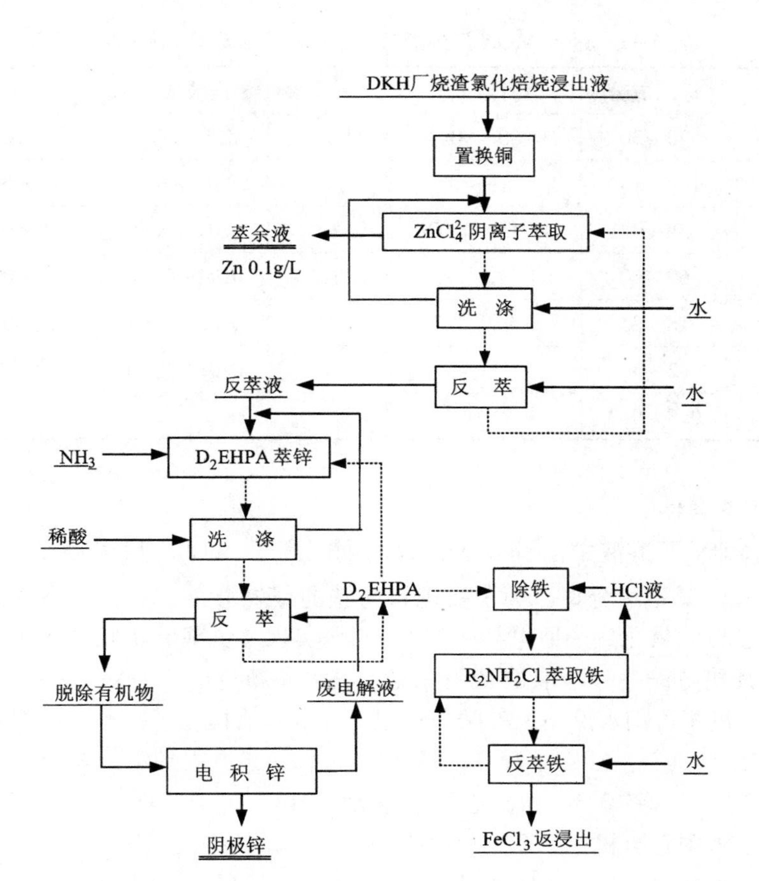

图4-1 ZINCEX的原则工艺流程图[2]

4.3 MQN厂

4.3.1 原料

黄铁矿成分(%)：Cu 0.6、Zn 2.0、Pb 0.8，采用DKH工艺在床式反射炉中经过非挥发性氯化焙烧，再渗滤浸出得到含Zn^{2+}溶液，再用铁屑置换得到海绵铜，进入MQN厂的含锌溶液量为40 m^3/h，温度45~55℃；溶液中游离Cl^-浓度为1.2~2.0 mol/L，其化学成分见表4-1。

表4-1 进入MQN厂的溶液成分和电解液成分/(g·L⁻¹)

元素	进液成分	电解液成分	元素	进液成分	电解液成分
Zn^{2+}	20~30	80~90	Pb^{2+}	0.13~0.5	<0.001
SO_4^{2-}	120~155	—	Co^{2+}	0.15~0.5	<0.001
Cl^-	70~100	0.015~0.020	As^{3+}	0.04~0.10	<0.001
Na^+	60~90	—	Cu^{2+}	0.04~0.10	<0.001
$Fe^{3+}+Fe^{2+}$	18~25	0.022	Cd^{2+}	0.05~0.07	<0.001
Mg^{2+}	2~3	—	Ni^{2+}	0.01~0.03	<0.001
Mn^{2+}	0.5~0.9	—			

4.3.2 工艺条件

进入MQN厂溶液中的锌以氯化锌的配阴离子$ZnCl_4^{2-}$形态存在，采用仲胺Amberlite LA-2萃取分离。为了实现锌与铁的很好分离，萃取前液中Fe^{3+}的浓度可以通过控制氧化-还原电位<300 mV来实现。负载有机相先用酸性水洗涤机械夹杂其他与锌一起萃取的杂质元素，洗水和新进的含锌液合并进入萃取工序；负载有机相再用水反萃。仲胺萃取过程中，只有能与Cl^-形成配合物的金属离子，主要是Cu^{2+}、Cd^{2+}与Fe^{3+}，部分与Zn^{2+}一起进入到第二步萃取。第一循环萃取的萃余液含锌0.1 g/L，夹带有机相0.013~0.015 g/L，锌的萃取率大于99%。反萃液中含有机相0.025~0.030 g/L。

第二个循环萃取用D_2EHPA为萃取剂、煤油为稀释剂萃取Zn^{2+}，为了尽可能地萃取Zn^{2+}，同时防止其他有害杂质元素Cu^{2+}、Cd^{2+}被萃取，萃取过程加氨水维持pH 2.2~2.8，Zn^{2+}的萃取率约98%，萃余液中含有机相0.010~0.012 g/L。负载有机相用稀硫酸洗涤除去夹带料液带进的氯化物离子；然后负载有机相用电解锌厂的废电解液反萃，获得的电解液含锌80~90 g/L，其杂质元素含量见表4-1。反萃液含有机物0.015~0.030 g/L，经过澄清与活性炭吸附处理，夹带的有机物含量为0.001~0.002 g/L。

活性炭吸附设备为内径2.0 m、高1.3 m的活性炭床，一反洗装置与活性炭设备相连。活性炭为西班牙市场最便宜的活性炭，型号为CECA产的Acticarbone BGP-8/16，粒径0.2~3.0 mm，比表面积750 m^2/g(BET)，使电解液中的有机相从0.020 g/L降低到0.001 g/L。依据活性炭对有机相的饱和吸附容量设计除油的操作周期为15天，然而在实际生产中达到45天。这是由于65%~70%的有机相聚结在活性炭柱的上部，形成一有机物层，每次反洗时这层有机物与活性炭中电解液一起返回第一次萃取的反萃后液混合澄清槽中。这样，电解液中夹带的有机物 66% 通过聚结脱除得到回收，而剩余的被活性炭吸附，活性炭操作周期延长 2 倍。活性炭处理电解液的成本为 $ 1.5/t 金属锌。

4.3.3 技术经济指标

得到的电解液用含 Ag 0.8% 的铅阳极和纯铝阴极电积，可以获得 99.99% 的电锌。生产 1 t 锌的原材料与动力消耗见表 4－2。

表 4－2 生产 1 t 锌的原材料与动力消耗

原材料或动力	消耗
氨	527 kg
硫酸	215 kg
仲胺	400 g
D_2EHPA	300 g
煤油	10 kg
盐酸	100 kg
水	110 m^3
电能	3500 kW · h
活性炭	1.2 kg
添加剂	100 g

4.4 Quimigal 厂

4.4.1 原料及原则工艺流程介绍

1980 年投产的葡萄牙里斯本的 Quimigal 厂[2,4]处理了两种成分差别很大的浸出液。两种含锌溶液均来自黄铁矿烧渣氯化焙烧浸出液，60% 来自旧厂采用的德国 DKH 非挥发氯化焙烧工艺的浸出液；其余为来自新厂采用的日本 Kowa－Seiko 氯化挥发工艺的浸出液，它们的组成见表 4－3。

表 4－3 Quimigal 厂的含锌浸出液/($g \cdot L^{-1}$)

元素	DKH 液	Kowa－Seiko 液
Zn^{2+}	60	20
SO_4^{2-}	38	—
Cl^-	130	80

续表 4 - 3

元素	DKH 液	Kowa - Seiko 液
Na^{+}	44	—
Ca^{2+}	—	32
Fe_T	15.3	0.1
Fe^{2+}	14.9	—
Cu	0.18	—
Cd	0.12	—
Co	0.20	<0.05
Pb	0.18	—
Mn	0.70	—
Ni^{2+}	0.006	—
As + Sb	0.05	—
pH	0.3	3.5

DKH 工艺产出的浸出液与西班牙的 MQN 厂的成分相似，来自 Kowa - Seiko 工艺的溶液与它有以下区别：①更纯，尤其是重金属离子的含量更低；②高 Ca^{2+} 含量；③溶液中没有 SO_4^{2+}；Cl^- 需要回收返回到 Kowa - Seiko 氯化挥发厂。

因此，Quimigal 厂采用两条工艺线路回收锌，其流程见图 4 - 2。

Quimigal 厂 DKH 工艺浸出液采用与 MQN 厂类似的工艺回收锌，利用 Zincex 工艺中的两个循环萃取，第一个循环利用阴离子萃取剂萃取氯化锌；第二个循环采用萃取剂 D_2EHPA 从稀氯化锌溶液中萃取 Zn^{2+}。Kowa - Seiko 工艺产的浸出液不需要第一个循环的阴离子萃取剂萃取氯化锌，直接采用 D_2EHPA 从溶液中萃取 Zn^{2+}。两者的反萃液进入常规电积锌系统。Kowa - Seiko 工艺生产的浸出液的萃余液，调整 pH 后，至需要足够高的 $CaCl_2$ 浓度，返回黄铁矿烧渣氯化挥发工艺造粒工序。

4.4.2 DKH 液回收锌工艺条件

Quimigal 厂 DKH 工艺浸出液的第一个循环采用阴离子萃取回收锌，分三个工序：萃取、洗涤与反萃。溶液的 Cl^- 浓度足以使 Zn^{2+} 呈 $ZnCl_4^{2-}$ 配合物的形式存在，阴离子萃取剂为仲胺，即 Amberlite LA - 2，溶液与萃取剂逆流操作，控制萃取过程 O/A = 8∶1，萃取等温线(麦凯布 - 西耳图)见图 4 - 3。图 4 - 3 表明经过 4 级萃取，锌的萃取率可以≥99%。

负载锌的有机相进入洗涤工序，用电解液冲稀后的酸性溶液逆流洗涤，控制

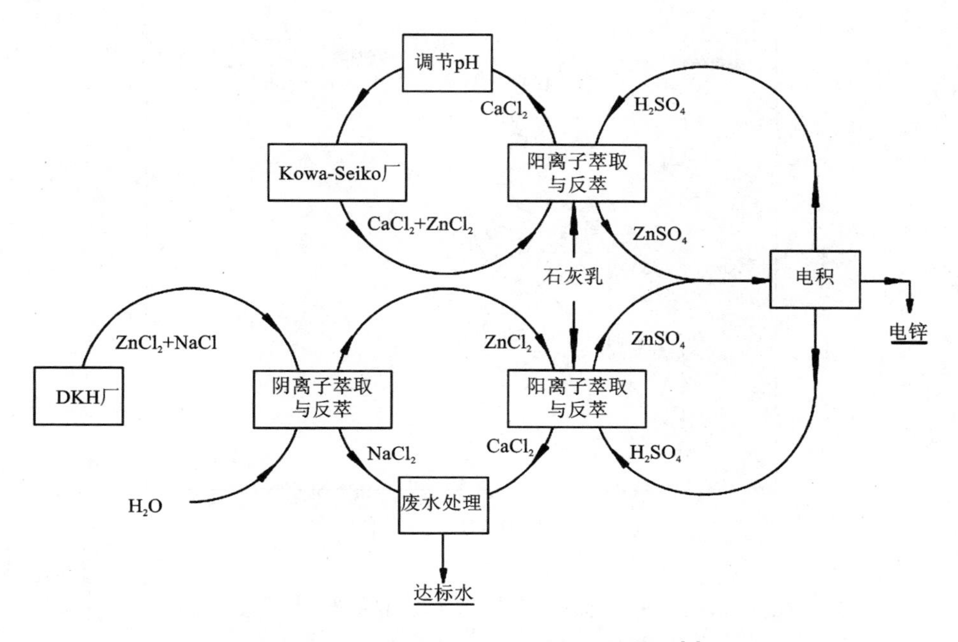

图 4－2　Quimigal 厂的原则工艺流程图[2]

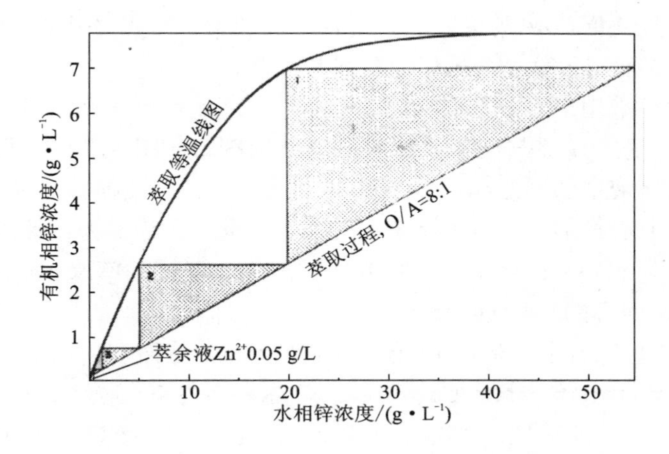

图 4－3　阴离子萃锌的麦凯布－西耳图[4]

O/A＝30∶1；洗水进入萃取工序。洗涤有机相进入反萃工序，控制 O/A＝3.4∶1，逆流反萃，洗涤与反萃等温线见图 4－4。

图 4－4 表明需要采用 3 级洗涤，4 级反萃才能完全反萃负载有机相中的锌。

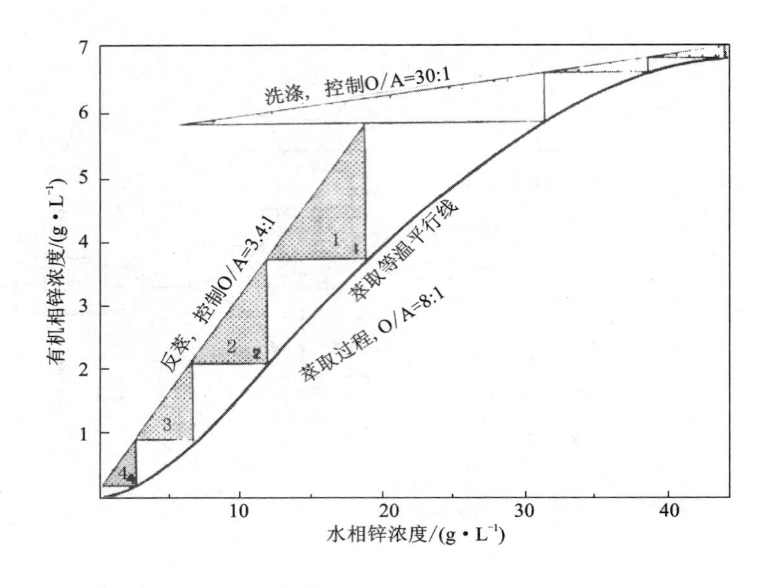

图4－4　负载锌的阴离子反萃的等温线图[4]

反萃锌后的有机相进入萃取工序，实现了有机相的闭路循环。反萃后的 $ZnCl_2$ 溶液含约20 g/L Zn^{2+} 和几毫克每升的 Fe、Cu 和 Cd。反萃液在一个单一的混合－澄清槽中用煤油洗涤回收仲胺萃取剂，然后进入到第二个循环中的阳离子萃取工序；洗涤仲胺煤油用于第一个循环稀释剂的补充。

第二个循环采用阳离子萃取从第一个循环反萃的稀氯化锌溶液中回收锌，也分三个工序：萃取、洗涤与反萃。萃取采用萃取剂 D_2EHPA，阳离子萃取剂萃取锌强烈依赖于溶液中的平衡 pH。由于萃取过程通过离子交换萃取锌，产生酸，因此萃取过程中有必要加入可行的碱来中和产生的酸。因为经济的原因，采用石灰乳控制萃取平衡 pH 在2.4～2.6。控制 O/A＝2∶1，不同的萃取 pH 下的萃取等温线图(麦凯布－西耳图)见图4－5。

从图4－5可以看出，提高 pH 有利于锌的萃取，然而 pH 应该控制≤2.8，因为高于此 pH，D_2EHPA 会萃取 Cu、Cd 等。在这些条件下，通过2级萃取，锌的萃取率≥98%。第一级萃取不加碱，使萃取母液的 pH 为1.6，显著地降低了 D_2EHPA 在废液中的溶解度至可以忽略的水平。

负载有机相进入洗涤步骤，采用含 H_2SO_4 1 g/L 的稀硫酸，控制 O/A＝12∶1，逆流洗涤氯离子。洗水返回萃取工序：有机相进入反萃工序，用废电解液逆流反萃，控制 O/A＝4∶1，得到的反萃液含 Zn^{2+} 85～90 g/L、游离 H_2SO_4 90～100 g/L。反萃后得到的新液通过活性炭吸附除油至溶液中有机物含量≤1 mg/L。

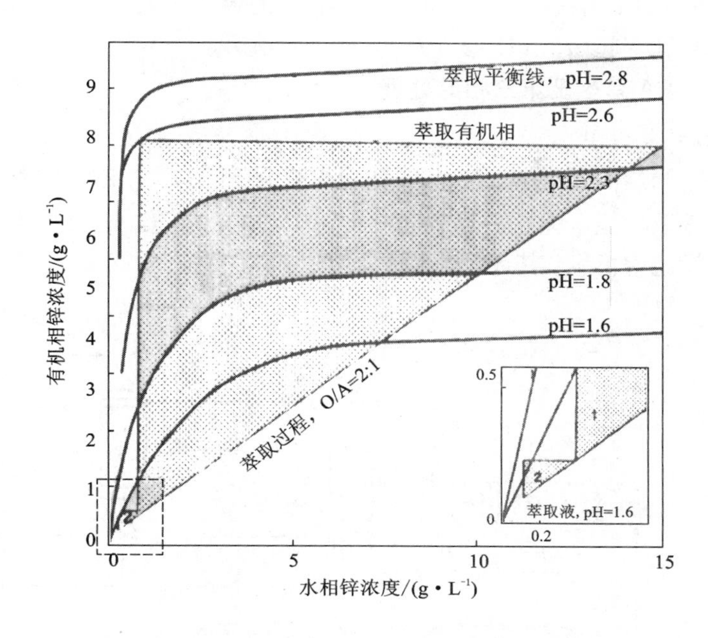

图 4－5　麦凯布－西耳图解[4]

4.4.3　Kowa－Seiko 液回收锌工艺条件

Kowa－Seiko 液萃取回收锌的方法，除了溶液中 Ca^{2+} 与萃余液 $CaCl_2$ 含量高外，其余类似于 DKH 液回收锌时第二个循环中的阳离子萃取锌的步骤。由于萃取平衡水相中 Ca^{2+} 含量高，不可避免地引起 D_2EHPA 共萃取 Ca^{2+} 。为了避免锌电解液中 $CaSO_4$ 的形成，要求进入反萃前的负载有机相的 Ca^{2+} 浓度≤1 mg/L。为了在反萃前从负载有机相中脱除 Ca^{2+}，在萃取后需另加几步洗涤。

①萃取有机相与 Kowa－Seiko 液逆流萃取，利用溶液中不同的 Zn/Ca 比，这种同离子效应，使有机相中的 Ca^{2+} 浓度比之前降低约 1/10。有机相中 Ca^{2+} 与水相中 Zn^{2+} 的交换动力学与搅拌速度及萃取剂的饱和度有关。

②萃取后的负载有机相先用稀盐酸洗涤，稀盐酸来源于有机相再生开路的盐酸。稀盐酸选择性的洗涤 Ca^{2+}，使有机相中的 Ca^{2+} 浓度降低为之前的 1/5，洗涤水进入萃取液。

③稀盐酸洗涤后的负载锌的有机相采用稀 H_2SO_4 三段逆流洗涤。通过以上洗涤，有机相中的 Ca^{2+} 浓度可以≤1 mg/L。这个稀硫酸洗水进入 DKH 液的萃取步骤。这是为了避免稀释萃取废液，因为萃余液需要返回 Kowa－Seiko 厂。

④萃余液的处理，用石灰乳调节 pH 至 8～8.5，用浓密机分离沉淀，浓密机

上清为清亮的 $CaCl_2$ 溶液，送入 Kowa - Seiko 厂的氯化挥发工序。底流送往 DKH 液处理和石灰乳一起用于 pH 调节。

4.4.4 D_2EHPA 再生及第三相的处理

(1) D_2EHPA 再生

由于电积锌后的废电解液不能从 D_2EHPA 中反萃 Fe^{3+}，Fe^{3+} 在 D_2EHPA 中富集会影响其萃取性能。为了避免 Fe^{3+} 在 D_2EHPA 中的富集，连续抽出部分反萃有机相在辅助设施中再生，其原则流程见图 4-6。

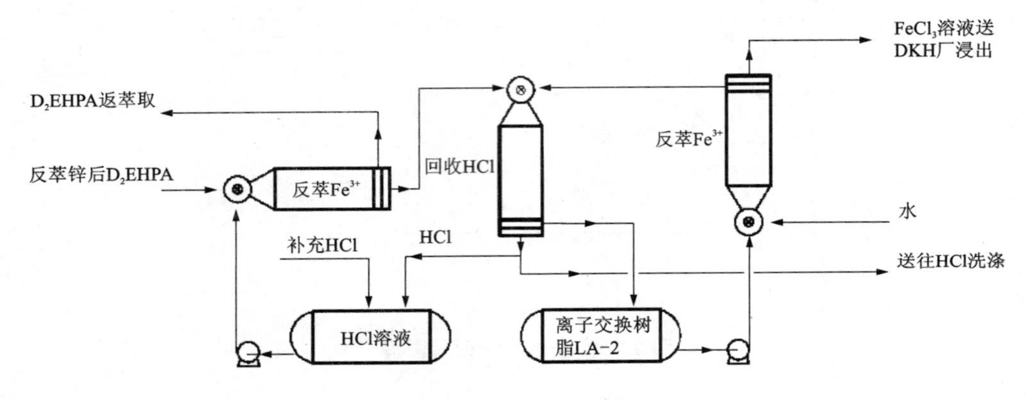

图 4-6 从 D_2EHPA 中除铁辅助设备[4]

开路的萃取剂用盐酸除铁，之后再生的有机相返回阳离子萃取环路；为了获得较高的铁的脱除率，控制 HCl 浓度 4 ~ 6 mol/L。如果将这种含 $FeCl_3$ 的高浓度盐酸丢弃，那么这个盐酸的消耗量将是很高的；为了节约并使盐酸返回再生，常用叔胺从盐酸溶液中萃取铁，再用水反萃有机相的 $FeCl_3$ 溶液。为了保持萃取铁后盐酸中的 HCl 浓度，需要加入 33% 的浓盐酸；为了维持盐酸的体积，加入浓盐酸前需要取出相应体积的稀盐酸溶液。这种稀盐酸稀释至 1 mol/L，再用于 Kowa - Seiko 液回收的负载有机相的第一级洗涤脱除 Ca^{2+}。这种含有 $ZnCl_2$ 的 $FeCl_3$ 洗涤液返回用于 DKH 厂或 Kowa - Seiko 厂的浸出工序。

(2) 第三相的处理

在阳离子萃取步骤，为了防止部分区域 pH 过高引起 Zn^{2+} 水解沉淀，用石灰乳调节溶液 pH，其实际使用效率应该≥99%。在 pH 调节过程中，为了达到石灰乳的高效利用，需要采用一系列混合槽来提高停留时间。70% ~ 80% 的石灰乳通过控制流速加入到第一级混合槽，其余通过 pH 控制加入到第三级混合槽。

然而，工业石灰不是纯化合物，含各种不溶解的杂质，如硅酸盐、碳酸钙等。虽然这些杂质含量最多占 2%，但在萃取阶段的澄清室中积累；这些积累的固体第三相需要定期从澄清室中清除，其平均频率为满负荷生产条件下，每 8 周清除 1 次。这些固体第三相处理的原则流程见图 4 – 7。

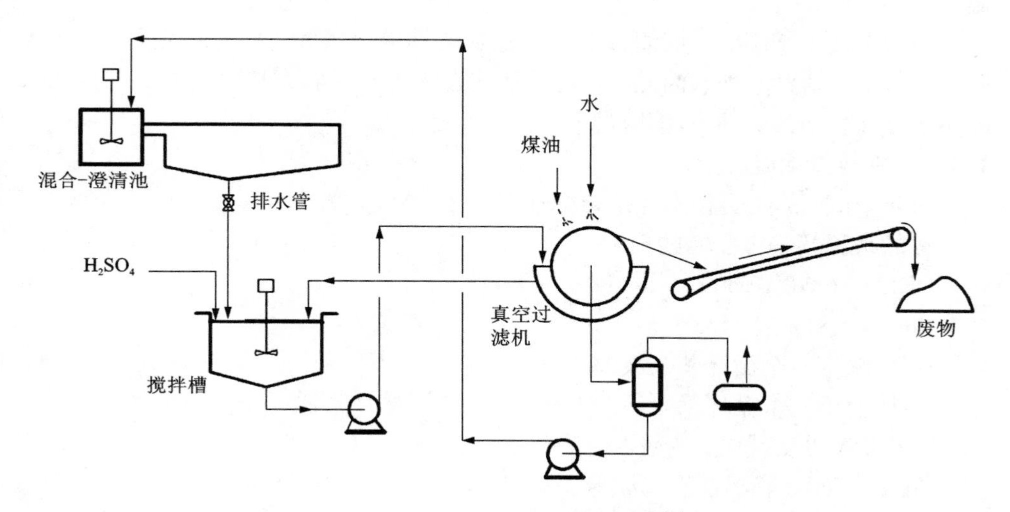

图 4 – 7　第三相处理的原则流程[4]

第三相引入一个搅拌槽，加硫酸酸化。当溶液 pH 约 1.5 时，渣进入真空鼓式过滤机过滤，过滤后两段洗涤：第一段用煤油洗涤，其用量控制在萃取过程中消耗的总煤油量范围内；第二段采用自来水洗涤，过滤后水相返回萃取液中。第三相理的典型结果见表 4 – 4。

表 4 – 4　第三相处理的典型结果/($kg \cdot t^{-1}$ Zn)

组成	第三相泥浆	滤饼
有机相	5.7	3.8
水相	75.0	9.0
固相	9.5	9.5
D_2EHPA	0.644	0.091

4.4.5　电积锌

锌电积采用常规设备，75 个内衬 PVC 的水泥电解槽按 5 排，每排 15 个电解槽布置。每个槽长 3.0 m × 宽 0.9 m × 高 1.4 m，内衬厚 3 mm，每个电解槽内放置 39 片阳极、38 片阴极。阳极为含 Ag 0.75% 的铅合金，阴极为 1100 m × 600 m × 6 mm 的铝片，有效面积为 1.1 m^2/块，整流器 2 台。阴极电流密度 400 A/m^2，剥锌制度为 24 h。与常规的锌冶炼比，Quimigal 厂有以下特点：①反萃后液含有 D_2EHPA - 煤油有机相；②溶液没有被 $CaSO_4$ 饱和；③溶液不含 Mn 与 Mg；④溶液温度常温(30℃)。

溶液中的 D_2EHPA - 煤油有机相严重影响锌的电沉积，使锌片变脆、容易粘附在铝板上，剥离困难。因此，需要反萃液先除去有机物，其除去方式与“4.3.2 MQN 厂介绍”中的除油方法相同。

4.4.6 主要技术经济指标

Quimigal 厂的主要技术经济指标如下。

锌的来源及各工序锌的损失：

DKH 液 6870 t/a；

Kowa - Seiko 液 4433 t/a；

DKH 液第一个循环萃余液 66 t/a；

DKH 液第二个循环萃余液 181 t/a；

D_2EHPA 再生损失 8 t/a；

Kowa - Seiko 液萃余液沉淀损失 66 t/a；

电积与熔铸 18 t/a；

锌板 11000 t/a；

锌的总回收率 97.3%。

电锌产品质量为 99.99%，含杂质 Pb 0.0065%、Fe 0.0016、Cd 0.0001、Cu 0.0014、Sn 未检测到。生产 1 t 锌的原材料与动力消耗见表 4 - 5[4]。

ZINCEX 工艺的最大缺点在于采用仲胺 Amberlite LA - 2 与 D_2EHPA 两段萃取分离 Zn^{2+}，工艺复杂；此外溶液中残存的萃取剂可以发生反应，互相影响。

表 4 - 5　生产 1 t 锌的原材料与动力消耗

原材料或动力	消耗
硫酸(96%)	215 kg
石灰乳(95%)	830 kg
盐酸(33%)	100 kg
仲胺	0.1 kg
D_2EHPA	0.5 kg
煤油	20 kg
阿拉伯胶	0.1 kg
碳酸锶	2.0 kg

续表4-5

原材料或动力	消耗
活性炭	1.5 kg
自来水	65 m^3
软水	21 m^3
电能	3560 kW · h

参考文献

[1] Nogueira E D, Regife J M. Process for recovery of zinc from solutions that contain it as a result of extraction with solvents for their adaptation to electrolysis. US 3923976, 1975-12-2.

[2] Nogueira E D, Regife J M, Blythe P M. Zincex - the development of a secondary zinc process. Chemistry and Industry, 1980, (2): 63-67.

[3] Nogueira E D, Regife J M, Arcocha A M. Winning zinc through solvent extraction and electrowinning. Engineering and Mining Journal. 1979, (X): 92-94.

[4] Nogueira E D, Regife J M. Design features and operating experience of the Quimigal zincex plant. Chloride Electrometallurgy, Parker P D(Editor), 111 th AIME Annual Meeting, Dallas, Texas, 1982: 59-76.

第5章 METSEP工艺及应用

5.1 概述

20世纪下半叶，南非约翰内斯堡(Johannesburg)有很多酸洗和电镀小企业，一些企业采用含16%～18%的盐酸酸洗，酸洗废液还含有HCl 2%。在电镀企业，这些酸洗废液被用于脱除镀锌槽中连续浸镀积累在夹具上的锌，此外酸洗废液还用于退除废弃物上的锌。用酸洗废液退除锌有以下三个优点[1]：①不需要成本；②效率很高，归结于溶液中 $FeCl_2$ 的胶结效应(cementation effect)；③不需要添加处理槽与设备。

过去这些废液(最高含锌可达100 g/L)经中和后将废水排放、废渣丢弃。由于受到环保压力，这些企业被迫寻求新的工艺来回收和再利用这些废液。

1973年底，南非国家冶金研究所(National Institute for Metallurgy, NIM)和Woodall Duckham有限公司联合开发了处理含锌酸洗废液的Metsep工艺[1,2]来处理该厂电镀或热镀锌酸洗废液：采用离子交换柱提取锌、水洗树脂得到稀氯化锌溶液、再通过 D_2EHPA 萃取、硫酸反萃转化、电积工艺生产金属锌[1,2]。脱锌后的溶液在喷雾焙烧炉中高温水解产出FeO、Fe_2O_3 和HCl气；溶剂 D_2EHPA 萃取锌后的萃余液(稀盐酸溶液)用于吸收喷雾焙烧炉中生产的氯化氢气体，再生盐酸。

1991年BHP Minerals International Inc.提出了新的从地热卤水中提取锌的工艺[3]，首先用有机胺类树脂或萃取剂选择性提取锌，负载有机相用水反萃得到 $ZnCl_2$ 溶液；再用有机磷阳离子萃取剂萃取 Zn^{2+}，硫酸反萃、电积得到金属锌。2002年底，美国CalEnergy公司采用该技术在加利福尼亚的帝王谷(Imperial Valley)建成了年产30000 t金属锌的车间。经过数月的运行，由于运行与经济原因，2004年CalEnergy公司关闭并清算了锌回收车间[4]。

5.2 METSEP工艺

5.2.1 从酸洗废液中回收锌工艺流程介绍

采用溶剂萃取分离 Zn^{2+}、Fe^{2+}，由于存在萃取剂的大量损失和萃取剂对喷雾焙烧炉橡胶衬里的影响，而被迫放弃。采用胺类萃取氯化锌，再用 D_2EHPA 萃取锌转化成硫酸锌也不可取，这是由于残存在反萃液中的胺类萃取剂和 D_2EHPA 可能发生反应。因此，Metsep工艺[1,2]采用离子交换柱从含锌废液中提取锌，其原则工艺流程见图5－1。Metsep流程的优点是不产生废物，可以有效地回收含锌废液中的锌和盐酸。但是后来，由于市场变化迫使这个成功运行的工厂关闭。

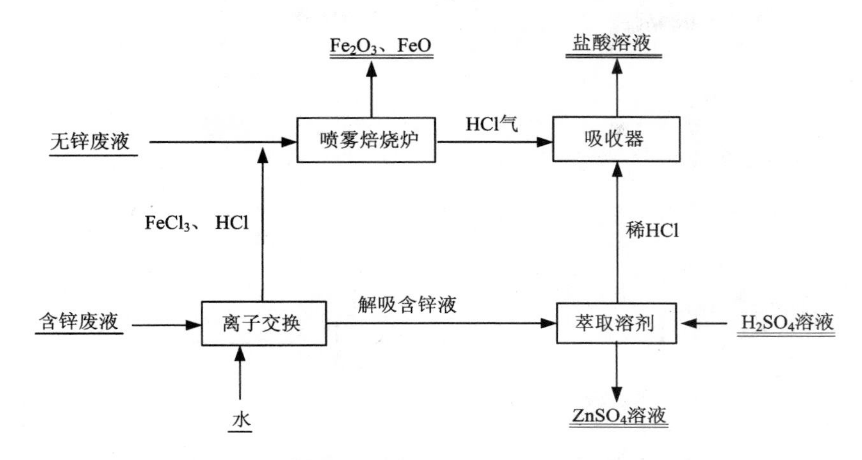

图5－1　从镀锌酸洗废液中萃取法回收锌的Metsep工艺[1,2]

(1)离子交换

树脂的选择性负载：含锌酸洗废液含 $ZnCl_2$ 73 g/L，$FeCl_2$ 230 g/L 和 HCl 30 g/L，溶液中锌主要以配合阴离子 $ZnCl_4^{2-}$ 的形式存在。

同样条件下，Fe^{2+}不能与Cl^-形成配合阴离子，在酸洗废液中 Fe^{2+}也不可能被氧化成 Fe^{3+}。因此，利用阴离子交换树脂可以选择性提取锌，其反应为：

$$2R^+Cl^- + ZnCl_4^{2-} \rightleftharpoons R_2^+ZnCl_4^{2-} + 2Cl^- \qquad (5-1)$$

树脂的洗涤：为了使锌产品满足市场要求，解吸前必须洗涤树脂孔洞中的含铁酸性废液。纯水洗涤会发生式(5－1)的可逆反应，出现锌的解吸，可以采用以下两种技术来解决：① 用足够浓度的稀盐酸来防止逆反应发生；② 返回部分解吸液做洗涤剂。部分负载锌被洗涤进入洗涤液，再返回树脂负载工序。

负载树脂的解吸：用纯水解吸洗涤后不含铁的树脂，溶液中Cl^-浓度减少会引起式(5－1)的可逆反应，得到近乎中性的$ZnCl_2$溶液，树脂以氯化物的形式存在。试验工厂所用的离子交换过程的原则工艺流程如图5－2所示。

(2)溶剂萃取

稀氯化锌溶液用阳离子萃取剂 D_2EHPA＋煤油，转化成可以卖出的$ZnSO_4$溶液。负载有机相用硫酸溶液(通常是废电解液)反萃，萃取和反萃取作业都在多级混合—澄清萃取槽内完成。85%的锌被萃取，剩余的15%的锌在萃余液中用于吸收喷雾焙烧炉产生的HCl气体，生产市场需要的低浓度稀盐酸。

反萃前用水洗涤夹带的Cl^-，洗水返回萃取。有机相用两段逆流反萃，其工艺流程见图5－3。

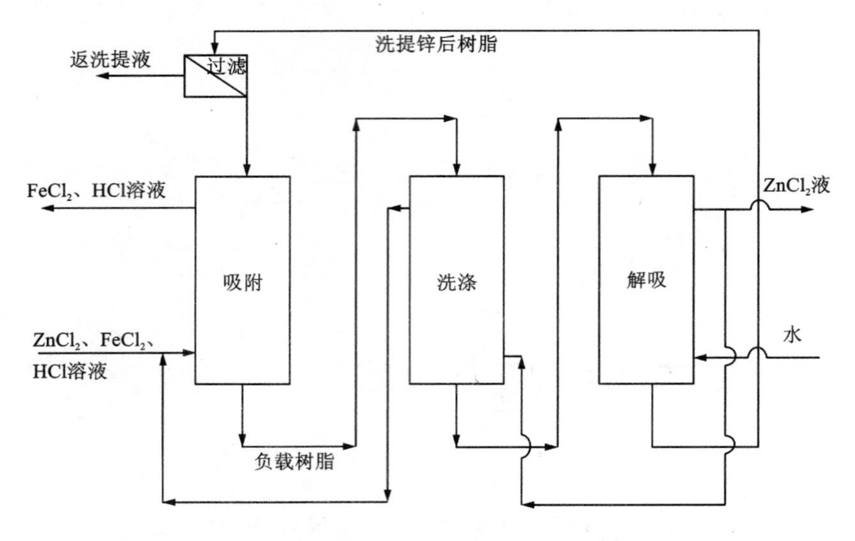

图 5-2　离子交换工厂的工艺流程[2]

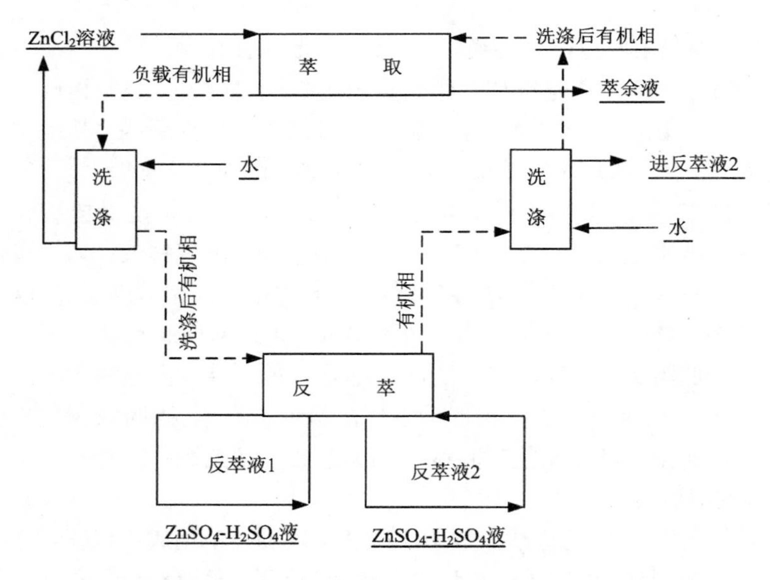

图 5-3　溶剂萃取流程图[2]

反萃溶液循环利用，直到反萃液 1 达到市场需要的锌浓度。反萃液 1 开路后用反萃液 2 代替，同时用新鲜的硫酸代替反萃液 2。

(3)盐酸再生

无锌酸洗废液与离子交换锌后的废液混合，直接进入喷雾焙烧炉，$FeCl_2$和少量的 $FeCl_3$发生分解反应，生成氧化铁与 HCl 气体，反应如下：

$$FeCl_2 + H_2O = 2HCl + FeO \quad (5-2)$$

$$4FeCl_2 + 4H_2O + O_2 = 2Fe_2O_3 + 8HCl \quad (5-3)$$

$$2FeCl_3 + 3H_2O = 6HCl + 2Fe_2O_3 \quad (5-4)$$

这些反应在 500℃ 就可发生，HCl 气体用含稀盐酸的萃余液吸收，得到的浓度 16% ~18% 的盐酸卖给酸洗工厂，得到的氧化铁可以做铁红出售。

5.2.2 离子交换树脂的选择

Fe^{2+} 110 g/L、HCl 30 g/L，不同 Zn^{2+}浓度下，Zn^{2+}在溶液与树脂(强碱性与弱碱性)中的平衡分布如图 5 -4 所示[2]；弱碱性树脂对酸洗废液中锌的提取速度见图 5 -5[2]。

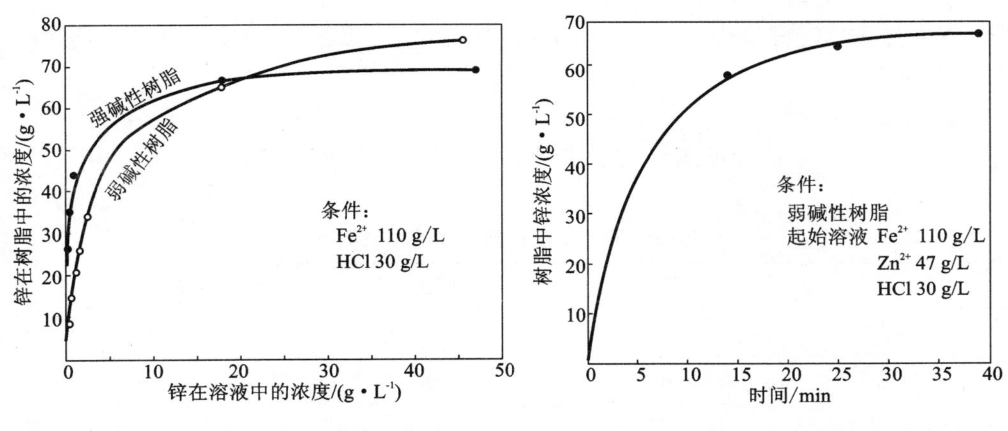

图 5 -4 锌在溶液与树脂中的平衡分布 **图 5 -5 酸洗废液中锌的提取速度**

从图 5 -4、图 5 -5 可以看出，在达到饱和容量时，锌在水相与树脂中的分配比接近 1，这要求在用连续法交换时液相、树脂的流速比几乎为 1∶1，这在工厂设计时会引起许多问题。

对强碱性与弱碱性树脂流态床在各种溶液条件下的交换进行研究，发现没有负载锌的强碱性树脂会浮在酸洗废液上，所以流态床离子交换生产常采用弱碱性树脂，其结果见图 5 -6。

树脂的寿命测试结果表明，强碱性树脂经过 500 次(相当于工业应用 18 个月)负载、解吸，其萃取饱和容量仅减少 3%。

5.2.3 生产实践

南非 Woodall Duckham 有限公司采用离子交换、溶剂萃取、喷雾焙烧从含锌

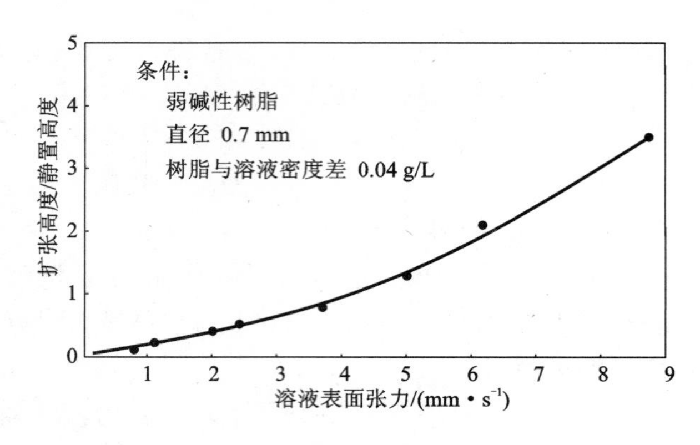

图 5-6 流态法床树脂的扩展特性[2]

酸洗废水中再生稀盐酸、回收硫酸锌和铁红工艺流程见图 5-1。下面对离子交换、溶剂萃取、喷雾焙烧三个工序所采用的设备尺寸和数量、液体流量和溶液成分分别介绍。

(1)离子交换

离子交换原则流程见图 5-2；离子交换设备尺寸与数量见表 5-1。

表 5-1 离子交换设备的尺寸与数量[2]

	负载柱	洗涤柱	解吸柱
高度/m	7.0	7.0	7.0
直径/m	0.84	0.341	0.56
级数	7	4	7

在每个离子交换柱中，通过液体向上流动实现树脂的流态化和获得树脂对含锌液的真正的逆流操作。值得注意的是从解吸锌后进入到负载柱的树脂需要经过过滤，洗水量也要维持到最小量，这是为了避免稀释 $FeCl_2$ 溶液。因为进入喷雾焙烧炉的 $FeCl_2$ 溶液的经济浓度要求大于 10% 。离子交换柱内装有多孔板塔盘，在柱的底部有特殊的塔盘，用于进料关闭后阻止树脂排放出柱体。每个柱体底部有一室用于收集柱内向下流动的树脂，之后树脂再被水压提升到下一个交换柱。

交换柱的操作是周期性的，同时每个交换柱的周期是相同的。在液体向上流动的时间间隔，每个柱进的料液均以稳定的流速泵入，液体流速或大或小地影响树脂在柱内的扩张。停止进液，树脂沉淀在塔盘上。在树脂向下沉淀的间隔，树脂从塔盘传输到另一个塔盘，一些离开柱体底部进入树脂收集器，再通过水压传输到下一交换柱。在树脂下流排放时间间隔与树脂传输时间间隔中有一定的延期时间，用来保证树脂向下流动的时间间隔排放收集的树脂以圆锥曲线形态进入接收器。

操作顺序见表5-2，其操作时间间隔通过一系列的定时器来控制。从表5-2可以看出，由于溶液中的Zn^{2+}浓度高，液体在交换柱中的流动时间相对较短。

表5-2 离子交换厂的定时循环[2]

时间间隔	min	s
树脂沉淀	1	
树脂排放	2	
延期	1	
树脂传输	1	40
液体向上流动	12	

树脂中负载的锌尽可能地维持稳定，同时为了防止锌的损失，含锌废液的流速依据Zn^{2+}浓度而变化，离子交换厂的溶液的平均流速如下：

含锌液：1.3 m^3/h

用于洗涤柱的解吸液：0.4 m^3/h

用于解吸的水：1.5 m^3/h

每个周期的树脂流量：0.13 m^3

离子交换厂的溶液的典型试样成分见表5-3。

表5-3 离子交换厂溶液的典型试样成分/($g\cdot L^{-1}$)[2]

成分	HCl	Fe^{2+}	Zn^{2+}
含锌废液	26	95	40
无锌液	22	80	<1
解吸液	2.3	1.5	15
负载后树脂			65~75
洗涤后树脂			55~65
解吸后树脂			0~3

(2)溶剂萃取

溶剂萃取车间设计由 10 级泵浦混合的混合—澄清槽组成，溶剂萃取的原则工艺流程见图 5－3，设备的尺寸如下：

堰高：0.715 m

澄清槽长：5.60 m

溢流槽长：0.25 mm

混合槽体积：1.400 m^3

溶剂萃取厂的溶液的典型流速如下：

进入萃取的解吸液流速：1.23 m^3/h

萃取剂流速：11.10 m^3/h

进入溶剂萃取的 $ZnCl_2$ 解吸液含 Zn^{2+} 15 g/L，可以通过调节进入交换柱的解吸剂的流速来控制 Zn^{2+} 浓度不超过这个值；同时通过控制洗涤液流速来保证解吸液中不含 Fe^{2+} 与游离酸。

反萃包括 5 级：①用去离子水洗涤负载有机相中夹带的 $ZnCl_2$，直到水相中 Cl^- 浓度积累到不足以洗涤负载有机相中的 Cl^-，洗水返回溶剂萃取。②用 30% H_2SO_4 的溶液反萃锌，一池 H_2SO_4 溶液循环利用直至 Zn^{2+} 浓度达到90 g/L；③用 20% H_2SO_4 的溶液脱除有机相中残存的微量锌；④用去离子水 2 级洗涤有机相中残存的硫酸。溶剂萃取厂的溶液的典型试样成分见表 5－4。

表 5－4　溶剂萃取厂的典型试样成分/($g \cdot L^{-1}$)[2]

成分	HCl	Fe^{2+}	Zn^{2+}	H_2SO_4	Cl^-
离子交换的解吸液	1.3	1.5	15	—	—
萃余液	15.5	1.5	2.3	—	—
$ZnSO_4$ 产品	—	—	95.0	300	0.0045
第一阶段洗液	—		0.01	5	—
第二阶段洗液	—	—	微量	微量	—
第一次洗涤有机相	—	—	0.8	—	—
第二次洗涤有机相	—	—	微量	微量	—

(3)喷雾焙烧

喷雾焙烧炉的直径5.2 m，HCl 气体吸收塔直径 1.0 m。回收操作设计在反应器中心，可使酸洗废液与燃料燃烧产生的热气流紧密接触。酸洗废液通过反应器顶部的多个喷嘴喷入，料液被分散成很多小液滴。这些小液滴与底部上升的热气形成了巨大的接触面积。在反应器的顶部，液滴中的水与盐酸挥发，形成 $FeCl_2$ 的空心球。$FeCl_2$在反应器的中部与底部与热气接触转化成固体氧化铁与HCl气体。大量氧化铁沉到反应器的底部并通过气体输送系统提升到氧化铁破碎机。反应器中生成的氧化铁约10%随气体从反应器顶部离开，可以通过一个旋风分离器回收氧化铁。进入吸收塔的气体用萃余液吸收，吸收塔排出的盐酸浓度为16%～18%。喷雾焙烧料液、产品的平均速度如下：

进液(酸洗废液)：1.8 m^3/h

再生酸：1.44 m^3/h

氧化铁：0.2 t/h

喷雾焙烧的典型试样成分见表5－5。

表5－5 喷雾焙烧的典型试样成分/($g \cdot L^{-1}$)[2]

成分	HCl	Fe^{2+}	Zn^{2+}	Cl^0
进液	24	85	<1	—
回收酸	16%～18%	10	<3	—

离子交换车间的设备材质：容器、槽罐与柱体均用低碳钢内衬橡胶构成，塔盘用硬PVC制作，管道用高密聚乙烯(PE)，泵用Keebush或聚丙烯(PP)材质。

喷雾焙烧车间用的是Woodall－Duckham喷雾焙烧炉，主要由钛、Keebush、耐酸砖和橡胶内衬组成。在低温作业的管道采用高密PE，热作业的管道采用PP。

5.3 从地热卤水中提取锌

对于从地热卤水中回收金属，研究人员最开始试图通过石灰沉淀的方法分离金属离子；Bartlett R W等人[5]还尝试了采用硫化沉淀法从高盐分地热卤水中选择性沉淀重金属。专利(U.S.P. 4624704)[6]提出用胺类有机溶剂与含金属离子的卤水接触，Zn^{2+}形成锌－胺化合物进入有机相，然后用水反萃Zn^{2+}得到$ZnCl_2$溶液，再电解回收金属锌。该技术存在以下缺点：反萃液Zn^{2+}浓度低，反萃与分相时间长，分别需要5 min和15 min。针对专利(U.S.P. 4624704)的缺点，美国专利(U.S.P. 5358700)[7]提出采用氨性$CaCl_2$溶液反萃锌－胺有机相，可以得到含Zn^{2+} 10～50 g/L的反萃液，含Zn^{2+}量仍然较低。美国专利(U.S.P. 5229003)[8]提出采用离子交换、溶剂萃取两段提取锌。

5.3.1 化学基础与工艺选择

帝王谷地热卤水的主要化学成分如表5－6[9]所示。

表 5-6 帝王谷地热卤水的主要化学成分/($mg \cdot L^{-1}$)

元素	Zn	Ag	Pb	Li	B	As	Ba	Mn	Mg
含量	1159	2.64	652	327	282	1.5	2620	1280	400
元素	Fe	Ca	K	Na	Al	Si	Cl	总计	pH
含量	4260	23700	12450	65500	4.2	510	131000	220000	5.1

从表 5-6 可以看出，帝王谷地热卤水中溶解的无机物总计 220.0 g/L，主要包括 Na、K、Ca 的氯化物。地热卤水化学成分相当复杂，尤其是帝王谷卤水，Cl^- 浓度可以达到 6 mol/L(或 200 g/L)。各种氯化物的稳定形态受以下一系列因素控制，如：温度、Cl^- 浓度、溶液离子强度、pH 等。已有很多文献报道过实验确定 $ZnCl_2$ 的稳定性的方法，除 J. J. C. Janse 外都局限于常温或低离子浓度。J. J. C. Janse 对[10]贱金属氯化物的稳定性进行了很好研究，$Zn^{2+}-Cl^-$、$Pb^{2+}-Cl^-$ 配合物在 25℃和 100℃下的分配见表 5-7；常温下，锌物种在 NaCl 溶液中的分配见图 5-7[10]。

Zn^{2+}、Pb^{2+} 与 Cl^- 形成的配合物可以用 $MeCl_{n2-n}$($n \leqslant 4$)来表示，帝王谷地热卤水温度 270℃、含 Zn^{2+} 0.02 mol/L，表 5-7 说明锌绝大部分以 $ZnCl_4^{2-}$ 配合物的形式存在。

表 5-7 $Zn^{2+}-Cl^-$、$Pb^{2+}-Cl^-$ 配合物在 25℃和 100℃下的分配[10]/%

$MeCl_n^{2-n}$	Zn 0.05 mol/L		Zn 1.0 mol/L		Pb 0.05 mol/L	
	25℃	100℃	25℃	100℃	25℃	100℃
$n=4$	75	90	30	55	45	70
$n=3$	20	9	30	25	40	25
$n=2$	5	1	20	15	5	5
$n=1$	0	0	10	3	0	0
$n=0$	0	0	10	2	0	0
合计	100	100	100	100	100	100

5.3.2 工艺流程介绍

Duyvesteyn W. P. C.[9]最开始尝试采用胺类萃取氯化锌，再用 D_2EHPA 萃取锌转化成硫酸锌两段溶剂萃取回收锌，由于残存在反萃液中的胺类萃取剂和 D_2EHPA 可能发生反应，因此采用了离子交换、溶剂萃取两段提取锌[8]，其原则工

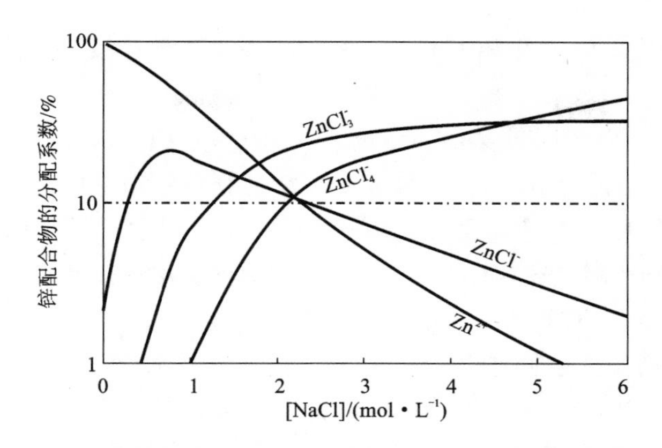

图 5－7　锌物种在 NaCl 溶液中的分配(Zn 1 mol/L, 25℃)

艺流程见图 5－8[10]。

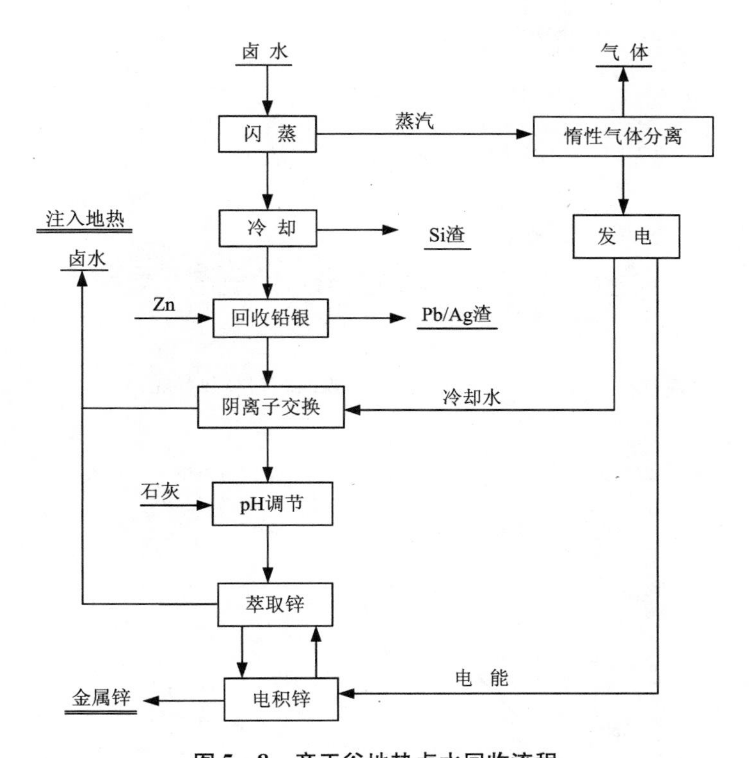

图 5－8　帝王谷地热卤水回收流程

表 5－6 中卤水的成分是不准确的，因为卤水经过闪蒸后体积减小，金属浓度提高为原来的 1.25 倍。还有在离子交换前，用金属锌片置换 Ag^{+}、Pb^{2+}，必然导

致 Ag^+ 、Pb^{2+} 浓度的降低与 Zn^{2+} 浓度的提高，发生的置换反应如下：

$$PbCl_n^{2-n} + Zn =\!=\!= ZnCl_i^{2-i} + Pb + (n-i)Cl^- \quad (5-5)$$

$$2AgCl_j^{1-j} + Zn =\!=\!= ZnCl_i^{2-i} + (2j-i)Cl^- + 2Ag \quad (5-6)$$

置换除 Ag^+ 、Pb^{2+} 的卤水与阴离子交换树脂接触提取其中 Zn^{2+}，用蒸汽发电后的冷凝水解吸得到稀 $ZnCl_2$ 溶液；稀 $ZnCl_2$ 溶液再用阳离子萃取剂 D_2EHPA 萃取，用 Zn^{2+} 0～60 g/L，H_2SO_4 35～125 g/L 的溶液反萃，有机相返回萃取；最后，得到 Zn^{2+} 50～100 g/L 的溶液经电解得到金属锌。

5.3.3 离子交换工艺条件选择

在震荡水槽中震荡 3 h，温度分别为 25℃、60℃ 和 80℃ 时，一些交换树脂在不同 $V_{卤水}/V_{树脂}$ 下，卤水废液中的 Zn^{2+} 浓度分别见图 5－9、图 5－10 与图5－11[8]。

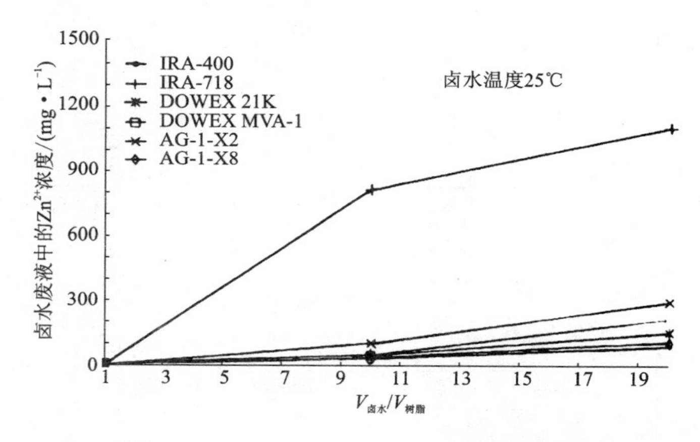

图 5－9　25℃下，一些交换树脂的负载容量

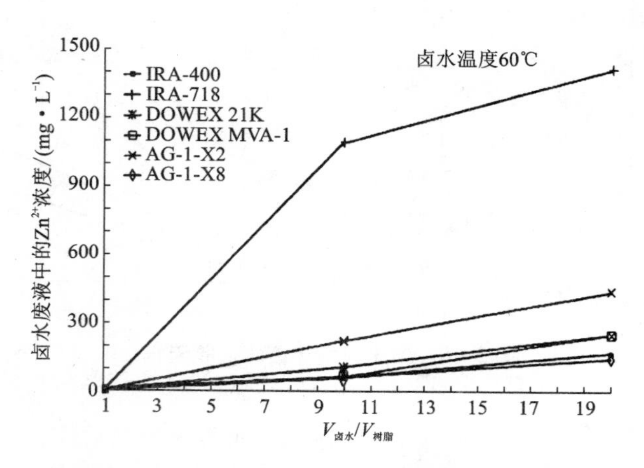

图 5－10　60℃下，一些交换树脂的负载容量

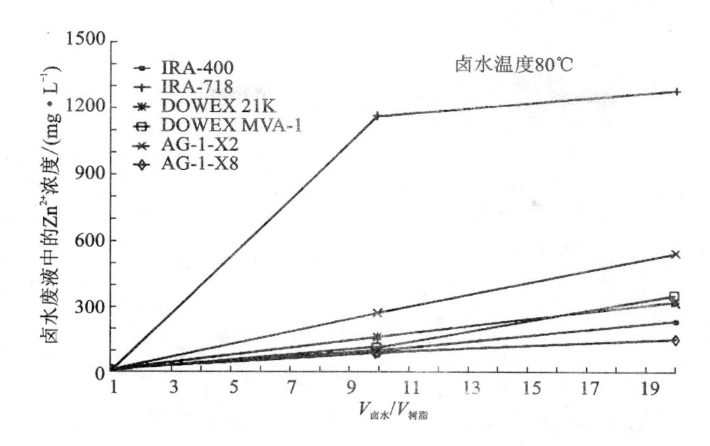

图 5-11 80℃下，一些交换树脂的负载容量

常温下的树脂负载容量试验结果(见图 5-9)表明，除 IRA-718 外，其余树脂可以负载溶液中 85% ~95% 的 Zn^{2+}。60℃的试验结果(见图 5-10)表明，四种树脂，IRA-400、Dowex 21 K、Dowex MWA-1 与 AG-1-X8，不受操作温度的影响；而 AG-1-X2 树脂的负载效率从常温的 93% 降低到 77%。80℃的试验结果(见图 5-11)与 60℃的结果类似，AG-1-X2 树脂的负载效率更进一步降低。Dowex 树脂由苯乙烯-二乙烯苯共聚物构成，其他树脂也有类似构成。这些树脂具有大量可电离或功能化的基团联结在碳氢化合物骨架上。从图 5-9 至图5-11 可以知道，四种吸附性能好的树脂，从地热卤水中负载锌的容量为 3 0 ~32 g/L。

负载树脂用 6 倍床体积的解吸液解吸，在震荡水槽中震荡 1 h，温度分别为 25℃、60℃和 80℃时(分别对应相同温度的负载温度，见图 5-9 ~ 图 5-11)，解吸液中 Zn^{2+} 的浓度变化分别见图 5-12、图 5-13 与图 5-14[8]。

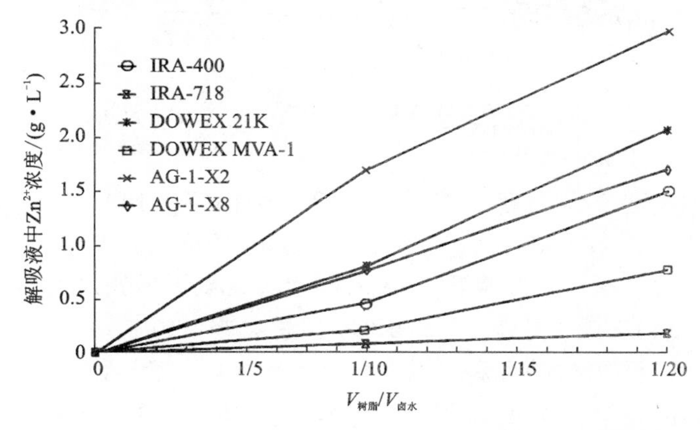

图 5-12 一些交换树脂的解吸特性(25℃和 6 倍床体积的解吸液)

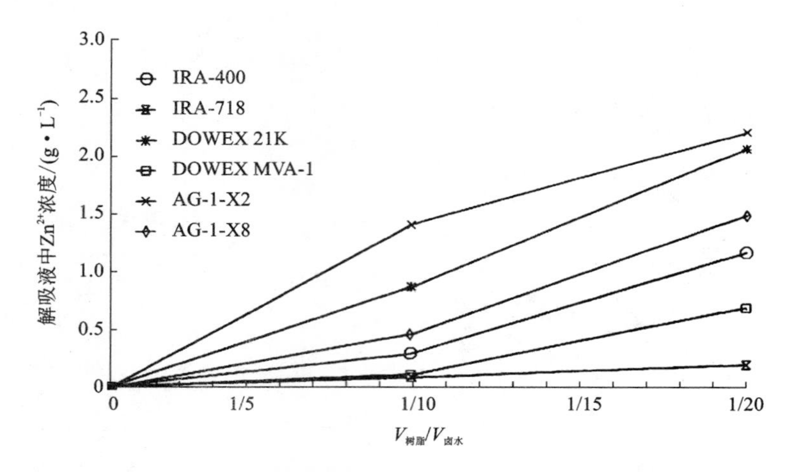

图 5-13　一些交换树脂的解吸特性(60℃和 6 倍床体积的解吸液)[8]

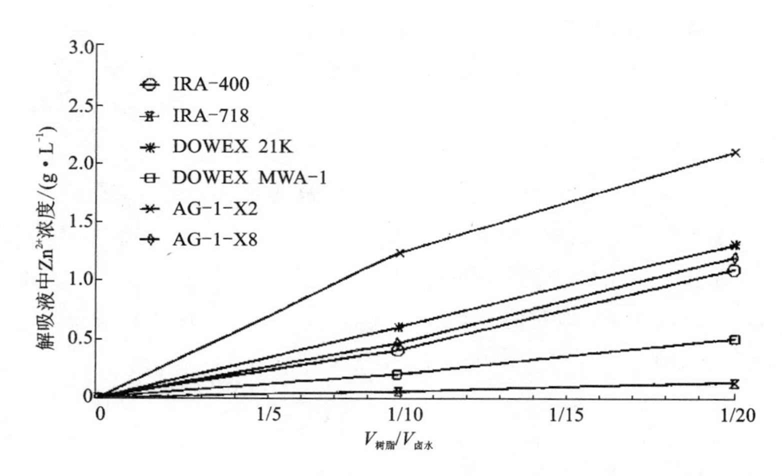

图 5-14　一些交换树脂的解吸特性(80℃和 6 倍床体积的解吸液)[8]

25℃的解吸试验结果(见图 5-12)表明，四种树脂，IRA-400、Dowex 21 K、AG-1-X2 与 AG-1-X8，可以获得合适的 Zn^{2+} 浓度的解吸液，其中树脂 AG-1-X2 的解吸液 Zn^{2+} 浓度最高，3000 mg/L。60℃ 与 80℃ 的试验结果(见图 5-13、图 5-14)表明，得到的图形相似，但解吸液中 Zn^{2+} 浓度降低了 20%。这些结果表明，6 种树脂中有 4 种可以在高温(60～80℃)下，从地热卤水中提取锌。

在用 6 倍床体积的解吸液解吸时，解吸液中 Zn^{2+} 浓度最高可达到 3000 mg/L。浮床试验表明，解吸液中 Zn^{2+} 浓度很容易达到 5 g/L(见图 5-15[8])。

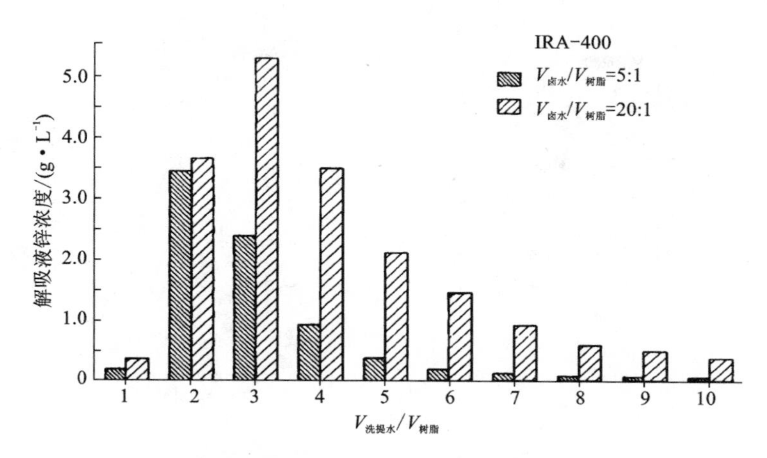

图 5－15　不同水量解吸载锌树脂(IRA 400)的解吸液锌浓度

在 IRA 400 树脂 $V_{树脂}/V_{卤水}$ 为 1/5 和 1/20 时，Zn^{2+} 的负载动力学见图 5－16[8]；$V_{树脂}/V_{卤水}=1/20$，时间对 IRA400 树脂负载锌、溶液锌降低的影响见图5－17[8]。

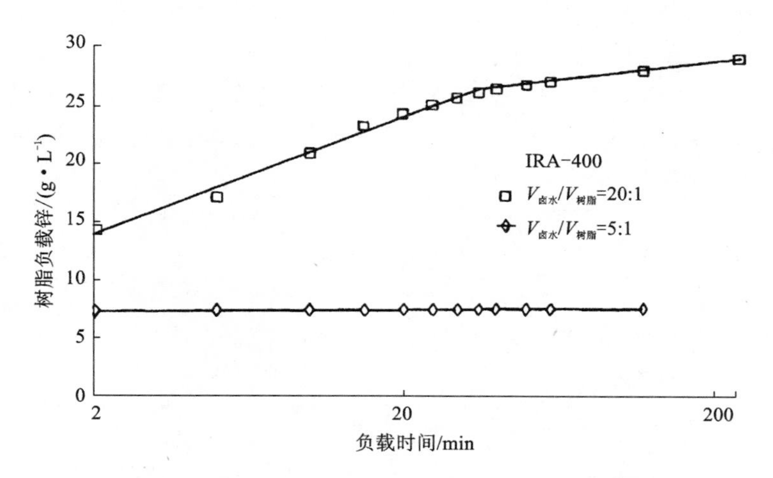

图 5－16　时间对 IRA400 树脂负载锌的影响[8]

5.3.4　工业应用

地热卤水经过发电后，温度降低到 116℃，含 Zn^{2+} 550～600 mg/L，流量为 9000 m^3/h；热卤水采用传统的阴离子交换树脂 DOWEX 21 K XLT[11] 选择性吸附锌，而其余的金属以阳离子残存在溶液中。用水洗涤树脂得到的溶液：Zn 5.5～6.0 g/L，Ca < 40 mg/L，Fe < 5 mg/L，Cu 3 mg/L 和 Cd 5 mg/L，得到的洗液为

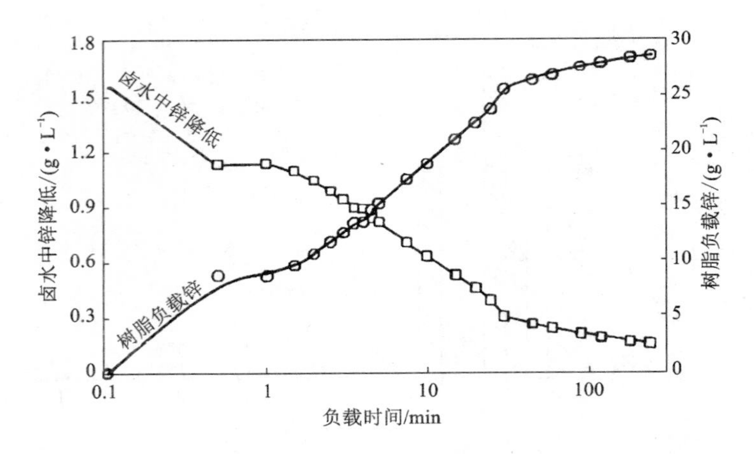

图 5－17　$V_{树脂}/V_{卤水}$ =1∶20，时间对 IRA 400 树脂负载锌、溶液锌降低的影响[8]

850 m^3/h[12]。采用30% D_2EHPA + ORFORM SX－11 为萃取剂，通过4 级萃取，2 级洗涤(O/A =20∶1)与2 级反萃(O/A =5∶1)提取 Zn^{2+}。萃取液的 pH 为4，温度为44℃。萃取液为氯化物介质，而反萃采用适合电沉积的硫酸介质。每个混合器中溶液的停留时间为 2 min，澄清室设计为 5.4 m^3/m^2。

CalEnergy 公司采用该技术在帝王谷建成金属锌车间，仅经过数月的运行，由于运行与经济原因，关闭与清算了锌回收车间，因此没有更详细的相关设备和技术经济指标的文献。

参考文献

[1] Haines A K, Tunley T H, Te Riele W A M, et al. The recovery of zinc from pickle liquors by ion exchange. Journal of the South African Institute of Mining and Metallurgy, 1973, 74(4): 149 －157.

[2] Tunley T H, Kohler P, Sampson T D, et al. The Metsep Process for the separation and recovery of zinc, iron, and hydrochloric acid from spent pickle liquors. Journal of the South African Institute of Mining and Metallurgy, 1976, 77(10): 423 －432.

[3] Featherstone J, Lommen J. The salton sea project: Recovery of zinc from geothermal brines. Presented at ISEC 2002, International Conference on Solvent Extraction, Cape Town, 2002, March 18 －21.

[4] Bloomquist G. Economic benefits of mineral extraction from geothermal brines. Washington State University Extension Program. Retrieved September 21, 2007.

[5] Bartlett R W, McDonald D D, Farley E P. Sulfide precipitation of heavy metals from high salinity geothermal brine. Geothermal Resource Council, Transactions, 1979, 3: 39 －42.

[6] Byeseda J J. Selective recovery of zinc from metal containing brines. US 4624704, 19851002.

[7] Brown P M, Dobson J, Coltrinari E L, et al. Method of extracting zinc from brines. US 5358700, 19921005.

[8] Duyvesteyn W P C. Recovery of base materials from geothermal brines. US 5229003, 19910919.

[9] Duyvesteyn W P C. Recovery of base metals from geothermal brines. Geothermics, 1992, 21(5 -6): 773 -799.

[10] Jansz J J C. Chloride hydrometallurgy for pyritic zinc - lead sulfide ores. PhD Thesis, Delft University of Technology. 1984.

[11] DOWEX resins for separation of zinc from liquid media. http://www.dow.com/liquidseps/prod/pt_zn.htm

[12] Featherstone J, Lommen J. The salton sea project: Recovery of zinc from geothermal brines. Presented at ISEC 2002, International Conference on Solvent Extraction, Cape Town, 2002, March 18 -21.

第6章 MZP工艺及应用

6.1 概述

西班牙的Téchnicas Reunidas(TR)公司开发的Zincex工艺存在多段萃取分离Zn^{2+}工艺复杂的缺点。20世纪90年代，西班牙TR公司在欧洲共同体(EC)研究计划(EC Research Project)项目“从二次物料回收锌(Recuperation of zinc from secondary materials)”的资助下，对Zincex工艺进行了改进，和其他两家欧洲公司一起开发了改进的Zincex工艺(Modified Zincex Process，简称MZP)[1,2]。

MZP法是Zincex法进一步发展和简化的形式，特别适用于处理锌的氧化矿、锌废料和不纯的硫酸盐溶液，MZP法可用于不同的富锌浸出液(PLS)，该方法已经在全世界的四个工厂得到应用[3]：1988年西班牙锌公司(Española del Zinc)将溶剂萃取引入常规炼锌厂流程，建立了从堆存的浸出渣和新浸出渣中回收锌的生产线。1997年在西班牙卡泰罗尼亚(Cataluñia)地区建成的R F Procés厂，采用湿法冶金技术从废电池中回收锌，溶剂萃取采用的MZP工艺是该厂的关键分离技术，反萃得到的高纯$ZnSO_4$溶液，送往西班牙锌公司(Española del Zinc)回收特高级锌。2003年在纳米比亚西南部罗什·皮纳赫(Rosh Pinah)附近的斯科皮昂(Skorpion)锌矿，采用MZP工艺建成了世界上第一座用溶剂萃取—电积(SX—EW)工艺直接从氧化锌矿石中提取金属锌的冶炼厂，设计年产金属锌150 kt。目前，正在日本Lijima的Akita Zinc's refinery(Dowa Metal & Mining)采用MZP工艺建设了从多种ZnO物料中每年回收20 kt高纯度Zn的工厂。下文将介绍MZP法处理湿法炼锌低浓度废液、废锌锰电池、低品位氧化锌矿、钢铁厂瓦斯泥的硫酸浸出液中萃取回收锌的工艺流程。

6.2 工艺介绍

MZP工艺是一个从氧化锌二次物料和氧化锌矿中提取高质量的金属锌的湿法冶金过程。MZP工艺的主要工序见图6－1。

(1)浸出与净化

在温和的浸出条件下，用稀硫酸直接常压浸出氧化锌物料。这些稀硫酸溶液主要是返回的萃余液。依据原料中的成分，选择是否采用净化工序。如果浸出液中的杂质元素含有铁、铝，则可以通过中和沉淀法除去，沉淀渣主要是石膏与氢氧化物。

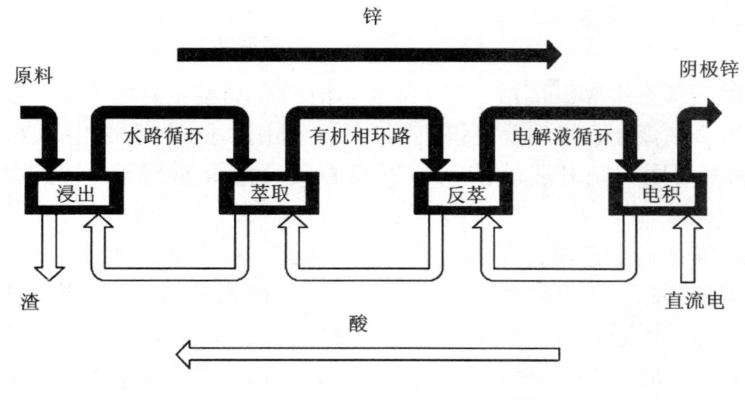

图 6－1　MZP 工艺的示意图[2]

(2)溶剂萃取

含锌溶液用阳离子萃取剂 D_2EHPA 萃取，有机相中的 H^+ 与溶液中的 Zn^{2+} 发生交互反应，含稀硫酸的萃余液返回浸出。因此，通过以上步骤，一个闭路的溶液环路建立起来，可以完成以下任务：①通过溶液相，固相中的锌传输进入有机相；②通过溶液相，有机相中的酸传输进入浸出液。

为了脱除溶液中镉、氯、氟、锰等可溶性杂质，这个溶液环路的一少部分萃余液需要开路处理。

(3)反萃

负载有机相用含 $ZnSO_4-H_2SO_4$ 的废电解液反萃锌，有机相中的 Zn^{2+} 与溶液中的 H^+ 发生交互反应。反萃后，得 $ZnSO_4$ 电解液和反萃后有机相；反萃后有机相返回下一个萃取工序。

这样，通过以上步骤，闭路的有机相环路建立起来，完成以下两个任务：①通过溶液相，固相中的锌传输进入有机相；②通过有机相，电解液相应的酸传输进入萃余液。有机溶剂也萃取溶液中微量的 Fe^{3+}，因此，还需要一些辅助设施，有机相用盐酸脱除其萃取的铁，避免铁在有机相中富集。

(4)电解

最后一个工序是从富锌溶液中用阴极铝板电沉积金属锌；铅合金阳极上产生氧气，同时产生酸性废电解液，返回前面的反萃工序。这样，一个闭路的电解液环路建立起来，完成以下两个任务：①从负载有机相向电积操作传输锌；②从锌电解液向反萃有机相传输相应的酸。

从电解液环路开路部分电解废液送入浸出，可以达到以下两个目的：①避免微量杂质元素在电解液环路中的富集；②为浸出溶液环路提供 H_2SO_4。电解、熔化与浇铸采用的是传统的技术，得到的产品是99.99%的超高纯锌板。

溶剂萃取工序开路部分萃余液是本工艺产生的唯一废液，其处理包括以下步骤：

首先用石灰石中和游离酸，产生干净、洁白和晶型很好的石膏。接着用锌粉置换镉与重金属离子，得到置换镉渣副产品；再用相同的有机相萃取锌，减少锌的损失；最后，用石灰乳脱除溶液中残存的微量重金属离子，达到排放标准后排放。

在以上描述的工艺里，建立起三个主要环路，可以表述如下：①浸出与萃取之间的水溶液环路；②溶剂萃取与反萃之间的有机相环路；③反萃与电积之间的锌电解液环路。通过这三个环路，原料中的锌被溶解，有机相选择性萃取和反萃锌进入电解液，最后电积得到金属锌。同时，在相反的方向，电积过程产生的酸通过有机相反传输到浸出，在浸出过程中用于中和加入的原料。

(5)杂质元素在工艺过程中的走向

和传统的焙烧—浸出—电积(RLE)工艺相比，杂质元素在RLE工艺与MZP工艺中的流向与分布见图6－2。两工艺进入酸浸液中的杂质元素Fe、Al、As和Sb，在中和沉淀过程中水解进入中和渣。而进入浸出液中的是F^-、Cl^-阴离子和Co^{2+}、Ni^{2+}、Cd^{2+}、Mg^{2+}、Ca^{2+}等阳离子，RLE工艺除采用锌粉置换从溶液中脱除的重金属离子外，其余的F^-、Cl^-、Mg^{2+}、Ca^{2+}继续残存在溶液中；而MZP工艺采用在弱酸性条件下D_2EHPA选择性萃取锌(见图6－3)，除极少量的夹带进入萃取剂中的F^-、Cl^-离子与阳离子外，绝大部分残存在萃余液中。经过洗涤后全部进入洗涤液，返回浸出过程。

考虑技术、经济与生态等方面的因素，MZP工艺被欧洲共同体选择为二次渣处理的最好方法。这是一个低投资与低运行成本的湿法冶金工艺，能够生产99.99%的高纯锌，并且锌的总回收率很高。这个工艺可以用于处理氧化锌矿与含氧化锌渣，如热镀锌灰、威尔兹炉氧化锌烟灰、电弧炉烟灰(EAFD)、黄铜或青铜灰及其他锌物料[4－7]。

由于这些氧化锌二次物料含有很高的氟、氯等杂质，采用传统湿法冶金工艺处理，杂质引起电积过程严重的操作问题，因此一般采用火法冶金工艺处理这些物料。MZP工艺利用有机萃取剂对Zn^{2+}的高效选择性，达到分离杂质与净化的目的，解决了传统湿法工艺存在的问题。相比于传统的湿法与火法工艺，MZP工艺具有以下优点：①锌的回收率更高；②工厂对原料有更好的适应性；③产品锌质量更高；④更好的产出/投入比；⑤不用考虑杂质元素氟、氯、镁的问题；⑥环境更安全。

6.3 从冶金废渣和尾矿浸出液中溶剂萃取回收锌

西班牙锌公司(Española del Zinc)采用焙烧、浸出和电积工艺，从混合硫化精

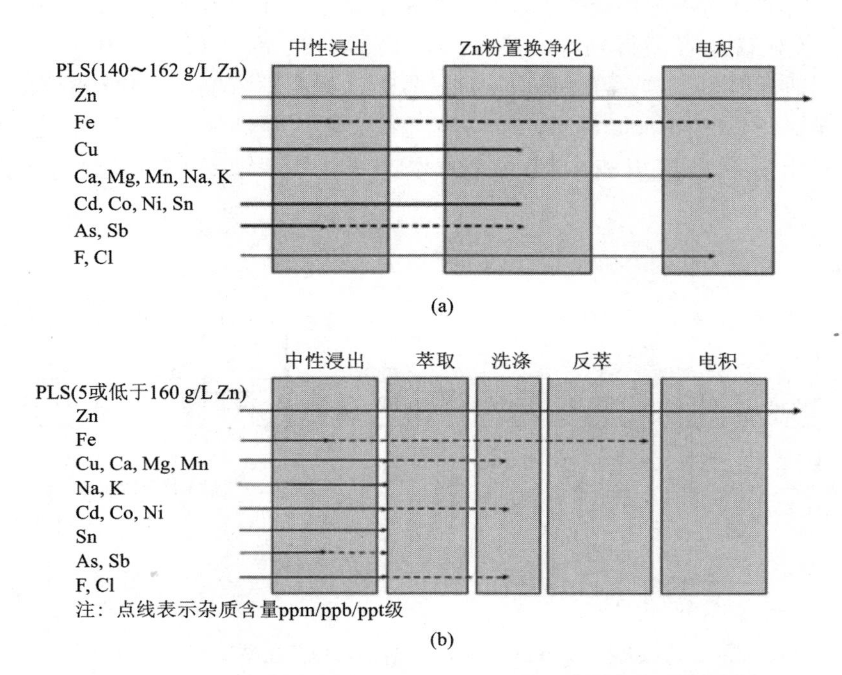

图 6-2 RLE 工艺(a)与 MZP 工艺(b)的杂质元素走向比较[4]

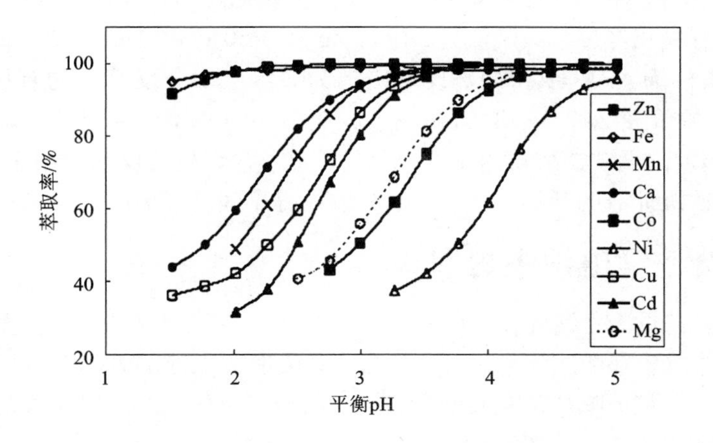

图 6-3 pH 对 D_2EHPA 萃取选择性的影响[5]

萃取条件：40% D_2EHPA + 60% Escaid 100，40℃，料液中 Zn 30 g/L

矿中产锌 40 kt/a。焙砂第一次浸出形成的氢氧化铁沉淀渣含锌 20%，浸出渣与其他过去的堆存渣一起用硫酸和反萃液的混合溶液浸出。浸出液中的铁用黄铵铁矾除去，铁矾洗水过滤得到滤液成分(g/L)：Zn 14、Fe 0.03、Cu 0.7、Cd 0.3，pH 3。不适合电积工艺，需要采取溶剂萃取方法提高锌浓度与净化锌溶液。1988 年西班牙锌公司(Española del Zinc)将溶剂萃取引入常规炼锌厂流程，建立了从堆存的浸出渣和新浸出渣中回收锌的生产线，其萃取锌的原则工艺流程见图6－4[8－10]。

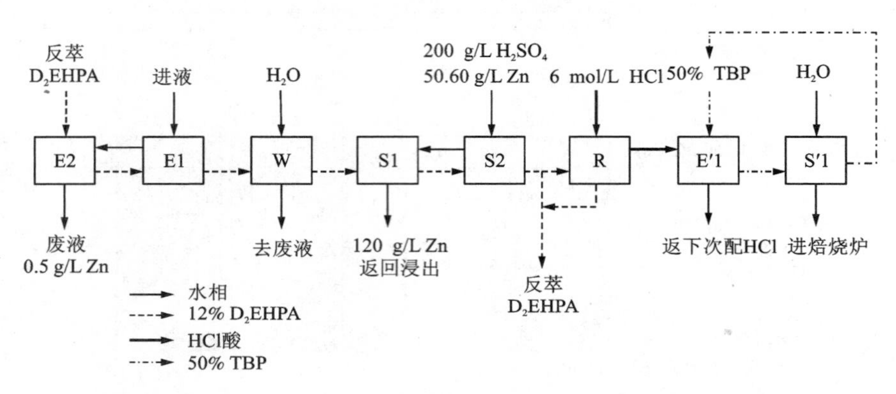

图 6－4　西班牙 Española del Zinc 溶剂萃取厂工艺流程示意图[8]

溶剂萃取采用 12% D_2EHPA 的为萃取剂，O/A = 1.3∶1，溶液 pH 为 1.8 ~ 2.0，锌的萃取率 >96%，铁和铜被共萃取，萃余液含 Zn^{2+} <0.5 g/L，送去废水处理。负载有机相经过单级洗涤后，用含 Zn 50 ~ 60 g/L、H_2SO_4 200 g/L 的废电积液反萃，条件为 O/A = 2.0∶1，反萃级数为 2 级。部分反萃后的有机相，采用 6 mol/L的盐酸单级反萃共萃取的 Fe^{3+}；废盐酸用 50% TBP + 煤油萃取 Fe^{3+}，水反萃得到 $FeCl_3$。无铁盐酸再用于有机相反萃铁，含锌高的反萃液用于浸出焙砂。因为氢氧化铁沉淀渣的耗尽，这个溶剂萃取提锌车间已经关闭。

6.4　从废锌锰电池中提取锌

废锌电池除含锌、锰外，还有汞、铜、镍、镉、钾、氯和碱，当作生活垃圾填埋处理，会造成土壤和地下水污染。所以，对废旧锌电池的处理和再资源化是非常必要的。为了回收其中的主要有价元素，研究了火法、湿法以及火法－湿法并用的处理工艺[11, 12]。

火法处理废锌电池的方法有：RECYTEC 工艺[13]、BATREC 工艺[14]、SNAM－SAVAN 工艺[15]等。瑞士 Recytec 公司[13]利用火法与湿法混合技术处理混合废电池。在 600 ~ 650℃ 下热处理，产生的废气冷凝后，送入其他工艺过程处理；固体物经破碎后，水洗去除氧化锰，然后经过蒸发，部分结晶回收碱金属；再经过磁处理回收铁和镍；最后，锌、镉、银等贵重金属采用不同的电解沉积分离回收。瑞士 BATREC 公司[14]采用日本住友重工株式会社开发的火法冶金电池回收工艺，建设了一座 2000 t/a 的处理厂，用于处理碱性电池、锌碳电池和氧化汞电池。这些火法工艺虽然不需要预处理，但会在焙烧—还原过程中产生废气、烟尘，容易污染环境；此外，还需要消耗大量的燃油，能耗大、运行成本高。

湿法处理废锌电池的方法有：RECYTEC 工艺[13, 16]、BATENUS 工艺[17, 18]以及 MZP 工艺等[19]。RECYTEC 工艺[13, 16]火法预处理得到的氧化物渣，硫酸浸出和净化后得到 $ZnSO_4$、$MnSO_4$的混合溶液采用同时电沉积的方法，在阴极上析出金属锌和阳极上析出 MnO_2，电解废液返回浸出。德国 PIRA GmbH 研究所开发 BATENUS 工艺[17, 18]主要工序包括：首先机械分离铁与塑料；再用硫酸浸出磨碎的废电池，不溶的 MnO_2与碳渣卖给锰冶炼厂；从硫酸浸出液中采用离子交换的方法选择性分离 Cu^{2+}、Ni^{2+} 和 Cd^{2+}，再用 D_2EHPA 萃取的方法从液相中萃取 Zn^{2+}；最后用电沉积的方法从这些金属离子的反萃液得到相应的金属。萃余液中的 Mn^{2+}采用沉淀法得到碳酸锰沉淀。由于在酸性条件下进行，工艺过程所需要的碱与酸采用双极膜电渗析的方法加以再生，本工艺已于 1995 年进行过工业试验，计划于 1996 年在德国建一个年处理 7500 t 废电池的工厂，但不知什么原因一直未见实施。西班牙卡泰罗尼亚(Cataluñia)地区 1997 年建成的 R F Procés 厂，是世界上唯一用湿法冶金技术从废电池中回收锌的工厂，也是第一家采用 MZP 工艺回收锌的工厂。溶剂萃取采用 MZP 工艺是该厂的关键分离技术，所得高纯反萃液，送到西班牙锌公司(Española del Zinc)回收特高级锌[19]，其原则工艺流程见图 6 – 5。

浸出过程采用萃余液作浸出剂，控制浸出终点 pH 1.8 ~ 2.2，使锌优先于其他杂质溶解。浸出液采用 KOH 为中和剂，使铁水解进入渣中。中和除铁后液用锌粉置换脱除微量的 Ni、Hg 和 Fe。置换后液采用溶剂萃取法回收锌(见图 6 – 6)，包括 3 级萃取、2 级洗涤和 2 级反萃。

萃取采用 15% D_2EHPA + Escaid 100 为萃取剂，通过 3 级萃取，萃取液中的 Zn^{2+}从 20 ~ 25 g/L 降低到 5 ~ 7 g/L。采用 D_2EHPA 为萃取剂，可以保证在萃取液中 Cl^- < 30 g/L 的情况下，Cl^-不会与 Zn^{2+}一起被化学萃取。第一级用水洗涤夹带的水相，这样就可以减少卤素离子进入到反萃液中；第二级采用部分反萃液脱除共萃的杂质元素 Ca^{2+}、Mg^{2+}。洗涤后的有机相用 2 mol/L H_2SO_4的 2 级反萃，得到含 Zn^{2+} 140 g/L 的送西班牙锌公司进一步加工。15% 的反萃后的有机相用 6 mol/L HCl 反萃脱除 Fe^{3+}，避免 Fe^{3+} 在有机相中的富集降低萃取剂的萃取效果。为避免体系中碱金属离子的积累，萃余液需开路其中的 10%，采用第 4 级溶

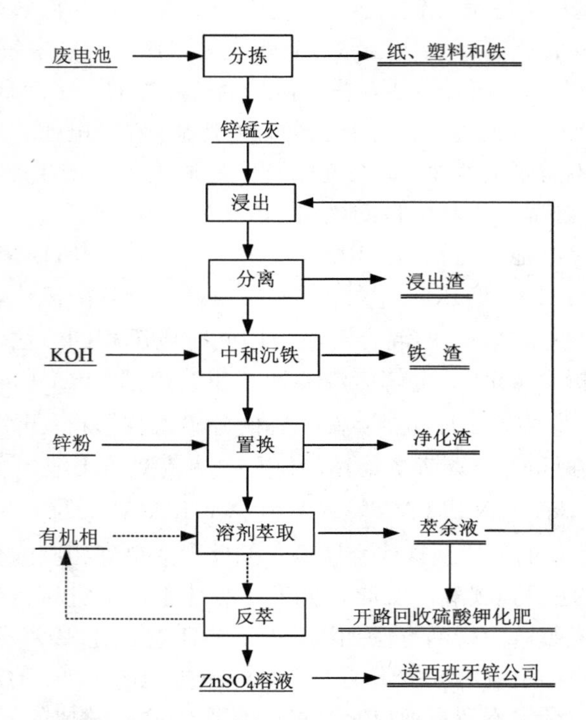

图 6－5 西班牙 R F Procés 厂从废电池中湿法冶金回收锌的原则工艺流程[19]

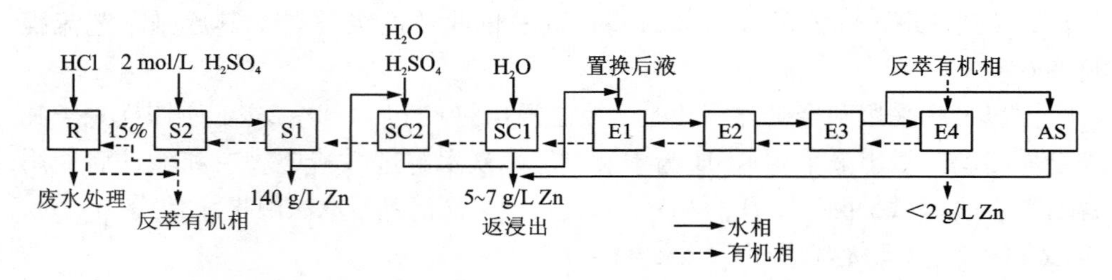

图 6－6 西班牙 R F Procés 厂溶剂萃取回收锌的原则工艺流程[19]

剂萃取处理，其处理方法为：提高 O/A 比，加入 KOH 控制水相 pH 2 左右，使萃余液中的 Zn^{2+} 浓度 <2 g/L，这个萃余液采用 NaOH 中和后，喷雾干燥用于生产硫酸钾化肥。

比较萃取前溶液与反萃液中的成分，可以看出其分离效果，见表 6－1。

表 6－1　西班牙 R F Procés 溶剂萃取锌厂萃取前液与反萃液中的成分/($g \cdot L^{-1}$)[8]

元素	萃取前液	反萃后液
Zn	22	140
Mn	53	0.3
Ni	—	<0.0001
Cd	0.002	<0.0001
Cu	0.001	<0.001
Hg	<0.05	未检测到
Fe	0.001	<0.01
SO_4^{2-}	112	275
Cl^-	31	<0.1

西班牙 R F Procés 厂规模小，其锌产能为 2000 t/a，因此并不经济，但由于能很好地解决环保问题与促进该贫困地区的就业，目前该厂已归当地省政府接管。瑞士也曾开发过类似的溶剂萃取工艺从废电池中回收锌和其他有害元素，采用 D_2EHPA 萃取浸出液来提纯锌，由于需要很好地控制 pH，因此工艺的连续操作困难。

废锌电池湿法浸出液中 Zn^{2+}、Mn^{2+} 的溶剂萃取分离，具有容易操作、能耗低、分离效果好和锌的回收率高等优点，受到了广泛关注。

6.5　从氧化锌矿中提取锌

纳米比亚西南部罗什·皮纳赫(Rosh Pinah)附近的斯科皮昂(Skorpion)锌矿的冶炼厂，由英国 ZincOx 公司总投资 4.54 亿美元，各设施所占的比例见图 6－7[20, 21]，采用西班牙 Téchnicas Reunidas 公司开发的 MZP 工艺，于 2003 年建成投产，成为世界上第一座使用溶剂萃取—电积(SX—EW)工艺直接从氧化锌矿石中提取金属锌的冶炼厂，设计年产金属锌 150 kt，总投资 ＄4.54 亿(N＄31.78 亿)。[20]

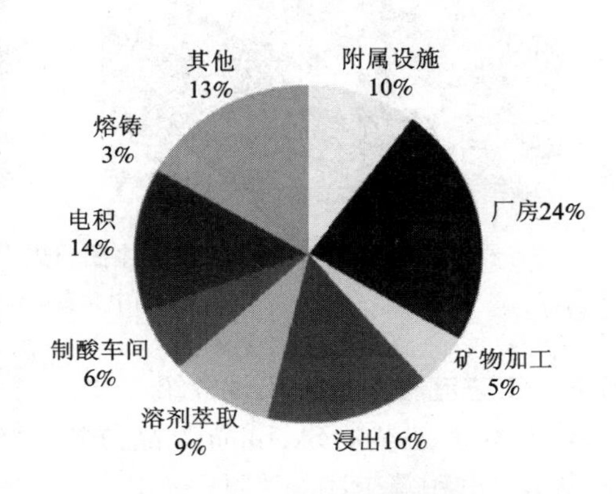

图 6－7　各设施所占的比例[20]

6.5.1 矿物原料

纳米比亚 Skorpion 锌矿主要由非硫化锌矿（含 Zn 24.6 Mt，平均品位 Zn 10.6%）组成，还有非硫化锌矿底下的金属硫化矿。Skorpion 锌矿为复杂硅酸盐氧化矿，其主要成分（w）[22]为：Zn 8 ~ 14，Fe 2 ~ 3，Si 22 ~ 27，Al 4 ~ 6，Cu 0.1 ~ 1，Cd 0.1，Ni 0.3，Co 0.005。其锌物相主要有[23, 24]锌蒙脱石（$(0.5Ca, Na)_{0.3}Zn_3(Si, Al)_4O_{10}(OH)_2 \cdot (H_2O)_4$）、菱锌矿（$ZnCO_3$）和 Skorpionite（$Ca_3Zn_2(PO_4)_2CO_3(OH)_2 \cdot H_2O$）、异极矿（$Zn_4Si_2O_7(OH)_2 \cdot H_2O$）、水锌矿（$Zn_5(CO_3)_2(OH)_6$），锌平均品位 10.6%。各种锌矿物的 SEM 图片见图 6 – 8、图 6 – 9 和图6 – 10。

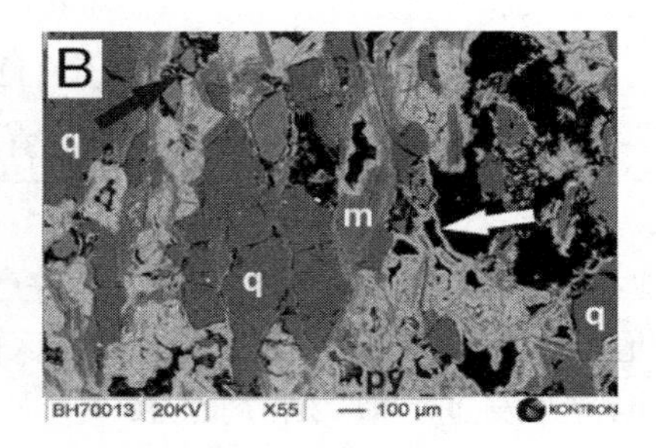

图 6 – 8　上部含锌蒙脱石变质沉积岩的岩芯照片与 SEM 图[23]

图中 q 表示石英；m 表示云母；白色箭头所指为锌蒙脱石

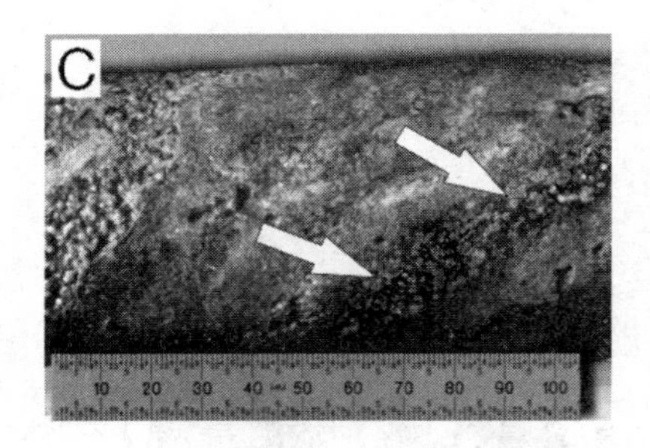

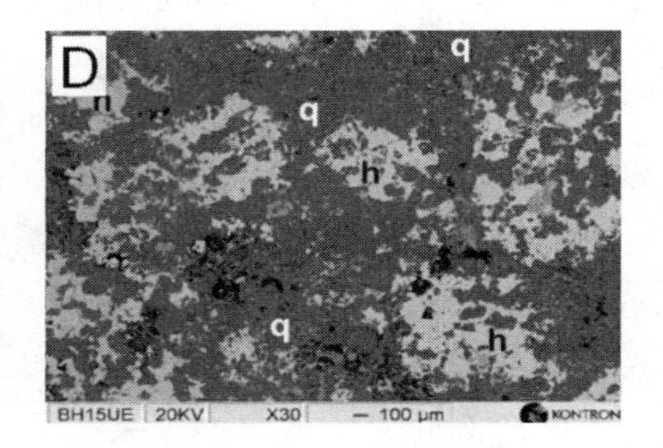

图 6 – 9　硅质变质沉积岩中团积火山砾的岩芯照片与 SEM 图[23]

图中 h 表示异极矿

6.5.2 工艺流程及技术条件介绍

采用 MZP 工艺从 Skorpion 低品位氧化锌矿中回收锌，主要包括浸出、中和、溶剂萃取、电积等工序，其原则工艺流程见图 6 – 11。

（1）浸出与中和

图 6－10　异极矿(h)、菱锌矿(sm)与水锌矿(hz)的 SEM 图[23]

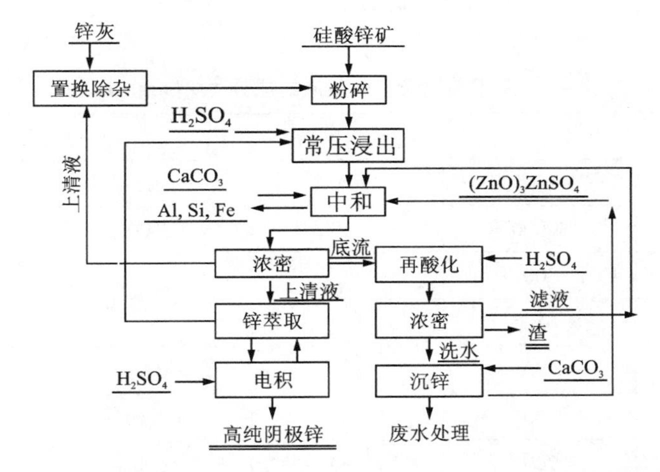

图 6－11　MZP 工艺处理 Skorpion 低品位氧化锌的原则工艺流程[8]

对于高硅的氧化锌矿的硫酸浸出，传统的浸出、净化和电积工艺已经有比较成熟的工艺，如比利时老山(Veille Montagne)锌公司，通常用以下一些反应式来描述：

$$ZnO \cdot SiO_2 + H_2SO_4 + H_2O = ZnSO_4 + H_4SiO_4 \quad (6-1)$$

$$Zn_2SiO_4 + 2H_2SO_4 = 2ZnSO_4 + Si(OH)_4 \quad (6-2)$$

$$Zn_4Si_2O_7(OH)_2 \cdot H_2O + 4H_2SO_4 = 4ZnSO_4 + 2Si(OH)_4 + 2H_2O \quad (6-3)$$

浸出在一系列搅拌槽中进行，浸出车间见图 6－12。浸出维持温度约 50℃，终点 pH 在 1.8～2.0，维持硅胶的最大稳定性。浸出以后用石灰石调节 pH 至 4.0，使硅胶最大化团聚、形成沉淀。可溶硅物种，也就是单硅酸 $Si(OH)_4$，在确保它们的溶解度的条件下，仍然残存在溶液中。采用浓密槽进行初步的液固分离，得到的浸出液成分见表6－2。

图6－12 Skorpion锌厂的浸出车间

表6－2 萃取前液与电解新液的成分[25]/(mg·L⁻¹)

元素	萃取前液		电解新液	
	设计	实际	设计	实际
Zn	30000	38000	90000	117000
Al	300	82	—	190
Ca	650	660	—	50
Cd	100	330	<0.05	0.01
Co	100	18	<0.05	0.02
Cu	700	500	<0.05	0.09
Fe	5	1.5	<5	<5
Mg	200	1040	—	—
Mn	500	2120	3000	2200
Ni	800	330	<0.05	0.08
Si	40	70	—	—
Cl	5000	1030	<100	50
F	200	40	<20	7

(2)脱硅

溶液中硅物种聚合成硅胶与溶液pH、温度、盐的浓度有关。这些有巨大的表面积、粒径在 1～1000 nm 的硅质聚合物，仍然小到不受重力的影响。在萃取过程中胶质大小的聚硅分子形成稳定的乳化液导致分层困难。硅胶的形成是不可逆转的，接着会脱水：

$$n(SiOH)_4 = nSiO(OH)_2 \cdot H_2O + (n-1)H_2O \quad (6-4)$$

Skorpion 锌厂的中和沉淀后的上清液固体悬浮物含量约 50 mg/L，而 Téchnicas Reunidas 公司设计溶剂萃取要求进入萃取的浸出液中固体悬浮物量平均≤10 mg/L，最高不超过 25 mg/L，才能保证正常的生产。Skorpion 锌厂的中和沉淀后的上清液并不适合采用砂滤脱硅，沙粒上沉淀石膏导致过滤介质阻塞；采用 Larox 带式过滤机在 Skorpion 锌厂现场试验也没有成功。通过浓密机可以保持澄清溶液的固体悬浮物含量稳定在 100 mg/L 以下，平均为 60～80 mg/L。Fletcher & Gage[26] 提出采用 Whatman 膜过滤处理含 SiO_2 500 mg/L 的溶液，阻止萃取过程中硅胶的形成，但发现并不适用于工厂生产过程；又提出往溶液加入 F^-，使硅与 F^- 形成 SiF_6^{2-} 稳定存在于溶液中，不发生硅胶沉淀，但是这个方法使得 SiF_6^{2-} 会在溶液中积累且 F^- 有毒、污染环境。

Skorpion 锌厂的研究表明：浮床澄清器(Pinned－Bed Clarifier)或纤维媒介快速过滤器(Fibre Media Rapid Filtration Equipment)，均具有良好的过滤效果，可以解决进入萃取的溶液固体悬浮物量平均≤10 mg/L 的问题，在这里对此加以介绍。

①浮床澄清器

浮床澄清器[27] 并不是一个新的概念，已经用在河水澄清与电镀工业。铜的湿法冶金工业也使用浮床澄清器沉淀进入萃取前的溶液中的固体悬浮物。浮床澄清器结构示意图见图 6－13。

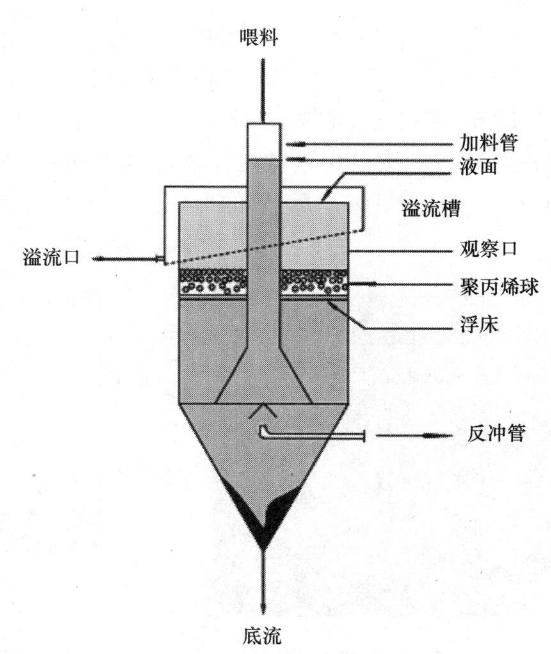

图 6－13　浮床澄清器结构示意图[27]

每个澄清器包括一个圆柱形罐体、锥形的罐底、给料锥和筛网。窄孔的楔形筛网装于罐内溢流槽的紧邻下方，其中心部分是空的，用于放置给料锥。给料锥沿筛网中部插入直至反冲洗管的位置水平，反冲洗管位于罐体的柱形和锥形交界面的紧邻上方。当将含有少于 5000 mg/L 絮凝颗粒的母液输入给料锥后，由于罐体内母液的上升，位于罐体内给料锥外面的低密度聚苯乙烯微粒被推压向筛网并形成了浮床。母液内细小的絮凝颗粒很快聚集并在浮床下形成另一层面。该聚合的絮凝颗粒床极为有效的进一步俘获澄清器内随母液上升的细微颗粒，从而进行了精细过滤。

在给料中，有些颗粒沉降较快，当其沉降到罐底并堆积到一定量后，将经锥形罐底排出。一旦浮床被突破或者给料锥内与罐内溶液水平出现高压差，将进行浮床清洗，而且不中断给料。释放冲洗罐的液体经反冲洗管进行的冲洗会致使聚苯乙烯微粒浮床快速扩张并对已突破浮床的絮凝颗粒进行冲洗。按现场确定的冲洗时间，停止冲洗。此时，将重新建立起浮床并重复以上所述的过程，并迅速达到认可的澄清度。

浮床澄清器具有以下优点：

设备坚实、性能稳定：自动调节、可处理的流量或固体含量范围广，无需密切监控。

许多不同的经营效益：在萃取流程中安装浮床澄清器后渣滓生成量极低；固态物停留时间短，使泥浆化形成降至最低；最优的化学药剂使用，如絮凝剂；在运行中反冲洗。

简单而有效的澄清器设计：尺寸小，较低的资本投入，无移动部件、几乎不需要维修。

2008 年投资 $6700 万，2009 年 7 月建成 3 组 Roymec Technologies 公司设计制造的直径 8 m、高约 18 m 的圆锥形浮床澄清器，浮床澄清器为碳钢内衬聚亚胺酯，见图 6－14。3 组圆锥形浮床澄清器平行运行，处理能力约为 1000 m^3/h；达到了进入萃取的溶液中固体悬浮物量≤10 mg/L 的目标，进入和流出的溶液中的固体悬浮物量见图 6－15，锌的冶炼产量从产能的 105% 提高到 107.5%[28, 29]。

图 6－14　Skorpion 锌厂用浮床澄清器装置[28]

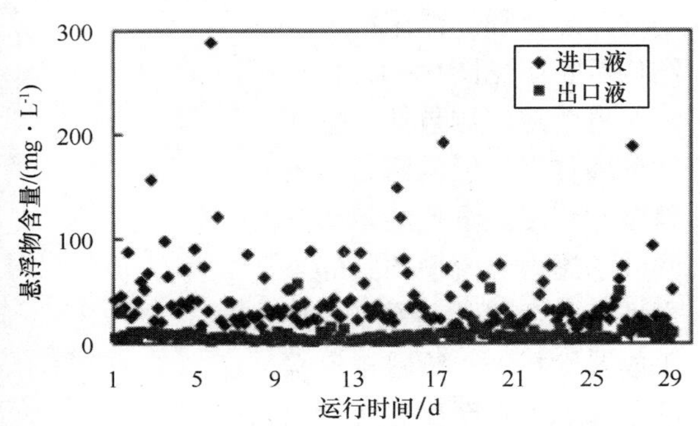

图 6－15　进入和流出浮床澄清器的溶液中的固体悬浮物量[25]

②纤维媒介快速过滤器

纤维媒介快速过滤器[30]不同于传统的过滤在于：过滤介质不同于反洗/清洗阶段采用的搅拌。过滤媒介为聚乙烯织成的 5 mm×5 mm 的块，见图 6－16。过滤媒介具有 94% 的孔隙度，要延长使用寿命需要对其进行热处理。

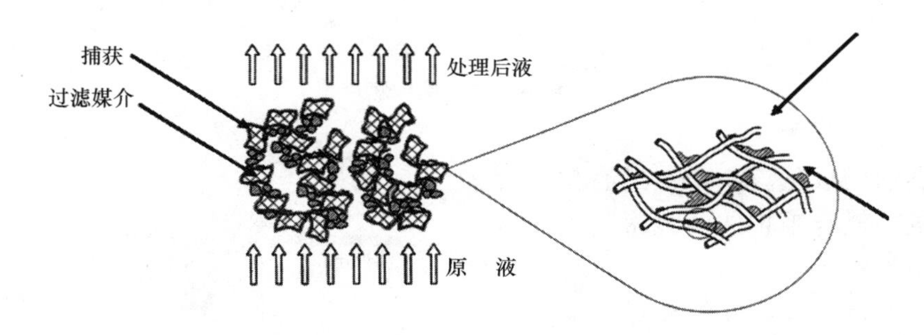

图 6－16　纤维过滤媒介[31]

纤维媒介快速过滤器的操作顺序见图 6－17。正常操作时，过滤媒介填充 50% 的过滤器体积，液体向上流过过滤器，使过滤介质在过滤器中的上部压成滤床。过滤器内压差控制在 40～80 kPa，到达最大压力后进入反洗阶段。第一步是关闭进液阀，开启底部的搅拌并搅松滤床，一分钟后反洗液从顶部流入并从过滤器底部流出，在继续开动搅拌的情况下从过滤介质中冲洗出固体，确保介质周围的固体彻底脱除。反洗持续 20 min，使进入液与出来的溶液一样清亮。

纤维媒介快速过滤器的结构示意图见图 6－18。从 2007 年 1 月，Fuls & Nong[31]在 Skorpion 锌厂进行 9 个月的现场纤维媒介快速过滤器脱除中和液浓密上清液的脱除固体悬浮物的试验，试验设备见图 6－19，规模为 20 m^3/h，试验结果如图 6－20 所示。

通过对溶液入口压力、洗涤周期、反洗、酸洗再生纤维介质、上清液进入过

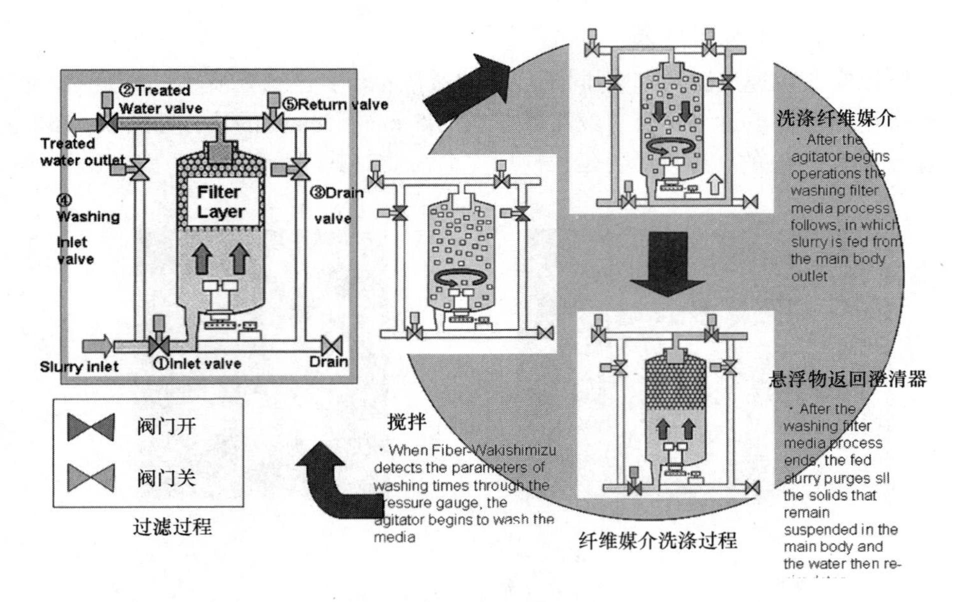

图 6-17　操作顺序[31]

滤器前的成化(aging)、过滤介质的消耗与维护的研究得到以下结论：

通过纤维媒介快速过滤器脱除固体悬浮物后，得到清亮的液体，浊度可以降低 72%，可以用于溶剂萃取。

过滤器对进入液的固体悬浮物的含量敏感，要求入液的固体悬浮 <200 mg/L。

对于过滤器的纤维介质，反洗的最佳时间约为 20 min。

现场试验验证了供应商提供的纤维介质的每年消耗量。

纤维媒介快速过滤器具有易操作与低维护费用的优点。

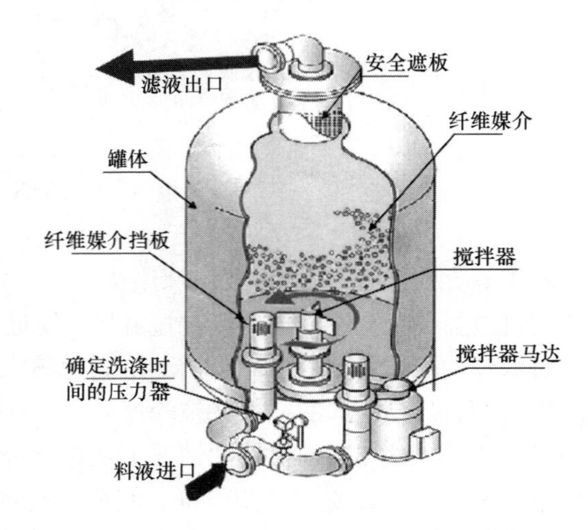

图 6-18　纤维媒介快速过滤器结构[31]

Skorpion 用的纤维媒介快速过滤系统见图 6-21。

图6-19 现场试验所用的纤维媒介快速过滤器[31]

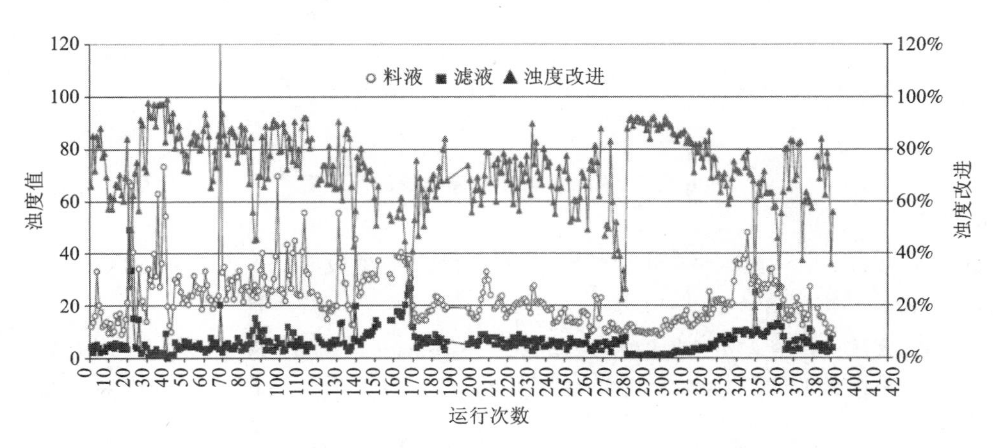

图6-20 依据浊度分析的纤维媒介快速过滤器脱除固体情况[31]

(3)溶剂萃取

萃取采用三级萃取、三级洗涤、两级反萃与一级部分有机相反萃开路铁，其溶剂萃取锌的示意图见图6-22[30, 32]。

萃取有机相采用40% D_2EHPA+60% Escaid 100，2008年以后Escaid 100被类似的Shellsol 2325代替。Escaid 100为80%的煤油+20%的芳香族化合物组

图 6-21 Skorpion 用的纤维媒介快速过滤系统

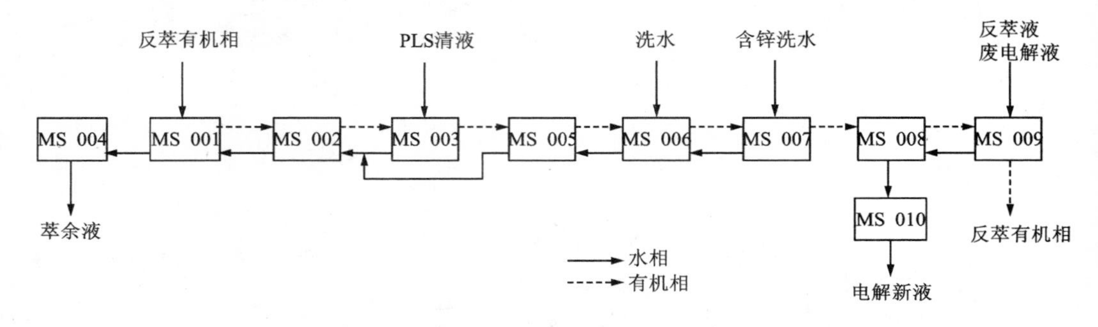

图 6-22 Skorpion 溶剂萃取锌的示意图[30]

成；Shellsol 2325 由煤油、环烷烃和芳香族化合物组成，沸点 220 ~ 250℃。萃取温度 40 ~ 45℃，O/A 比 1 ~ 1.5。

料液含 Zn^{2+} 约 38 g/L，经过三级逆流萃取后，负载有机相含 Zn^{2+} 约 14 g/L，料液中残存 Zn^{2+} 约 13 g/L，减少约 25 g/L；产生含 H_2SO_4 约 35 g/L 的母液返回浸出。

负载有机相采用 3 级逆流洗涤杂质元素，前两级用水洗涤，为物理洗涤，氟、氯离子等进入水相，这样就可以减少卤素离子进入到反萃液中；第三级采用废电解液加去离子水化学脱除共萃的杂质金属离子。

洗涤后的负载有机相采用含 H_2SO_4 180 g/L 的废电解液反萃；Fe^{3+} 与 D_2EHPA 的结合力大于 Zn^{2+}，反萃液中微量的 Fe^{3+} 在锌电积过程中在阴极还原成 Fe^{2+}，而在阳极发生 Fe^{2+} 的氧化，引起电流效率的下降。因此，需要开路部分有机相（采用 6 mol/L 的 HCl 反萃脱除 Fe^{3+}）。

图 6－23　纳米比亚 Skorpion 锌厂的溶剂萃取车间

(4)除油

①有机相对阴极电积锌的影响

反萃液中的有机相严重影响电积阴极锌的电流效率、表面形貌。Mackinnon D J 等[33]对模拟硫酸锌电解液或工业电解液中 Cl^- 含量，有机溶剂(如 Kelex 100、Versatic 911、D_2EHPA、TBP、LIX65N 和 Alamine 336)含量对阴极电沉积锌的结构、阴极极化的影响进行了研究。电解液含 Zn^{2+} 55 g/L、H_2SO_4 150 g/L，在电流密度 807 A/m^2、温度 35℃条件下，从电积 1 h 后的电锌表面 SEM 图片可以看出，电解液中含 5 mg/L D_2EHPA，沉积的锌为较大的六方形晶体；在电解液中含 $D_2EHPA \leqslant 10$ mg/L 时，阴极呈晶形，但电解液中 D_2EHPA 达到 25 mg/L 时会导致烧板。沈湘黔等[34]采用循环伏安法、X 衍射、扫描电镜和 X 射线能谱研究了 D_2EHPA 在锌电积过程中的行为，电积条件为 Zn^{2+} 60 g/L、H_2SO_4 140 g/L、电流密度425 A/m^2 和 28℃。随电解液中 D_2EHPA 含量的增加，电积锌电流效率降低。D_2EHPA + 煤油对锌在铝上沉积的循环伏安曲线的影响见图 6－24。在有 D_2EHPA 存在下循环伏安曲线上未出现异常的峰值，表明在该实验条件下 D_2EHPA 本身没有发生电化学反应；随着溶液中 D_2EHPA 含量的增加，活化超电位增大，阳极峰电流减小，锌沉积在铝上的电极过程不可逆程度加剧。

电解液中 D_2EHPA 对氢在铝上析出反应极化曲线的影响结果表明：D_2EHPA 的存在引起氢析出反应超电位升高。随着电解液中 D_2EHPA 的增加，电锌结构的晶面取向呈一定顺序(112)→(101)→(110)。活化超电位与晶面取向之间存在一定的关系，当 $D_2EHPA < 10$ mg/L，不会产生有机物引起的烧板，电锌具有较大的六方片状晶。有机物烧板由萃取剂 D_2EHPA 引起而不是由稀释剂煤油引起的。Neira M 等[35]研究了反萃后液中含 D_2EHPA 对循环伏安曲线、电锌形貌的影响；发现通过活性炭吸附可以有效的脱除溶液中的 D_2EHPA，提高电积锌的电流效率。以上进行的实验室试验结果，由于试验时间短，添加剂对阴极电锌形貌的影

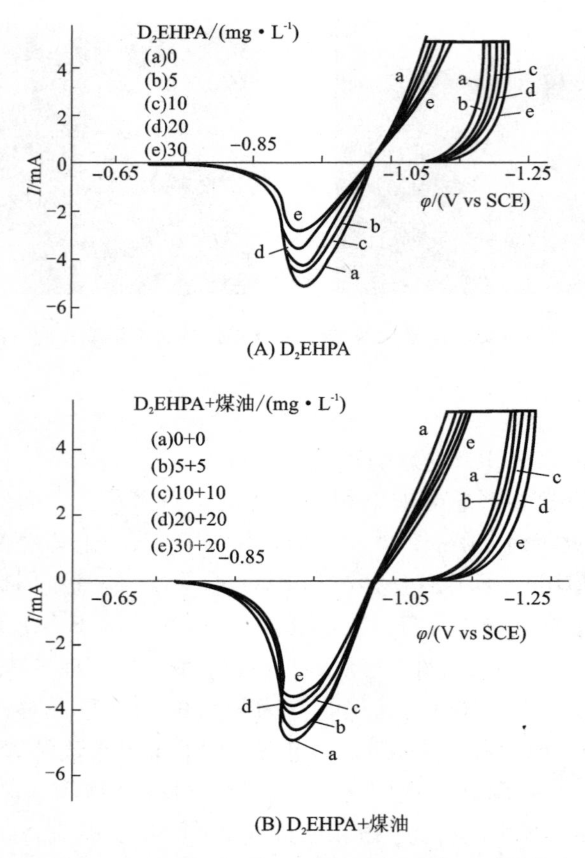

图 6-24　D_2EHPA + 煤油对锌电积循环伏安的影响

响反应不够明显。Skorpion 锌厂长时间的生产表明，电解液中 D_2EHPA 达到 5 mg/L就对电锌形貌有严重影响，形貌见图 6-25。

②除油方式的选取

为了减少反萃液中的有机相进入电解系统，可以采用以下方法来脱除溶液中的有机相：澄清、树脂浮选柱(Flotation column)吸附、活性炭过滤/聚结、超声波、气浮除油等。一般采用多种方法联用，以达到深度脱除硫酸锌溶液中有机相和节约成本的目的。纳米比亚 Skorpion 锌厂采用 SpinTek Filtration 公司设计的 CoMatrix 除油器来脱除水相中的有机物，

SpinTek Filtration 公司设计的 CoMatrix 柱上部是一个类似 Matrix Packing 的装置，是由聚丙烯制作成设计孔径大小海绵状结构，脱除电解液中的有机相液滴。CoMatrix 柱下部是一个双介质过滤器，其中上层为无烟煤，主要吸附电解液中的

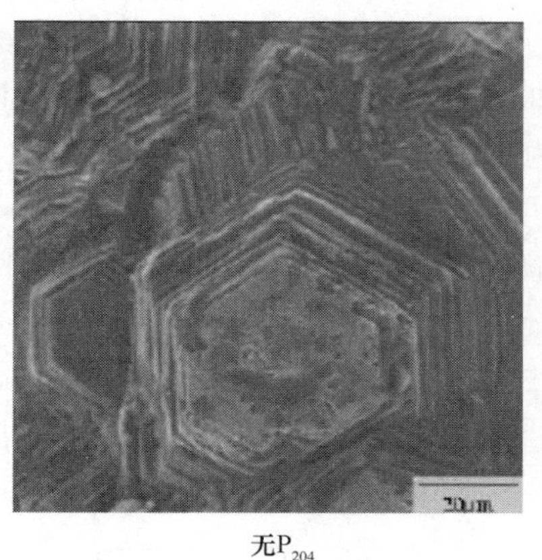

无P_{204}

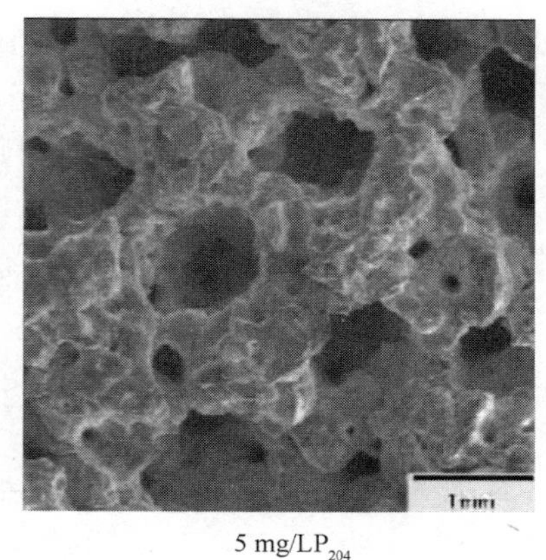

5 mg/LP_{204}

图6－25 萃取剂对电锌形貌的影响[36]

剩余有机物，下层为石榴石，主要过滤电解液中的悬浮物。Matrix Packing装置聚集的有机物不需要经常反洗；可以放出Matrix Packing材料上部的液体返回萃取流程。双介质过滤器需要按常态反洗，洗水回收有机相。CoMatrix除油器与活性炭除油器相比具有以下优点：溶液流速可以比活性炭除油的高5倍；设备投资减少65%；减少70%的反洗用水；去除的固相可以达到10 μm；有机相脱除到2 mg/L。

Sole K C等[37]对SpinTek Filtration公司利用其设计的Matrix Packing装置、双介质过滤器与活性炭装置在Skorpion锌厂进行了现场工业试验，各分体设备的连接示意图见图6－26。

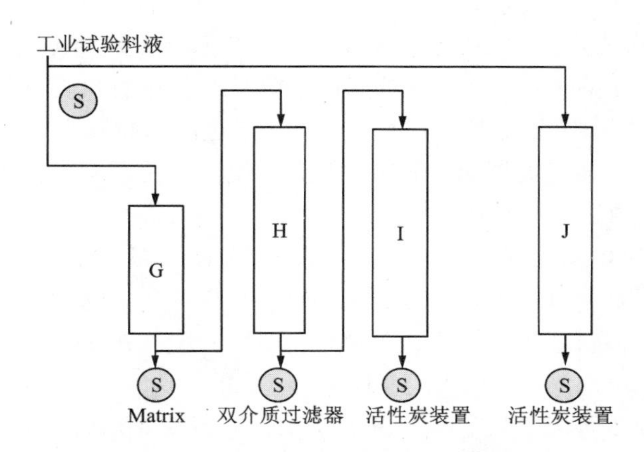

图6－26 工业试验设备连接示意图

Matrix Packing 装置标注为 G 柱，填充 0.5 m 高的多孔海绵状结构材料；双介质过滤器标注为 H 柱，无烟煤填充 1.1 m、下层石榴石填充 0.6 m；活性炭装置标注为 I、J 柱，填充 Jacobi 生产的 AquaSorb 2000 型活性炭 2.0 m。所有除油柱直径均为 0.3 m，通过 PVC 管连接。除油料液为含 Zn^{2+} 100 g/L、H_2SO_4 110 g/L 的反萃液。采用 Matrix－双介质过滤器－活性炭串联装置，柱内液体流速分别为 6 m/h、12 m/h 和 24 m/h 条件下，料液、G 柱、H 柱与 I 柱流出液中有机物含量分别见图 6－27、图 6－28 和图 6－29。

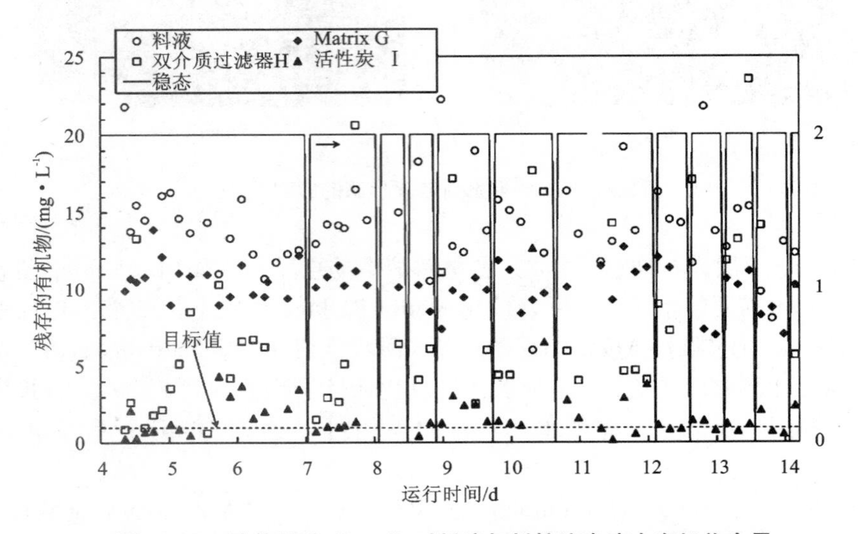

图 6－27　液体流速 12 m/h 时料液与料柱流出液中有机物含量

从图 6－27 中可以看出，料液中典型夹带有机物含量为 11～16 mg/L，经过 Martix Packing 除油后，水相中有机物稳定维持在 10 mg/L。但双介质过滤器的除油效果并不理想，虽然双介质过滤器有助于降低水相中有机物含量，但偶尔有有机物渣穿过该过滤层；增加反洗次数，对双介质过滤器脱除有机物效率的提高影响很小。尽管双介质过滤器除油效果不稳定，但经过活性炭除油以后，料液中的有机物能够稳定在 1～2 mg/L。

从图 6－28 中可以看出，在液体流速 24 m/h 的高流速下，经过 Martix Packing 除油后，水相中有机物稳定维持在 10 mg/L 左右，这说明 CoMatrix 具有良好除油效果。但高流速下，经过活性炭除油以后，料液中的有机物含量在 5 mg/L 左右，不能够稳定在 1～2 mg/L，达不到除油效果。

从图 6－29 中可以看出，料液经过 Martix Packing 除油后，即使料液中有机物浓度发生大的变化，水相中有机物稳定维持在 5～12 mg/L。但双介质过滤器的除

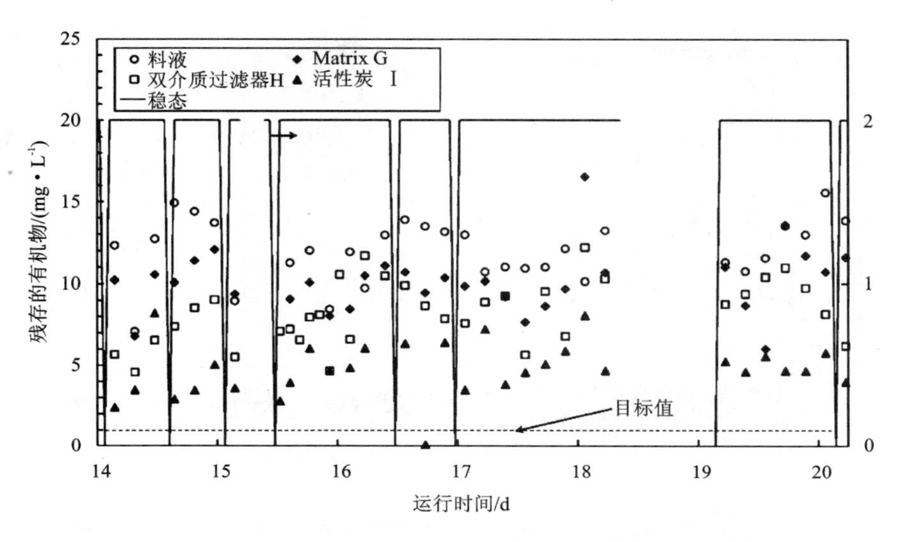

图 6 - 28　液体流速 24 m/h 时料液与料柱流出液中有机物含量

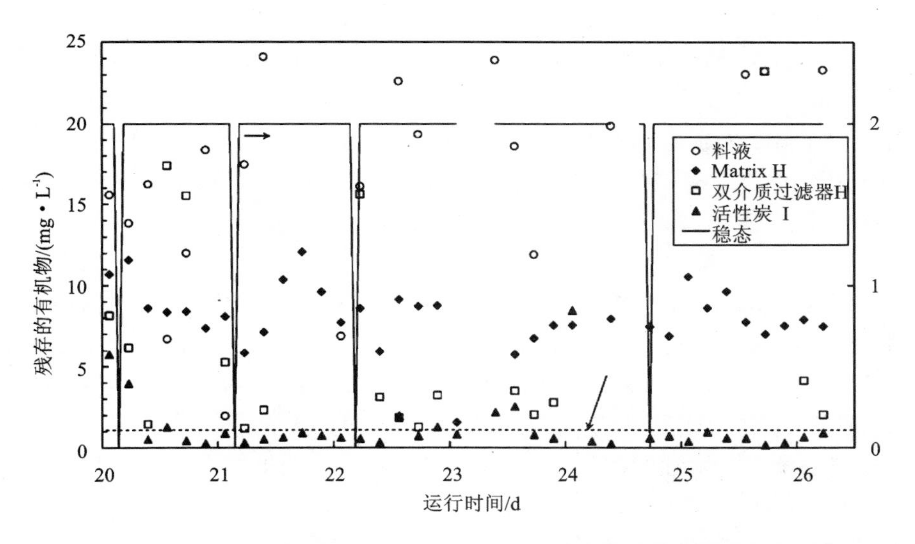

图 6 - 29　液体流速 6 m/h 时料液与料柱流出液中有机物含量

油效果并不稳定，不时有有机物渣穿过该过滤层。尽管双介质过滤器除油效果不稳定，但经过活性炭除油以后，料液中的有机物能够稳定在 <1 mg/L。综合图 6 - 27、图 6 - 28 和图 6 - 29 见图 6 - 30。

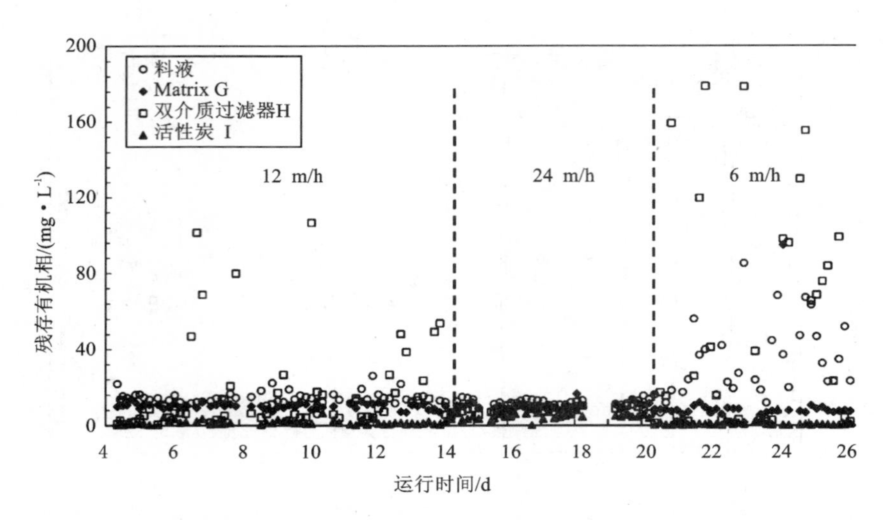

图 6-30　不同操作条件对 CoMatrix-活性炭联合脱除电解前液油的效率影响

从图 6-30 可以看出，流速越小反而越容易引起有机物渣穿过双介质过滤器，变得不稳定。

Sole K C 等[37]还对单独的活性炭除油效果进行了研究，0～18 d，柱内液体流速为 12 m/h；18 d 以后，柱内液体流速 6 m/h。活性炭柱除油效果见图 6-31。从图中可以看出，降低流速有利于活性炭柱的除油，但即使降低到 6 m/h，料液中的有机物仍然不够稳定在 <1 mg/L，说明单独使用活性炭除油存在困难，需要和 CoMatrix 联合使用才能有效除油，稳定水相有机物含量 <1 mg/L。

③除油设备

纳米比亚 Skorpion 锌厂采用 SpinTek Filtration 公司生产 CoMatrix 型除油器进行反萃液与萃余液的除油，反萃液除油采用 5 个直径 5.04 m，高 11.25 m 的型号 SX-1125 的 CoMatrix 过滤器作为除油器，其处理能力为 494 m^3/h；萃余液除油采用 SpinTek 公司生产的 6 个直径 4.7 m，高 11.15 m 的型号 SX-1115 的 CoMatrix 过滤器作为除油器(见图 6-32)，其处理能力为 1060 m^3/h。除铁盐酸采用 SpinTek 公司生产的 2 个直径 1.2 m、高 10 m 的 CoMatrix 过滤器作为除油器，其处理能力为 9.8 m^3/h。

(5)电解

从 $ZnSO_4$ 溶液中电沉积金属锌采用的阴极为 3.6 m^2 的铝板，要求进入电解的反萃液有机相浓度≤1 mg/L。采用高电流密度，获得高的电流效率。得到电锌质量见表 6-3。

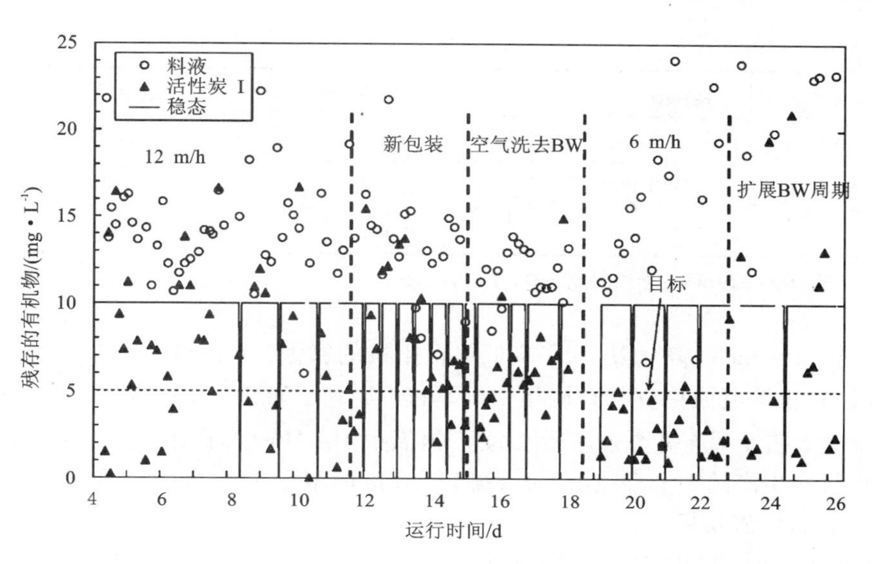

图6-31 活性炭柱除油效果

图6-32 纳米比亚 Skorpion 锌厂反萃后液的除油装置[38]

图6-33 纳米比亚 Skorpion 锌厂的电积车间

表6-3 高纯阴极金属锌质量及标准

元素	Skorpion 锌/%	高纯锌*	Zn 99.995#
Cd	0	0.003	0.002
Cu	0.007	0.001	0.001
Fe	0.003	0.002	0.001

续表 6-3

元素	Skorpion 锌/%	高纯锌*	Zn 99.995#
Pb	0.025	0.003	0.003
Sn	0.002	0.002	0.001
Zn	99.9963	99.995	99.995

注：* 英国标准，1996 年；#中国标准，GB/T 470—2008。

此外，Skorpion 锌冶炼厂为了降低铅银阳极的腐蚀，在溶液中添加一定量的锰离子。在电解废液从负载有机相中反萃锌时，为了防止 MnO_4^{2-} 离子对萃取剂 P_{204} 的氧化，在反萃前需要采用还原剂还原溶液中的 MnO_4^{2-} 离子，还原设备采用 SpinTek 公司生产的 3 个直径 4.7 m，高 11.15 m 的型号 SX-1115 双介质过滤器。

6.5.3 技术经济指标

Skorpion 锌厂锌的设计产能为 15 万 t/a，其生产成本（Operating cost）为 $660/t Zn（或 0.301 $/Ib），各项所占的比例（%）如下：

管理与间接费用	20
能源	18
劳工工资	18
硫磺制酸	11
试剂消耗	9
维护费用	18
折现	3
水	3

2005 年，Skorpion 锌厂产锌 133000 t，营业利润 $42000000。2007 年，Skorpion 锌厂生产成本为 $706/t Zn（或 0.32 $/Ib），是世界上金属锌质量最高而成本最低的厂家之一。

6.5.4 存在的主要问题

（1）杂质元素的偏离

电积过程生产超高等级（SHG）阴极锌要求很纯的电解液，这是由锌在元素电化序中的位置决定的；$ZnSO_4-H_2SO_4-H_2O$ 体系电解锌过程中，阴极可能发生的反应及其标准电极电位见表 6-4。因此，进入电解新液中的杂质对锌电积工序起着决定作用。这些杂质含量升高可能引起它们与锌共沉积、降低电锌质量，改变阴极沉积锌的取向和形态，形成稠黏的锌（Sticky zinc）、降低电流效率和析氢（这增加了电积烧板的危险）。

表6-4　阴极可能发生的反应及其标准电极电位

电极反应	$\varphi^{\ominus}_{298}$/V
$Zn^{2+} + 2e \rightarrow Zn$	-0.76
$Cd^{2+} + 2e \rightarrow Cd$	-0.40
$PbSO_4 + 2e \rightarrow Pb + SO_4^{2-}$	-0.35
$Co^{2+} + 2e \rightarrow Co$	-0.28
$Ni^{2+} + 2e \rightarrow Ni$	-0.26
$2H^+ + 2e \rightarrow H_2$	0.00
$Cu^{2+} + 2e \rightarrow Cu$	0.34
$Mn^{2+} + 2e \rightarrow Mn$	-1.18

Skorpion 锌厂经过15个月的稳定生产，由于电解液中金属杂质离子(Cu^{2+}、Ni^{2+})的显著升高引起烧板，被迫在2006年8月停产。冶炼工艺重启后，杂质通过溶剂萃取断断续续进入到电解液，继续阻碍电解与电锌产量，2006年7月1日至11月的电解新液中杂质浓度见图6-34。

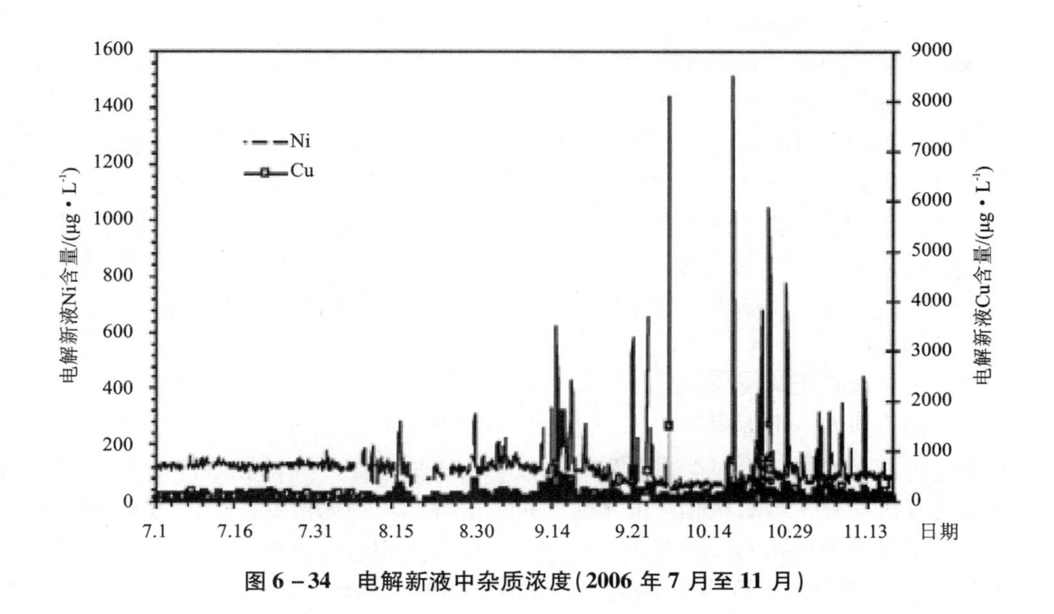

图6-34　电解新液中杂质浓度(2006年7月至11月)

图6-34表明，除偶尔的杂质含量突变外，大部分时候溶液中杂质Cu^{2+}、Ni^{2+}含量是稳定的，这说明杂质传输是物理而不是化学传输机理。

杂质通过溶剂萃取从浸出液传输到电解新液的可能机理有：通过水相夹带、第三相和(或)萃取剂、稀释剂的退化，这些机理如下：

①水相夹带的影响

在萃取与洗涤阶段，正常的水相夹带为100~200 mg/L。质量平衡计算表明，这个水平的水相夹带太低，不足以引起电解新液中杂质含量的明显提高。

②有机相的状况

有机相的标准的斗掉测试(Standard shake - out tests)证明，除化学传输是主要传输机理外，这个阶段的金属杂质的化学提取在极限设计范围；此外，杂质元素的零散上涨说明也不可能是共萃取。有机相的红外图谱(FTIR)与核磁共振图谱(NMR)没有发现任何明显的退化产物。然而，有机相黏度有适度地提高，相分离时间明显有小改变。这些变化意味着有机相的物理特性发生渐变，但是预料对水力行为不会有显著影响。详细的化学分析表明，有些元素，如Sc(100 mg/L)、Y(100 mg/L)，会在有机相中积累。众所周知，三价元素，如Fe^{3+}可以聚合D_2EHPA和改变有机相黏度。在Skorpion锌厂用6 mol/L HCl去脱除部分反萃液中的Fe^{3+}，维持有机相中负载的Fe^{3+}为300 mg/L。接着分析Sc和Y，改变盐酸反萃时间来确保有机相中Sc和Y被脱除。

③第三相传输

湿法冶金溶剂萃取过程中的第三相，是指在溶剂萃取澄清槽中稳定、不会发生聚结沉淀的物质。它们起源于溶剂萃取澄清槽形成的亚稳态的溶液-有机物乳胶。萃取阶段乳胶形成在金属杂质偏离之前或一起发生，同时在萃取澄清槽中出现伴随着不同寻常的高度活动的漂浮赃物和集聚大量底部赃物。漂浮赃物的元素分析表明主要存在Si 9.85%、Zn 4.1%、Al 1.79%、Ni 0.03%、Cu 0.06%，水分37%。因此，赃物包含有相当大的含锌浸出液。最可能的杂质传输是悬浮赃物(夹带含锌浸出液)零星地通过萃取、洗涤进入反萃液。如果间断式的赃物传输是主要的杂质传输，观察到的电解新液中镍、铜含量的上涨就可以得到解释。

(2)体系温度降低

由于萃取是吸热反应，高温有利于Zn^{2+}的萃取及提高杂质的共同萃取；理想的萃取操作控制温度在40~45℃。温度变化影响有机相黏度和相分层速率，在萃取环路操作温度<40℃时严重阻碍提取效率与工厂产能。在低温条件下萃取，水相中的有机相夹带与有机相中的水相夹带明显提高。控制温度在希望的范围对相连的浸出与电积环路的效率有重要作用。温度对水相与有机相两相分层的影响见图6-35(a)与图6-35(b)。通常，两相分层时间与两连续相的温度成反比。

(3)相连续性

水相连续表示有机相液滴在水相中的分散性，而油相连续则相反。在给定澄清槽中的相连续性，主要由在槽中的位置、用途和流出产品相决定。通常水相连

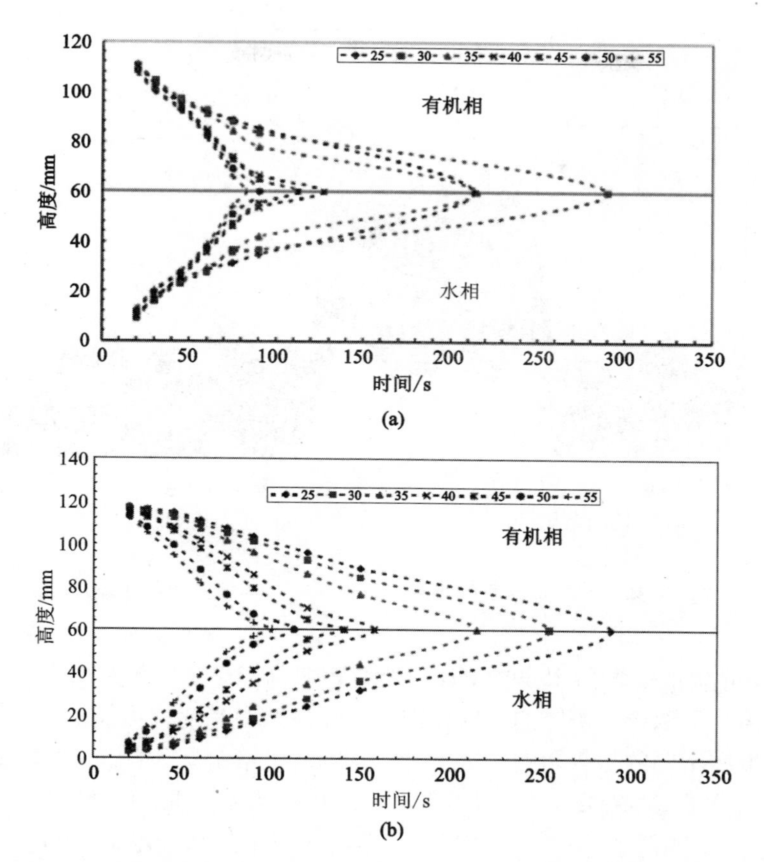

图 6-35 温度对水连续相(a)和有机连续相(b)分离时间的影响(2007年7月)[32]

续的混合比有机相连续的液-液分层速度要快。另外，对上述影响，相连续性也对分散作用带深度与赃物稳定性特点有影响。

设计采用水相连续操作，2006年持续一段时间的悬浮胶状第三相偏离后第一级洗涤(MS005)连续相发生改变；变成有机相连续后，悬浮第三相得到改善，停留在澄清池的界面与底部。2008年，试图在第二级萃取(MS002)改有机相连续成水相连续来测试操作的稳定性，第三相改变结果见图6-36。表明第二级萃取澄清池界面与底部的赃物量有显著的增长，这表明赃物的形貌与密度发生了改变，界面赃物倾向于悬浮赃物。由于悬浮在有机相中的赃物有逆流传输杂质的能力，悬浮赃物比底流赃物对后续电积的影响更重要。因此，第二级萃取的连续相恢复成有机相连续。

(4)硅胶

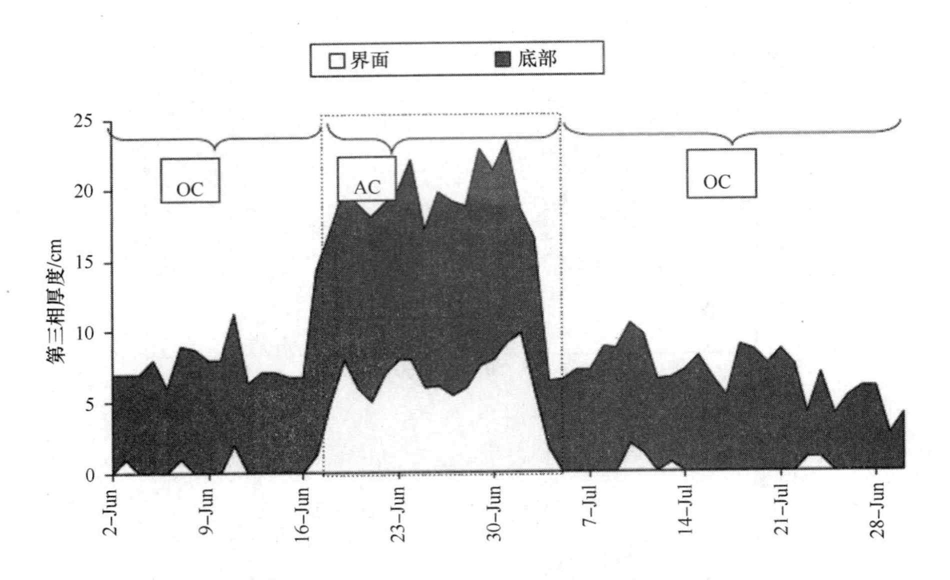

图 6-36 第二级萃取(MS002)连续相改变对第三相的影响[32]

Skorpion 矿平均含 Si 25.9%，比传统锌精矿高。硫酸浸出后，溶液中的硅物种通常是溶剂萃取产生赃物的主要原因。硅在溶液中有三种可能形态，每种形态对溶剂萃取有不同的显著影响。第一种形态的硅是溶解硅，溶解硅物种最简单的形式可以用分子式 $Si(OH)_4$(单硅酸)表示，在一定的条件下仍然溶解在溶液中。低 pH 下浸出，降低了浸出剂的选择性，导致溶液中溶解硅增加。第二种形态的硅是悬浮硅，这些硅固体颗粒没有足够的时间沉淀下来。一旦进入乳胶，这些硅能够增大赃物的体积。第一种形态的硅，当溶液条件改变，如 pH、温度、盐浓度，溶液中的溶解硅物种可能聚合成硅的第三种形态——硅胶。这些聚合硅，粒径 1 ~ 100 nm，有巨大的表面积，但仍然小到不受重力的影响。胶粒大小的聚硅分子形成稳定的乳化液引起萃取过程分层困难。

2008 年 10 月黄色凝胶在 MS003(第一个萃取槽澄清池)内开始形成与集聚。没有聚结的凝胶在液界面积累，稳定存在好几天，直到澄清池清除才除去。在澄清池的排出端有 5 ~ 10 cm 深的凝胶，阻止正常澄清池操作，尤其是相分层动力学。结合浸出与中和工序的 pH 和温度，改变进入溶剂萃取溶液的这些条件，是使溶解性硅转化成硅胶的最可能原因。图 6-37 描述了凝胶形成期间溶液中的硅胶水平。

(5)有机相中稀土金属(Re)的积累

① Re 积累状况

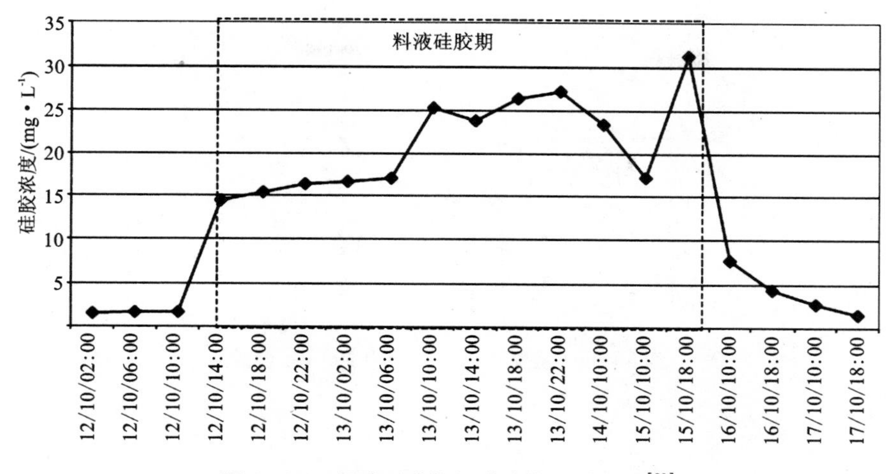

图 6-37　凝胶形成期间溶液中硅胶含量[32]

MZP 工艺溶剂萃取锌过程中，有机相中负载过量的稀土元素会引起以下几个问题：第一、引起萃取反应过程的第一级形成凝胶[39]，甚至导致萃取过程停产；第二、稀土元素在有机相中的积累，会导致 D_2EHPA 对 Zn^{2+} 的有效负载容量降低；第三、有机相负载过量的稀土元素对溶剂萃取化学与相分离的影响也未可知。因此，Alberts E 等[40, 41]对于 Skorpion 锌厂生产过程中稀土元素的积累问题、产生的影响及从有机相中脱除稀土进行了系统研究。从 2006—2011 年，Skorpion 锌厂生产过程中萃取前锌溶液中稀土 Re、Fe 元素含量见图 6-38，反萃锌后的有机相中 Re、Fe 含量见图 6-39，废电解液中 Re、Fe 含量见图 6-40。

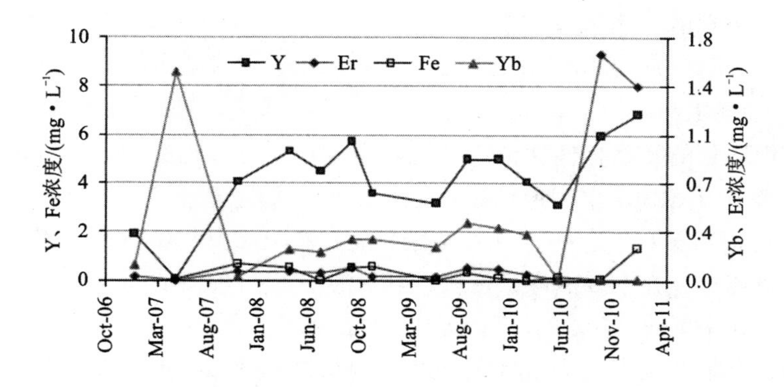

图 6-38　萃取前料液中 Re、Fe 含量

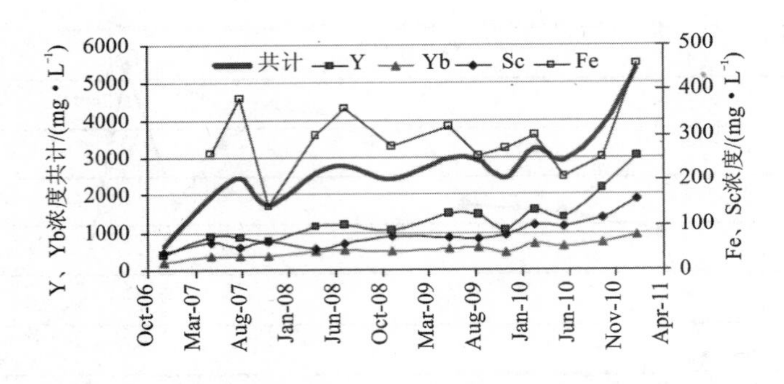

图 6-39　反萃锌后有机相中 Re、Fe 含量

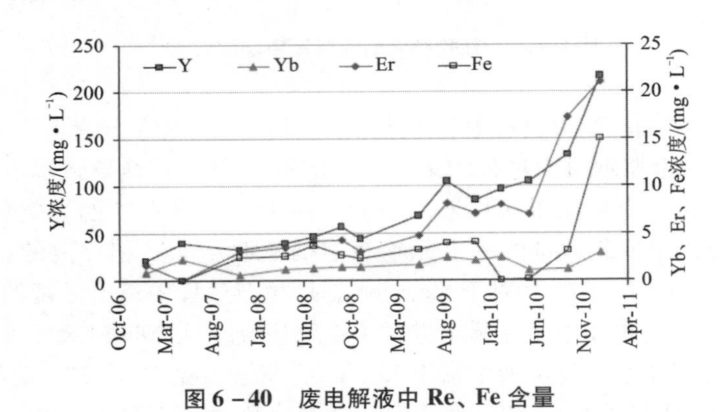

图 6-40　废电解液中 Re、Fe 含量

有机相的光谱分析表明有稀土存在，尤其是 Sc、Y 和重稀土 Er、Tm、Yb、Lu。D_2EPHA 是一种与 Re 强结合的萃取剂，在工业提取稀土，如 La 中得到应用[42]。虽然氧化锌矿中只有微量稀土，浸出液中稀土含量低于检测极限，但溶剂萃取—电积环路的闭路特性使得这些元素慢慢地在有机相中积累。三价或更高价的稀土元素与 D_2EPHA 牢固地结合，在反萃工序不能被硫酸反萃。在有机相再生环路，用 6 mol/L 的 HCl、O/A 比 6.7 条件下，能脱除率 $<10\%$ 的积累在有机相中的总的金属离子。在 Skorpion 条件下，电解液中 Re、Fe 不断积累。

②有机相中 Re、Fe 对“有机相健康”的影响

“有机相健康”是指有机相萃锌过程中有机相的黏度、负载锌能力与相分层特性的影响。对于 Skorpion 锌厂，“有机相健康”标准是：相分层时间 <200 s、负载锌能力 >22 g/L 和有机相的黏度 <5 mPa · s。

采用含 Zn^{2+} 32 g/L 的 Skorpion 锌厂真实溶液、含 Zn^{2+} 30 g/L 的模拟溶液，

研究有机相中Re、Fe含量对40% D_2EPHA +60%煤油负载锌能力的影响。试验结果表明：当有机相中Re+Fe含量为3100 mg/L时，有机相对真实溶液的负载锌能力是21.4 g/L，对模拟液的负载能力是19.9 g/L；对于模拟液，增加有机相中Re+Fe含量，降低对模拟液的负载锌能力。当有机相中Re+Fe含量为4600 mg/L时，对真实溶液的负载锌能力是20.1 g/L；但继续增加有机相中Re+Fe含量至6350 mg/L，并没有继续使真实溶液负载锌能力降低。

有机相中Re+Fe总浓度对黏度的影响见图6-41。从图中可以看出，增加有机相中Re+Fe总浓度会使有机相黏度急剧增加；这是由于萃取Re过程中生成的是远比Zn^{2+}萃合物R_2Zn大的$R_3Re \cdot 3HR$。萃取真实溶液更会引起有机相黏度的增加。

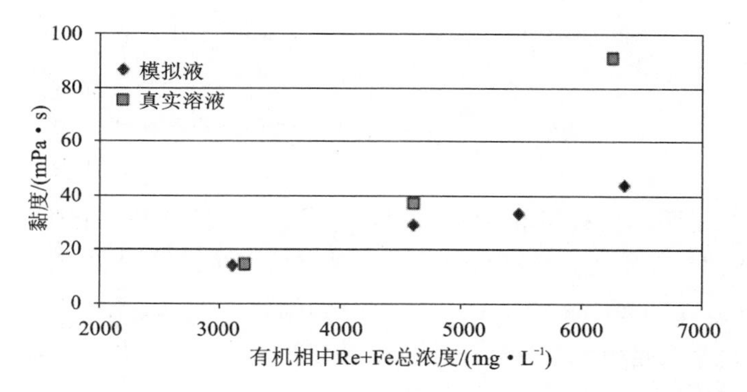

图6-41 有机相中Re+Fe总浓度对黏度的影响

有机相中含不同Re+Fe总浓度，对萃取一次模拟溶液后相分层时间的影响见图6-42；对萃取一次真实溶液后相分层时间的影响见图6-43。

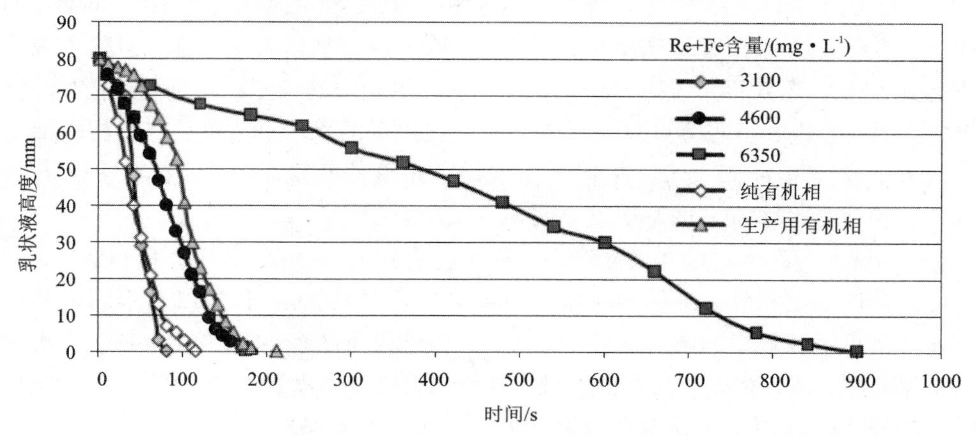

图6-42 萃取一次模拟溶液后相分层时间

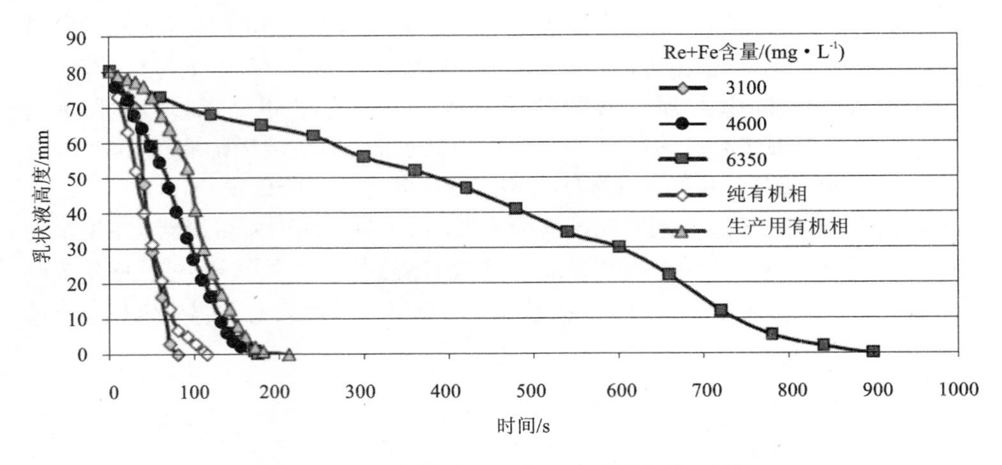

图 6-43　萃取一次现场真实溶液后相分层时间

实验结果表明：在有机相中 Re + Fe 总浓度较低(3100 mg/L)或中等浓度(4600 mg/L)时，起始相分层速度较慢，接着加快，结尾阶段相分层速度又减慢，与 Musadaidzwa & Tshiningayamwe[30, 32]报道的结果一致。这是由于：最开始需要克服形成巨大界面面积、缓慢聚合的两相界面张力[43, 44]。随着界面面积的降低，聚合更容易，更大体积的相利用它们的密度差快速分层；最后通过扩散来保证最后液滴聚合。有机相中 Re + Fe 总浓度增加，导致有机相黏度增大和乳状液更稳定，分层时间更长，因此，当有机相中 Re + Fe 总浓度增加到 6350 mg/L 时，相分层时间延长到 700 s 以上，引起萃取过程混合—澄清过程困难。

对于从 Skorpion 锌厂反萃锌后的有机相中 Re、Fe 的脱除，采用 6 mol/L 的 HCl、O/A = 1∶1 条件下量化反萃试验说明，Fe^{3+} 可以基本脱除干净，但稀土脱除率达到 50%。图 6-44 说明 Skorpion 锌厂的有机相中的稀土积累到约 2 g/L 的情况，这相当于饱和负载容量 40 g/L 的 5%。在给定的萃取剂浓度，有机相对稀土的最大萃取容量为 30 g/L。在有机相中稀土浓度小于 2 g/L，仍然有多余的与 Zn^{2+} 的结合点，对 Zn^{2+} 的萃取没有明显的负面影响。

Skorpion 锌厂经过多年的生产后，稀土在有机相与电解液中发生了富集，产生萃取分层与电积效率降低的问题。Alberts E 等[40, 41]对稀土 Y 以及不同稀土对电积锌过程电流效率的影响进行了研究，试验结果见图 6-45、图 6-46。多次试验结果表明，不含稀土的反萃液新液电积锌，电流效率平均达 96.4%。随着钇含量增加到 200 mg/L，电流效率急剧降低。在稀土含量 200 mg/L 条件下，均对电积锌过程的电流效率产生影响，其中 Sc 影响最大，使电流效率降低到 60%。

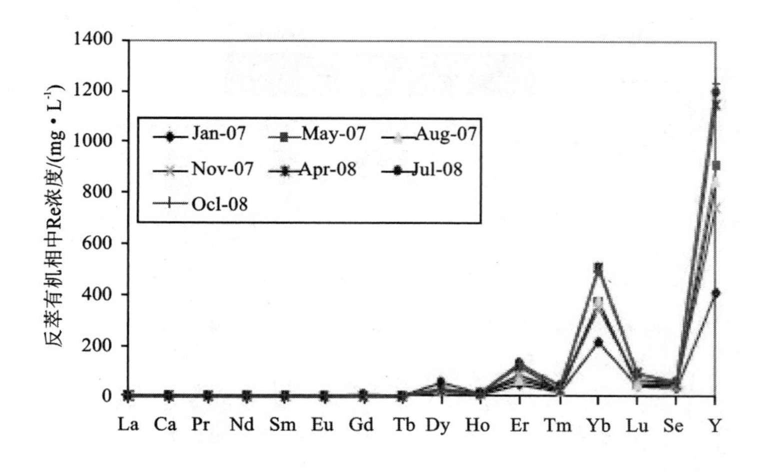

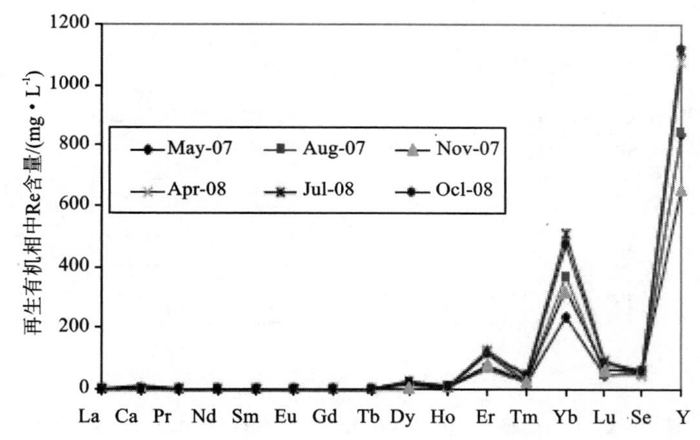

图 6 - 44 (a) 反萃有机相中的 Re 含量 (b) 再生有机相中的 Re 含量[32]

Alberts E 等[41]对不同反萃剂(H_2SO_4、HCl 和 HNO_3)、反萃剂浓度、相比、温度条件下，含 Re、Fe 的有机相中的脱除效果进行了研究。对于 Y、Er、Yb 的反萃，得出反萃效果为 $H_2SO_4 > HCl > HNO_3$。在优化条件下，对于 5 mol/L H_2SO_4，Y、Er 反萃率 97% 和 Yb 78%；对于 5 mol/L HCl，反萃率 Y 91%、Er 89% 和 Yb 45%。

6.6 溶剂萃取 - 传统湿法炼锌工艺联合处理氧化锌矿

云南祥云飞龙有色金属股份有限公司与昆明理工大学合作成功开发了溶剂萃取 - 传统湿法炼锌工艺联合处理氧化锌矿新工艺[45-48]。

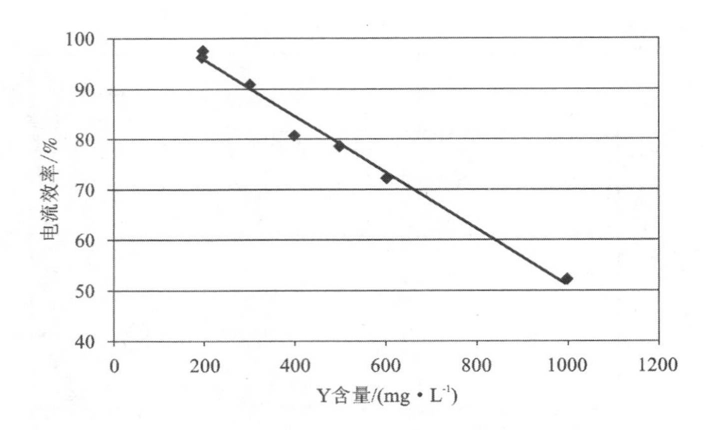

图 6-45　稀土 Y 对电积锌电流效率的影响

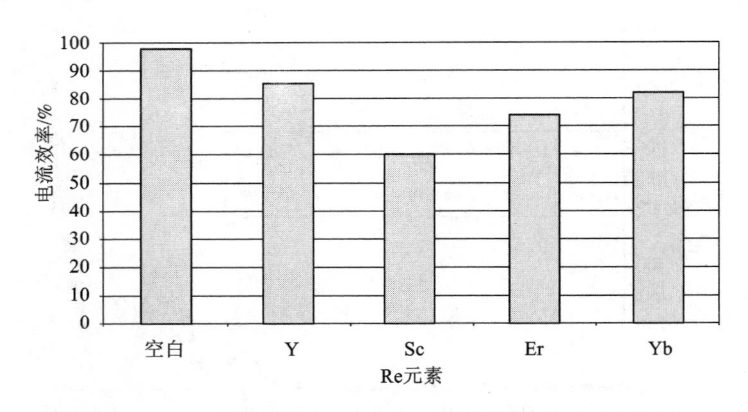

图 6-46　不同稀土元素(200 mg/L)对电积锌电流效率的影响

①低品位氧化矿处理工艺存在的问题

云南祥云飞龙公司采用的氧化锌矿处理工艺的特点是：将锌焙砂与含 Zn<20%的氧化锌矿的浸出相结合，使用锌焙砂高酸浸出液浸出氧化锌矿。主要的工艺过程为：锌焙砂与硫酸溶液同时加入浸出槽，在高温高酸搅拌的条件下反应，温度为 85~95℃，溶液的终酸为 H_2SO_4 45~100 g/L；氧化锌矿粉加入到锌焙砂硫酸浸出液中混合搅拌，初始 pH 3.0~3.5，终点 pH 5~5.2，生成的中浸液经过净化除杂后用于电积锌；中浸渣加入硫酸溶液搅拌浸出，pH 由 5~5.2 逐渐降至1.5~3.0，浸出液再返回氧化锌矿的中性浸出阶段。该工艺可处理含锌低于 20% 的氧化锌矿，生产成本低，硫酸耗量少，焙砂高温高酸浸出液不需设置专门的脱铁、脱硅工序。不消耗中和剂，浸出液可循环使用，锌的浸出率高。

这种处理低品位氧化锌矿存在的一个主要问题是：金属品位越低渣量就越

大，过滤后的渣中夹带大量的溶液（≥30%），导致渣含锌一般≥3%。以祥云飞龙公司每年产出浸出渣30万t，渣含锌4%计，每年渣中夹带约1万t锌，由此造成锌的浸出直收率低，损失大，并且污染环境。经分析，渣中夹带的锌主要为水溶性硫酸锌，虽然可以用水将其洗涤出来，但洗水含锌量在20~30 g/L，不能直接返回流程，否则破坏系统的溶液平衡。采用石灰中和可使洗水中的锌水解沉淀，但得到的沉淀同样含有大量的水，不能直接返回流程。

②溶剂萃取从氧化锌矿浸出渣中回收锌工艺

根据祥云飞龙公司的氧化矿浸出渣主要含硫酸锌的特点，用水溶浸出渣中的锌是简单的方法。洗渣水的成分列于表6-5，洗水中的金属浓度可以通过调整洗渣液固比的大小而改变。

表6-5 洗渣水的成分/($mg \cdot L^{-1}$)[45]

No	pH	Zn*	Mn*	Fe	Cd	Co	Cu	Ni	Pb	Ca
1	5.0	13.04	1.07	0.18	224.4	1.95	7.43	1.80	1.53	543.8
2	5.0	18.7	1.98	0.62	104.0	1.76	25.1	1.30	1.86	540.0
3	5.0	16.5	1.63	0.84	183.5	1.82	18.3	1.90	1.78	545.7
4	5.0	9.67	0.98	0.75	132.6	1.45	5.2	1.54	1.24	524.2

注：*单位为g/L。

从表6-5的数据可以看出，洗水中含的金属主要有Zn、Mn、Ca、Cd，而Fe、Co、Ni、Pb、Cu等含量很少。参考国内外的研究成果和产业化实例，最终确定水洗—萃取—浸出—电积法从氧化锌矿酸性浸出渣中回收锌，其工艺流程如图6-47所示。

该流程没有建立一条独立的生产线，而是与现有流程相结合，于2005年5月实现了产业化，处理浸出渣洗水的设计能力为3000 m^3/d。充分利用了传统湿法炼锌系统的净化和电积两个主要工序，省去了萃取过程中的洗杂与溶液净化等操作，简化了流程，同时也解决了洗渣水难以处理的问题。

生产过程中，各步骤的工艺技术条件如下：

洗渣：氧化锌矿浸出渣用水溶浸，水与渣按(2~5):1的液固比混合调浆后压滤进行液固分离，滤渣含Zn 1%左右，送尾渣坝堆存，滤液送萃取车间。为了防止萃取过程产生相间污物或发生乳化，溶液再经过砂滤，进一步除去细小的固体颗粒，然后泵入萃取箱进行萃取。

萃取：萃取在用水泥制作的混合澄清槽内进行。槽内壁进行防腐处理，萃取有机相由30%的P_{204}与70%的260#溶剂煤油组成，P_{204}事先不经过碱皂化，萃取

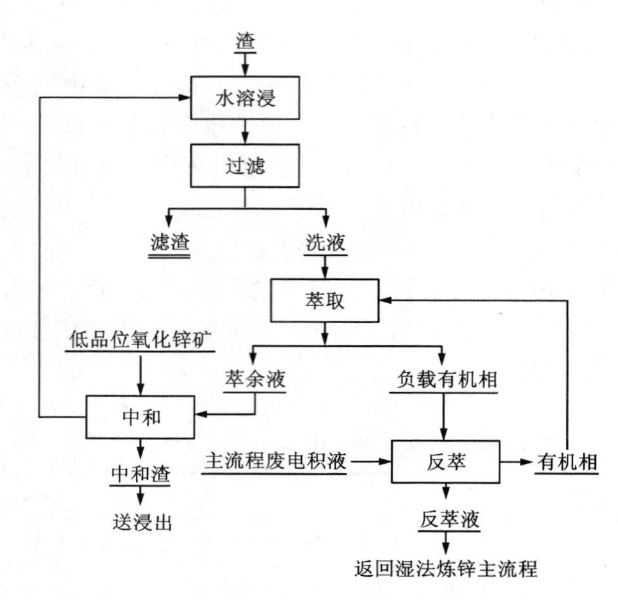

图 6-47　氧化锌浸出渣中回收锌的工艺流程图[45]

相比为 1∶1，采用三级逆流萃取，锌的萃取率为 60% ~70%，平均 66% 左右。萃取后的萃余液中含有一定量的酸，脱油后先用氧化矿中和至 pH 为 6 后再返回洗渣，这样不仅可以实现水的循环利用，同时也可以利用萃取过程中产生的酸对氧化锌矿进行预处理，减少氧化锌矿浸出所消耗的酸量。

反萃：反萃使用锌电积后的废液，其中 Zn^{2+} 40 ~ 50 g/L，H_2SO_4 180 ~ 200 g/L，采取两级逆流反萃，反萃相比为(5 ~8)∶1，反萃后可以得到含 Zn^{2+} 约 100 g/L 的溶液。整个萃取过程在常温下进行。因为洗水中的部分钙、镉等杂质金属离子也会同时被 P_{204} 萃取进入有机相。在反萃时有机相中负载的这些杂质同样会进入反萃液，使反萃液除了锌离子外还含有较多的其他金属离子，该溶液不能直接用于锌电积，必须经过净化除杂处理。从高酸溶液中直接除去这些杂质不太容易实现，考虑到现有的湿法炼锌工艺中有溶液净化制取电积新液的工序，将脱油后的反萃液并入湿法炼锌的主流程，与主流程的溶液一起经过浸出和净化，最后得到杂质含量合格的新液用于电积产出 0# 锌，同时反萃液中含有的微量有机物也会在液固分离时得以彻底脱除，不会对电积产生影响。

生产中使用的脱油设备进行水相中有机物的回收，该设备主要分为隔板脱油、超声波除油和纤维球吸附脱油三部分，经过脱油处理后的水溶液有机物含量可在 1×10^{-6} 以下，P_{204} 的损失为 2 kg/t Zn 左右。

③主要技术经济指标

从该工艺投产运行 1 年的情况看，洗水处理量达到 3000 m^3/d 设计能力，萃取相比(O/A)根据水相含锌的高低在 1∶1 左右调整，萃取率在 65% 上下波动，有机相负载锌为 6 ~ 8 g/L；反萃相比(O/A)为 6∶1 左右，反萃率在 95% 以上，经过反萃，锌在反萃液中被富集到 100 ~ 120 g/L；脱除有机物后的萃余液和反萃液中 P_{204} 含量始终控制在 $<1 \times 10^{-6}$。

工艺运行不仅取得了较好的技术指标，同时也取得了较好的经济指标。由于处理的原料为工厂历年堆存的矿渣，渣中的金属在前期处理时已经计入生产成本，因此，该原料不再计价，仅此一项每吨金属就节省 1 万多元的原料费用。萃取提锌段的操作成本大约为吨金属 500 元，洗渣、净化、电积等其他工序总的操作成本大约为吨金属 2000 元，加上吨金属 1500 元的管理费等其他成本，所以，利用萃取技术从渣中提取并得到电锌总的生产成本大约为吨金属 4000 元。工厂现在处理 3000 m^3/d 的洗水，回收 22 t/d 左右的锌。

6.7 从钢铁厂产瓦斯泥中提取锌

钢铁厂每生产 1 t 铁就产生 10 ~ 15 kg 烟尘，这种烟尘含锌 10% ~ 20%，并含多种杂质。欧洲钢铁业承认，从技术上、经济上和环保上看，MZP 法处理 EAFD 是适宜的。西班牙已用该法对不同组成的电弧炉烟尘进行过多次中间工厂试验，并提出一个年处理 8.2 万吨烟尘的项目，但该项目建设尚未开始[49]。意大利已进行用 MZP 法从电弧炉烟尘中回收锌的试验。流程中溶剂萃取前不除铁，锌和铁用 D_2EHPA 共萃取，有机相中的锌，用 1 mol/L H_2SO_4 反萃取，而后用盐酸处理除去有机相中的铁。

有人[50, 51]认为攀钢高炉瓦斯泥中含锌高，不能直接返回烧结配料，而采用回转窑挥发法存在能耗高、易结窑、污染大等缺点，提出采用该厂自有的钛白废酸作为浸出剂，瓦斯泥经过低酸浸出、中和除铁、萃取、电积工序回收金属锌。

6.7.1 原料

所用的原料是来自攀钢炼铁燃气车间收集的瓦斯泥，锌主要是以氧化锌形式存在，而铁以 Fe_2O_3 和 Fe_3O_4 为主，控制一定的酸度可以使锌尽可能地进入浸出液而铁尽量不进入浸出液而留在渣中。攀钢瓦斯泥的 XRD 图谱和主要成分分析见图 6 - 48 及表 6 - 6 所示。

表 6 - 6 瓦斯泥中主要元素含量分析

元素	Zn	Fe	Cu	Cd	Co	As	Sb	Cl	F
含量/%	12.21	30.63	0.0097	0.010	0.0027	0.13	0.27	3.0	0.12

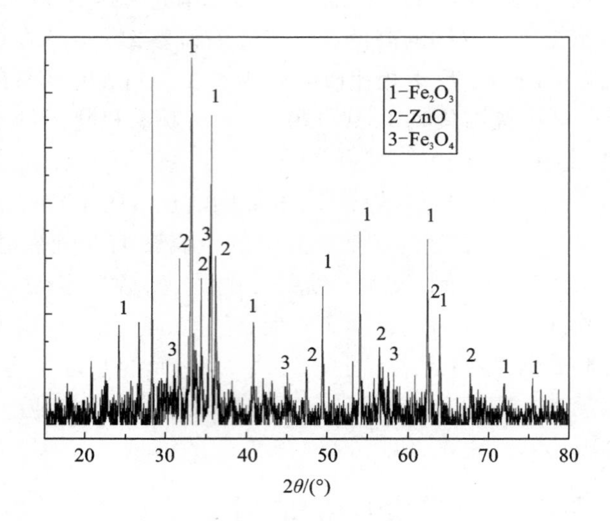

图 6-48 攀钢瓦斯泥 XRD 图谱

本研究所采用的浸出剂是攀钢硫酸法生产钛白过程产生的废酸，其主要成分(g/L)为：H_2SO_4 303.92、TiO_2 6.00 和 Fe^{2+} 31。

6.7.2 瓦斯泥综合回收锌工艺流程

针对攀钢瓦斯泥含锌高的特点，自有高浓度的钛白废酸可以做为浸出剂，现提出以下处理瓦斯泥的原则工艺流程，如图 6-49 所示。从图 6-49 可以看出，基本没有废液排放，建立起了三个主要的环路，可以表述如下：① 浸出与萃取之间的水溶液环路；② 溶剂萃取与反萃之间的有机相环路；③ 反萃与电积之间的锌电解液环路。

6.7.3 瓦斯泥浸取过程工艺条件的确定

浸出过程采取单因素条件试验进行，试验综合考察了废酸用量、浸出温度、液固比、反应时间等因素对锌、铁浸出率的影响，使得瓦斯泥浸出过程中的锌尽可能进入浸出液中，而铁尽量留在渣中。

(1)废酸用量对瓦斯泥浸出影响

温度在 20℃，搅拌速度 350 r/min，反应时间 2 h，液固比 4∶1 的条件下，废酸用量按每升浸出剂加废酸计，150 mL、180 mL、215 mL、245 mL、285 mL 条件下对瓦斯泥锌浸出效果的影响，对应浸出酸度为：45.59 g/L、54.71 g/L、65.34 g/L、74.46 g/L、85.10 g/L。试验结果如图 6-50 所示。

从图 6-50 可以看出，锌的浸出率随着硫酸用量的增加先增加后减少，而铁的浸出效果随酸度增加而持续增加。这可能是因为随着酸度增加到一定程度，锌

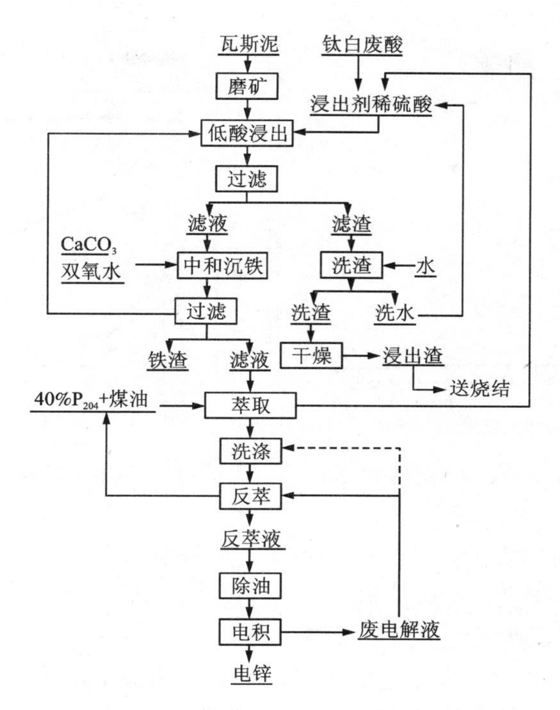

图 6－49　瓦斯泥处理工艺流程图

已基本完全浸出，而铁浸出率持续增加，使得铁形成的胶体对锌的吸附增强而带入渣中，而且随着废酸量的增加，引入的二价铁离子增加，为后续除铁带来负担。综合考虑锌的浸出率和下步中和氧化沉铁的影响，选择酸度为 65 g/L(酸矿比为0.26)为最佳浸出酸度，即废酸用量为 855 L/t 瓦斯泥。此时浸出液 pH＝1.95，过滤性能好。

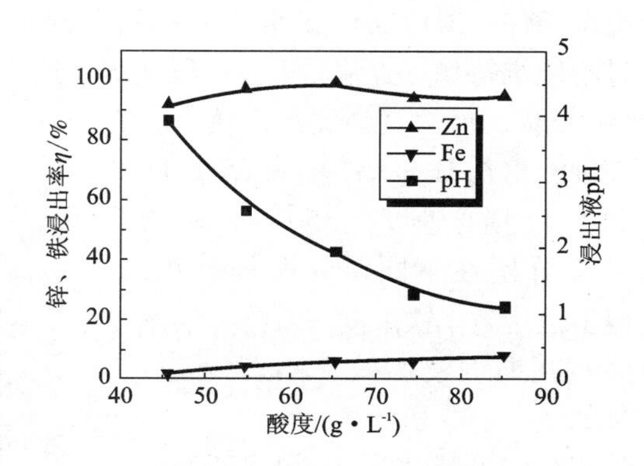

图 6－50　硫酸浓度对瓦斯泥锌、铁浸出率的影响

(2)反应温度对瓦斯泥浸出效果影响

控制搅拌速度在 350 r/min，浸出剂 H_2SO_4浓度为 65 g/L，液固比 4∶1，浸出时间 2 h，研究不同反应温度对瓦斯泥锌、铁浸出效果的影响，试验结果如图

6－51所示。

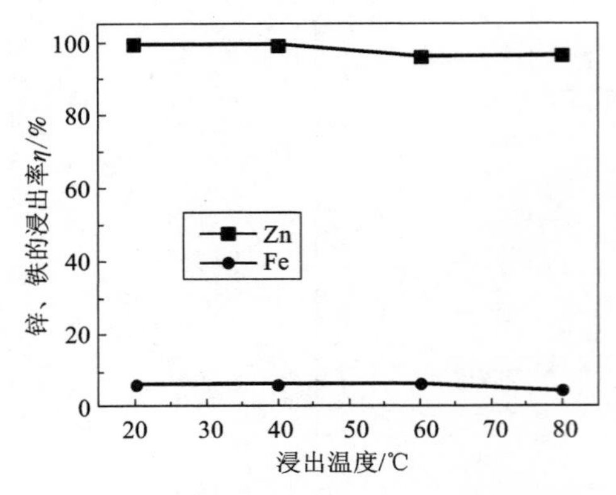

图6－51　浸出温度对锌、铁浸出率的影响

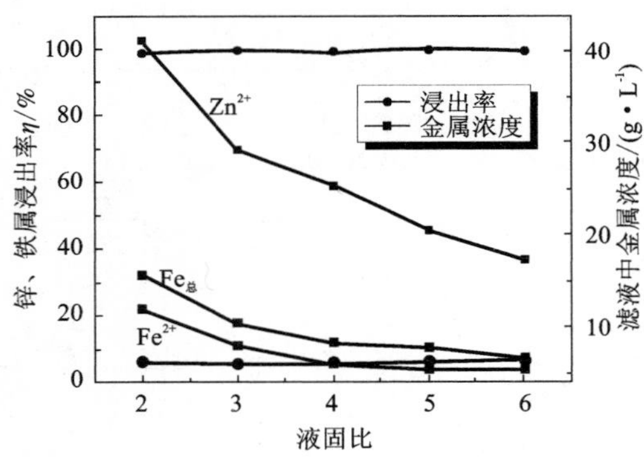

图6－52　液固比对锌、铁浸出效果的影响

由图6－51可以看出，反应温度对锌、铁浸出率的影响不大，温度升高浸出液挥发严重，能耗增大。所以选最佳浸出温度为常温。

(3)液固比对瓦斯泥浸出效果影响

控制酸矿比为0.26，搅拌速度在350 r/min，常温下浸出2 h，考察液固比对瓦斯泥中锌、铁浸出效果的影响，如图6－52所示。

从图6－52可以看出，锌的浸出率在酸矿比为0.26时浸出率都在99%以上，而铁的浸出率基本都在6%左右，液固比对其影响不大，在此选择液固比4∶1为最佳浸出条件。考虑循环实验萃余液返回浸出过程带入一部分的锌和硫酸，为使循环过程能维持稳定，循环实验过程液固比选择5∶1。

(4)反应时间对瓦斯泥浸出效果影响

控制浸出剂H_2SO_4浓度为65 g/L，液固比4∶1，搅拌速度在350 r/min，常温条件下分别在不同时间取样分析，测定浸出液中锌、铁浓度，以此考察反应时间对瓦斯泥浸出效果的影响，试验结果如图6－53所示。

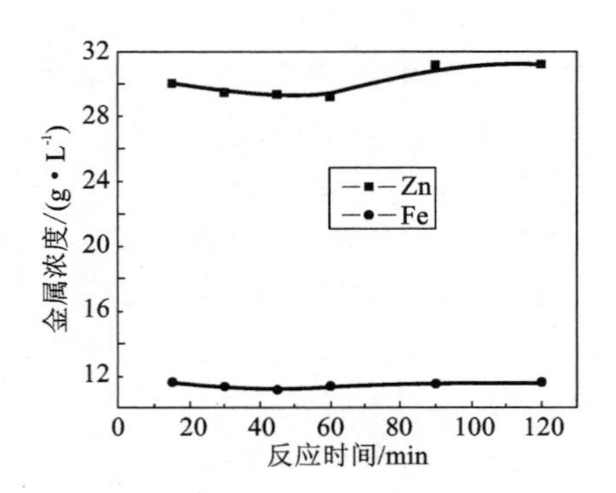

图6－53　反应时间对锌、铁浸出效果影响

从图6－53可以看出，浸出开始阶段锌的浸出率稍微有所下降，在1.5 h以后锌的浸出基本不受浸出时间的影响。这可能是因为试验开始阶段硫酸浓度较高锌浸出较完全，但是铁的浸

出液随之增加，对锌的吸附增强，使锌开始时有下降的趋势，随之酸度降低，锌继续浸出而铁基本不被浸出，所以在后续锌的浸出率又有所回升。考虑扩大试验搅拌不均匀的影响，在此选择 2 h 为最佳浸出时间。

依据以上试验选取优化的浸出条件为：酸度为 65 g/L、常温、液固比为 4∶1，反应时间 2 h。在最佳条件下，进行每次体积为 2.0 L的 4 次综合条件试验，得到锌的平均浸出率为 97.97%，而铁的平均浸出率为 6.52%。对综合浸出渣做 XRD，结果如图 6 – 54 所示。从图 6 – 54 中看出渣中检测不到锌，主要是铁的氧化物，可知锌基本进入浸出液，达到了较好的铁、锌分离的目的。

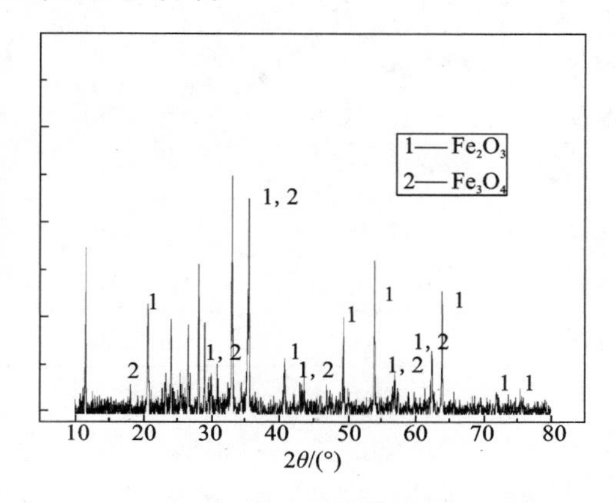

图 6 – 54　瓦斯泥浸出渣 XRD 图谱

6.7.4　类针铁矿沉铁

在废酸浸出瓦斯泥最优条件下进行综合条件实验，所得浸出液中主要成分为：Zn 33.88 g/L，Fe_T 8.4 g/L，其中 Fe^{2+}5.4 g/L。此时浸出液含锌低，含铁高，同时含有铜、镍、镉、砷、锑等有害杂质，不能通过简单净化除杂后进行电积，必须进一步富集锌的浓度。本工艺在后续采取 P_{204}萃锌工艺，可以达到富集锌的同时除去其他有害杂质的目的。而 P_{204}萃 Fe^{3+}优于萃 Zn^{2+}，在反萃过程中铁很难被反萃下来(需要用5 ~6 mol/L 的 HCl 进行反萃)，这样虽然可实现锌、铁分离的目的，但是大大降低了 P_{204}对锌的萃取容量，同时反萃过程容易造成 P_{204}失效，故选择在萃取之前增加除铁工序。

现有除铁方法主要分为：常规中和除铁、黄钾铁矾法、赤铁矿法、针铁矿法及类针铁矿法等。本工艺得到浸出液含铁在 8 g/L 左右(Fe^{2+}5 g/L 左右)，含有较高的亚铁，故考虑采取类针铁矿除铁。

(1)中和剂的选择

首先考虑瓦斯泥作为中和剂，酸浸维持 pH 在 1.8 ~2.0，常温下反应2 h，静止 0.5 h，上清液直接进行中和，底流经过滤洗涤后干燥称重；上清液直接加瓦斯泥进行中和，调节 pH 为3.5 ~5，常温下反应时间0.5 h，静置0.5 h；做3 次循环实验，观察瓦斯泥中和过程上清液量的变化，试验结果如表 6 – 7 所示。

表 6-7　瓦斯泥中和实验结果

实验	烟灰/g	硫酸/g	液固比	t/℃	t/h	上清液/mL	底流/mL	渣/g
起槽	399.9	80	4∶1	20	2.0	1200	520	256.6
中和 1	299.9	—	—	20	0.5	950	850	—
返浸 1	—	52.5	—	20	2.0	1350	450	323.05
中和 2	250.4	—	—	20	0.5	800	900	
返浸 2	—	44.65	—	20	2.0	1500	200	193.7
中和 3	250.0	—	—	20	0.5	620	1130	
返浸 3		45	—	20	2.0	1500	200	214.85

从表6-7 可知此工艺不可取，铁在上述工艺中不断地积累，致使中和后上清液越来越少，底流越来越多，增加了低酸浸出的负担，大量的铁在系统内循环，使浸出-中和循环试验无法进行下去，同时酸浸出渣含锌越来越高，三次循环下来，返浸 3 渣含锌为 1.21%，降低了锌的回收率，所以必须把铁从整个工艺过程开路出去。

氢氧化钙作为中和剂时其表面容易生成一层硫酸钙，氢氧化钙被包裹其中，使其反应不完全，这样不仅增加了中和剂的用量，同时使渣量大大增加。而碳酸钙作为中和剂时会生产二氧化碳，使碳酸钙反应较完全，所有最后决定采用碳酸钙作为中和剂。

(2)操作方式的选择

考察直接加入碳酸钙和类针铁矿法对中和沉铁过程锌损失率的影响。酸浸液主要成分为：Zn^{2+} 34.8 g/L，Fe_T 10.1 g/L，Fe^{2+}5.6 g/L，pH =1.8 ~2.0。直接加石灰中和沉铁条件：在2 L烧杯中加入1.5 L酸浸液，25℃下，缓慢加入2 倍理论量的双氧水，用碳酸钙调节溶液 pH 在 3.5 ~4.5，搅拌 0.5 h，加入适量絮凝剂，过滤，测定滤液中含锌量；采用类针铁矿沉铁条件：在 2 L 烧杯中加入200 mL除铁后液，25℃下，酸浸液用蠕动泵打入烧杯中，速度控制在37.5 mL/min，使除铁过程中溶液含 Fe <1 g/L，缓慢加入 2 倍理论量的双氧水，用碳酸钙调节溶液 pH 在 3.5 ~4.5，反应 0.5 h，加入适量絮凝剂，过滤，测定滤液中含锌量。通过对比试验发现，直接中和除铁分层和过滤速度较慢，锌损失率为 15.36%，而采取类针铁矿法静止分层和过滤速度明显变快，锌损失率将为 13.26%，所以选择类 E. Z 法的针铁矿法进行沉铁。

(3)氧化剂用量

取酸浸液 800 mL，采用石灰石调节溶液 pH 在 3.5 ~4.5，在常温下，搅拌速度为250 r/min，反应0.5 h，分别移取不同量的双氧水插入溶液底部并缓缓加入。考察双氧水用量对中和氧化沉铁效果的影响，试验结果如图6－55所示。从图6－55中可以看出双氧水用量为理论用量的1.3倍就可以达到除铁的目的。

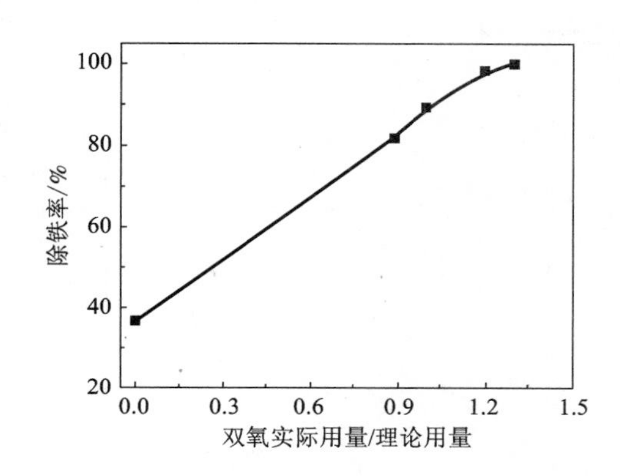

图6－55　双氧水用量对除铁率的影响

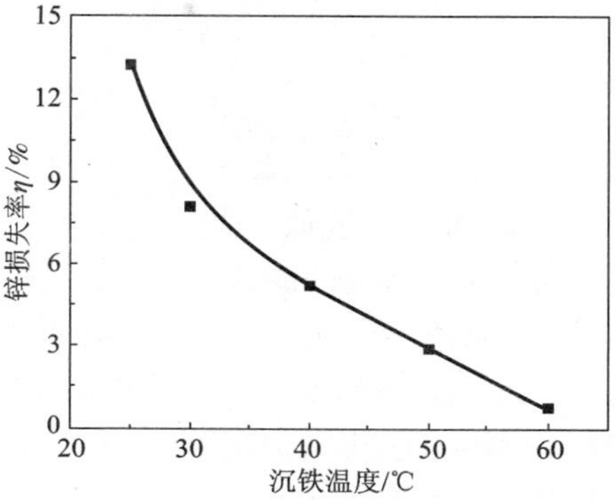

图6－56　沉铁温度对锌损失率的关系图

(4)沉铁温度的影响

针对除铁过程中，铁易生成氢氧化铁胶体，使除铁过滤速度慢，同时易吸附一部分锌，造成锌损失超过10%的特点，本工艺按类针铁矿法的操作工艺，探索不同温度对锌损失率的影响。

试验条件为：酸浸液成分为Zn^{2+} 34.8 g/L，Fe 10.1 g/L，Fe^{2+} 5.6 g/L，pH＝1.8～2.0。取200 mL除铁后液置于2 L烧杯中，用蠕动泵缓慢加入酸浸液1.5 L，控制加入速度为37.5 mL/min，缓慢加入1.3倍双氧水，用石灰石维持溶液pH＝3.5～4.5，反应0.5 h，加入适量絮凝剂，过滤，测定滤液中的含锌量，以此考察不同温度下对除铁过程中锌损失的影响，试验结果如图6－56所示。

从图6－56中可以看出，随着温度升高，锌的损失率逐渐降低，到温度为60℃时，锌的损失率降到0.73%，综合考虑能耗及后续溶剂萃取工序对温度的要求，选择最佳的沉铁温度约50℃，此时锌的损失率仅为2.90%，碳酸钙用量为25 g/L浸出液左右。

6.7.5　萃取工艺条件确定

(1)萃取剂浓度确定

高炉瓦斯泥经过废酸浸出和中和沉铁后所得的沉铁后液，其主要成分如表6－8所示。

表 6-8　瓦斯泥经废酸浸出、中和沉铁所得滤液成分/($mg \cdot L^{-1}$)

元素	Zn	Cu	Ni	Co	Cd	As	Sb
废酸浸液	33880	25.54	3.33	2.06	23.38	3.98	4.23
中和后液	31890	12.8	3.21	1.47	21.37	0.04	—

沉铁后液锌浓度在 30 g/L 左右，20% P_{204} + 260# 煤油的饱和容量过低，明显不能满足对除铁后液的锌萃取率的要求，而 50% P_{204} + 260# 煤油的萃取有机相在萃取的过程中出现乳化现象，使分层时间明显增加，所以试验只测定 30% P_{204} + 260# 煤油和 40% P_{204} + 260# 煤油的萃取饱和容量，实验条件为：有机相为 30% P_{204} + 260# 煤油或 40% P_{204} + 260# 煤油，水相为含 Zn^{2+} 50.83 g/L 纯 $ZnSO_4$ 溶液，萃取温度为常温，相比为1∶1，振荡10 min，静止 5 min，至萃余液中锌浓度与原液相等为止。试验结果如图 6-57 所示。

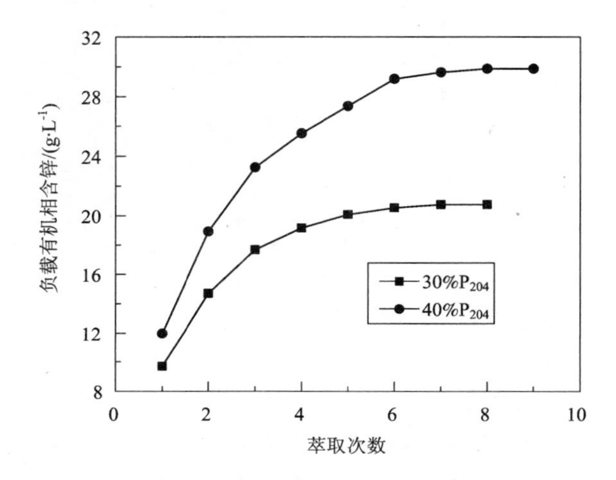

图 6-57　不同萃取剂浓度的锌的萃取饱和容量

从图 6-57 可以看出，30% P_{204} + 260# 煤油、40% P_{204} + 260# 煤油的有机相的饱和容量分别为 20.74 g/L 和 29.86 g/L。由于试验要尽可能地萃取锌，减少锌在体系中的循环，所以选用 40% P_{204} + 260# 煤油作为萃取相。

(2) 萃取温度确定

采用 40% P_{204} + 260# 煤油作为萃取相，对含锌 27.75 g/L 的纯硫酸锌溶液进行萃取，相比为 500 mL/500 mL，在恒温水浴槽中机械搅拌 10 min，静置 5 min，测定萃余液中含锌量，以此测定在不同萃取温度下对锌萃取率的影响，其试验结果如图 6-58 所示。然后，考察不同萃取温度下，萃取平衡 pH 与锌萃取率的关系，试验条件为：30% P_{204} + 260# 煤油作为萃取有机相，含 Zn^{2+} 13.16 g/L 纯硫酸锌溶液作为水相，O/A = 1∶1，通过滴入 300 g/L NaOH 溶液调节萃取过程平衡 pH，在恒温水浴振荡器上反应 15 h，静止 2 h，考察萃取在温度为 25℃ 和 40℃ 条件下，锌萃取率与平衡 pH 的关系，试验结果如图 6-59 所示。最后，考察萃取温度对两相分层时间的影响，试验条件为：萃取有机相为浓度 30% P_{204} + 260#煤油，含 Zn^{2+} 13.16 g/L 纯硫酸锌溶液作为水相，O/A = 1∶1，在 1 L 的烧杯中剧烈搅拌 30 min，考察不同温度对萃取过程分层时间的影响，试验结果如图 6 - 60 所示。

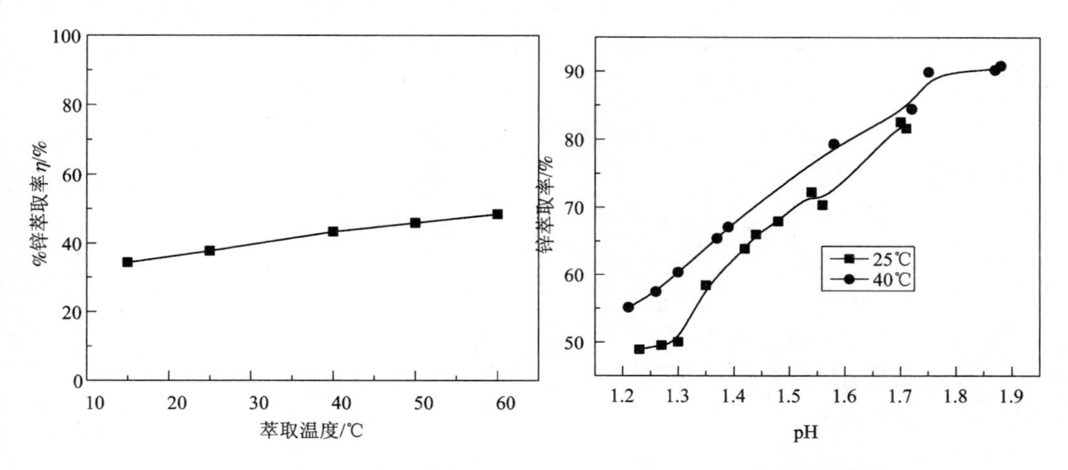

图 6 - 58　萃取温度对锌萃取率的影响

图 6 - 59　不同温度下锌萃取率与平衡 pH 之间关系图

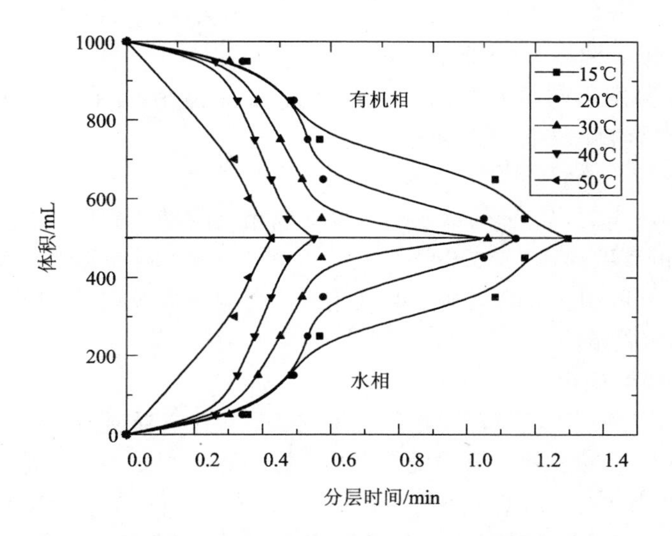

图 6 - 60　萃取温度对萃取两相分层时间的影响

从图 6 - 58 可知，锌的萃取率随着温度的升高而升高，所以在萃取过程中提高温度有利于锌的萃取。同时从图 6 - 59 可以看出，特别在 pH 相对较低的情况下温度对其影响更明显。从图6－60同样可以看出，提高萃取温度，有利于缩短两相分层时间，从而提高萃取设备利用率，萃取温度提高到40℃以后再进一步提高温度，分层速率提高不明显。

因为酸浸液中含有Cu、Ni、Cd、Co、As、Sb等有害杂质，为使锌与这些有害杂质分离，萃取过程不加入中和剂，萃取平衡pH都相对较低，此时提高温度，对锌的萃取率提高效果更明显，所以选择萃取的最佳温度为40℃。这跟有关文献中所述的萃取过程是吸热反应，提高温度有利于萃取过程的进行，同时有利于缩短两相分层时间是相一致的。

(3)萃取相比确定

在40℃条件下，用40% P_{204} ＋260#煤油作为萃取相，含锌27.75 g/L的纯硫酸锌溶液作为水相，在恒温水浴槽中机械搅拌10 min，静置5 min，分别考察萃取相比(O/A)对锌萃取效果的影响，其萃取相比分别取450 mL∶450 mL，540 mL∶360 mL，600 mL∶300 mL，643 mL∶257 mL，675 mL∶225 mL，测定萃余液中含锌量，以此测定不同萃取相比对锌萃取率的影响，试验结果如图6－61所示。

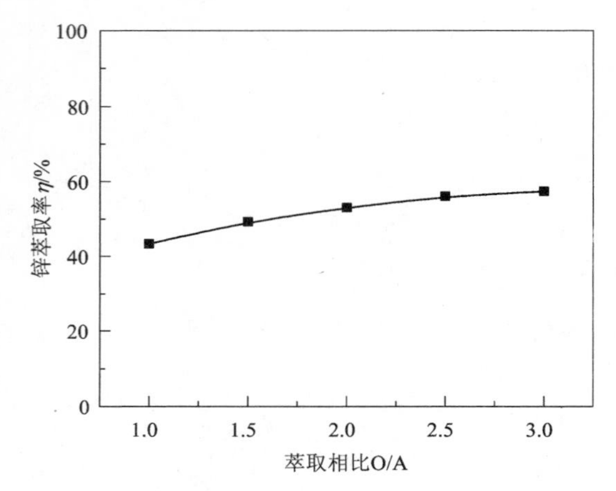

图6－61　萃取相比对锌萃取率的影响

从图6－61可看出，锌的萃取率随着萃取相比的增加而增加，到萃取相比为2∶1以后，锌的萃取率达到53.09%，以后再增加萃取相比，则锌的萃取率增加不多，这时增加萃取相比只会增加萃取剂用量，增加投资成本，所以选择萃取相比为2∶1为最佳实验条件。

(4)萃取级数确定

鉴于要使废酸浸出液中的锌进行浓缩富集，在此选择逆流萃取工艺分离富集锌。工艺要求尽量减少锌在系统内的循环，提高锌的直收率，在此考察萃取级数对锌萃取率的影响，找出最佳的萃取级数。试验条件为：在40℃条件下，用40% P_{204} ＋260#煤油作为有机相，含锌25.92 g/L的纯硫酸锌溶液作为水相，萃取相比为2∶1，在恒温水浴槽中进行机械搅拌10 min，静置5 min，分别测定不同萃取级数对锌萃取效率的影响，试验结果如图6－62所示。

从图6－62可看出，萃取级数增加，锌的萃取率也随之增加，但萃取级数增加到3级以后，锌的萃取率增加缓慢，此时如果增加级数，则对锌的萃取率的提高作用不大，反而使工艺更复杂，增加萃取剂和设备的投资，所以选择最优萃取级数为 3 级。

综上萃取单因素实验可知萃取最优条件选为：40% P_{204} + 260# 煤油作为萃取相，40℃，萃取相比为 2∶1，逆流萃取级数为 3 级。在此条件下，对除铁后液进行试验，结果如表 6－9 所示。

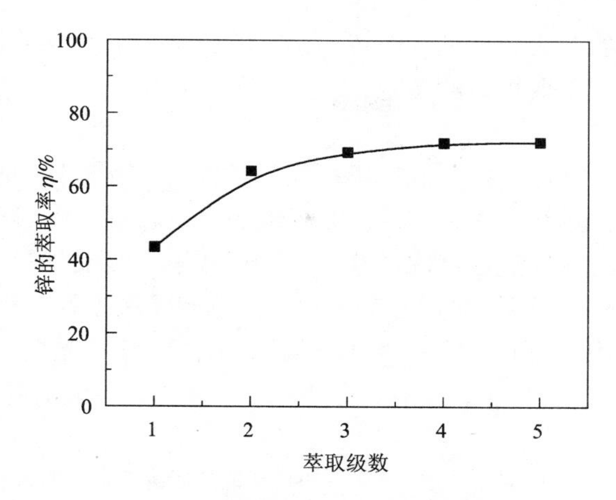

图 6－62　萃取级数对锌萃取率的影响

表 6－9　不同相比对锌萃取效果的影响/($g \cdot L^{-1}$)

O/A	萃余液 H_2SO_4	萃余液锌含量	负载有机相含锌量
1	16.88	16.80	12.43
2	25.83	12.68	8.41

从表 6－9 可以看出，有机相与水相流比为 1 的条件下，萃余液残留过多的锌，使得大量的锌在系统内循环，降低了锌的直收率；而萃取(有机相与水相)相比为 2，萃余液含锌为 12.68 g/L，三级逆流萃取率为 57.02%，萃取平衡 pH 为0.35。

(5)洗涤条件确定

在 P_{204} 萃取锌过程中，有些杂质会以机械夹杂或共萃取的形式进入负载有机相中，如果直接进行反萃，会使反萃后液含杂质高，使反萃后液不能直接进行电积，达不到深度除杂的目的。鉴于负载有机相洗涤研究的比较成熟，在此直接选择 2 级逆流洗涤为试验条件，在试验过程中可知达到了洗脱杂质的效果。

对负载有机相进行两级逆流洗涤，第一级主要是物理洗涤，条件为：负载有机相和第二级洗涤后液组成，维持有机相与水相流比为 5，温度 40℃，振荡 5 min，静止 3 min，；第二级洗涤主要是采用废电积液加去离子水化学脱除共萃的杂质元素，条件为：调节酸洗液 pH ≈ 2，维持有机相与水相流比为 5，温度 40℃，振荡 5 min，静止 3 min。洗涤后酸洗液返回第一级洗涤。

(6)反萃条件确定

通常采用废电解液进行反萃，其中废电解液通常含 Zn^{2+} 50 g/L、H_2SO_4 160 g/L

左右。为减少进入电解锌系统的反萃后液的除油的处理次数，同时参考 Skorpion 溶剂萃取提锌的工艺，选择用废电解液反萃负载有机相使其含锌浓度达到 90 g/L 左右。

洗涤后的负载有机相反萃条件：采用含 H_2SO_4 160 g/L、Zn 50 g/L 左右废电解液进行反萃，负载有机相含锌 8.41 g/L，控制相比为(4～5):1，温度为 40℃，进行两级逆流萃取试验。试验可知第一级反萃锌的反萃率为 88.67%，第二级反萃锌的反萃率为 11.16%，两级逆流反萃锌的反萃率达到 99.83%，锌基本返回水相中，可知选择两级逆流反萃可以满足工艺要求，所得反萃后液溶液成分为：H_2SO_4 100 g/L 左右、Zn^{2+} 90 g/L 左右，萃取前后溶液主要成分如表 6－10 所示。

表 6－10　萃取前后溶液中杂质含量/(mg·L^{-1})

实验	Zn	As	Sb	Ge	Cu	Ni	Co	Cd	Fe
中和后液	31890	0.04	—	—	12.8	3.21	1.47	21.37	0.025
反萃后液	93150	0.08	0.093	0.0184	0.4	0.059	0.042	0.66	0.063

从表 6－10 可以看出，溶液经过萃取和反萃后，得到的反萃后液其成分符合锌电积对溶液中杂质元素的要求，但是反萃后液残留部分的有机物，必须在电积前进行除油处理。

通过以上分析得出，萃取过程采用三级逆流萃取、两级逆流洗涤、两级逆流反萃和反萃液除油，其示意图如图 6－63 所示。

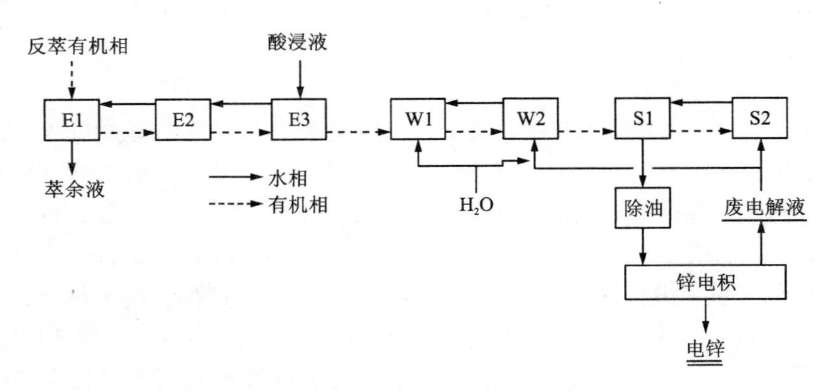

图 6－63　萃取过程工艺流程图

6.7.6　反萃后液除油及电积

试验考察反萃后液不除油、纤维球＋一次活性炭除油和纤维球＋两次活性炭除油后，对电积过程电流效率与阴极锌板外观的影响。试验条件为：自配电解液含 Zn^{2+} 90 g/L、H_2SO_4 100 g/L，与有机相剧烈搅拌10 min后，静置分层5 min，取水相进行除油实验，取1 L除油后液在电流密度为400 A/m^{2}下电积到溶液中含 Zn^{2+} 50 g/L左右，电积时间约为14 h，所得电锌板外观形貌照片如图6-64所示。

图6-64 电锌板的外观形貌照片

a—不除油；b—纤维球+一次活性炭(2 g/L)除油；c—纤维球+两次活性炭(2 g/L)除油

从图6-64可以看出，不除油进行电积，阴极电锌板表面呈蜂窝状。而只经过纤维球+一次活性炭(2 g/L)除油的反萃后液电锌板表面也具有细微空洞，电流效率只有83.24%。经过纤维球+两次活性炭(2 g/L)除油的反萃后液电锌板致密光滑，电流效率为91.83%。可知反萃液必须采取纤维球+两次活性炭(2 g/L)方法除油才能彻底脱除溶液中的有机相。

将从钢铁厂烟灰中得到的反萃液经过纤维球+两次活性炭(2 g/L)方法除油后的新液进行电积，新液主要成分：Zn 93.15 g/L、H_2SO_4 101.49 g/L。将此电积到电解液含锌50 g/L左右，测定电流效率、电锌板形貌和杂质成分。通过计算可得电流效率为90.48%。电锌的外观形貌照片如图6-65和电锌板化学成分如表6-11所示。

表6-11 电锌板主要成分表/%

元素	Zn	Pb	Cd	As	Sb	Fe	Cu	Sn	Al
成分/%	99.97	0.0052	0.0011	0.0002	0.0019	0.0014	0.00053	0.00036	0.017

从图6-65可以看出，电锌板致密，较光滑，略带几个细微小孔，这可能是由于电解液不流动的原因造成的。从表6-11看出，电锌质量合格，进一步证明反萃后液达标。但锌板成分中铝超标，可能是在剥锌操作过程带入一部分铝造成的，在工业生产中铝的超标是完全可以克服的，所得电锌板的质量有望提高到

99.99%以上。废电解液返回反萃工序。

6.7.7 循环工艺试验

依据以上最佳工艺条件，最后进行综合循环工艺试验，考虑循环试验中萃余液中带入部分锌返回废酸浸出，为了循环试验平稳有序的进行，除起槽实验液固比选为4∶1外，以后循环实验酸浸过程选择液固比为5∶1。浸出均加入500 g瓦斯泥，废酸加入量维持浸出过程pH在1.8～2为准。试验结果如表6－12所示，其中1、2、3、4表示循环次数。

图6－65 电锌板外观形貌照片

表6－12 四次循环试验各步骤锌的分布

No	浸出/g		中和/g		萃取/g		电积/g		回收率/%
	浸出液	渣	中和后液	渣	反萃液	萃余液	电锌	废液	
1	58.23	2.94	52.99	5.24	32.08	20.91	31.75	0.33	85.82
2	81.72	0.32	74.72	7.00	50.08	32.12	49.60	0.48	
3	93.02	0.22	82.22	10.80	50.23	32.58	49.70	0.53	
4	93	0.69	82.70	10.03	50.55	32.68	50.05	0.50	

从表6－12可以看出，浸出—萃取—电积工艺能平稳有序地进行下去，锌的综合回收率为85.82%，平均电流效率90.56%，所得锌板都致密光滑。

参考文献

[1] Martín D, Regife J M, Nogueira E D. Process for the production of electrolytic zinc or high purity salt from secondary zinc raw materials. U.S. 4, 401, 531, 19830830.

[2] Díaz G, Martín D. Modified Zincex Process: the clean, safe and profitable solution to the zinc secondaries treatment. Resources, Conservation and Recycling, 1994, 10: 43－57.

[3] Frias C. Secondary zinc. International Mining, 2009: 28－29.

[4] Martín D, Díaz G, García M A, et al. Extending zinc production possibilities through solvent extraction. The Journal of the South African Institute of Mining and Metallurgy, 2002: 463－468.

[5] Gnoinski J. Skorpion zinc: Optimisation and innovation. The Journal of the South African Institute of Mining and Metallurgy, 2007, 107: 657－662.

[6] Diaz G, Regife J M. Coping with zinc secondary materials the modified zincex route. Recycling Lead and Zinc: The challenge of the 1990's, Rome, Italy, 1991: 337 - 359.

[7] Matrin D, Diaz G, Garcia M A. Process for electrolytic production of ultra - pure zinc or zinc compounds from zinc primary and secondary raw materials. US 2004/0031356, 20040119.

[8] Cole P M, Sole K C. Zinc solvent extraction in the process industries. Mineral Processing & Extractive Metall. Rev., 2003, 24(2): 91 - 137.

[9] Heng R, Lehmann R, Garcia D J. Zinc recovery from hydrometallurgical zinc processing residues by solvent extraction. The International Solvent Extraction Conference, Munich, 1986, 2: 613 - 624.

[10] Selke A, de Juan Garcia D. Productivity and technology in the metallurgical industries. M. Koch, J. C. Taylor. The Minerals, Metals and Materials Society. Warrendale, PA. 1989: 695 - 703.

[11] Sayilgan E, Kukrer T, Civelekoglu G, et al. A review of technologies for the recovery of metals from spent alkaline and zinc - carbon batteries. Hydrometallurgy, 2009, 97(3 - 4): 158 - 166.

[12] Espinosa D C R, Bernardes A M, Tenório J A S. An overview on the current processes for the recycling of batteries. Journal of Power Sources, 2004, 135(1 - 2): 311 - 319.

[13] Jordi H. A financing system for battery recycling in Switzerland. Journal of Power Sources, 1995, 57(1 - 2): 51 - 53.

[14] Frenay J, Ancia P H, Preschia M. Minerallurgical and metallurgical processes for the recycling of used domestic batteries. Proceedings of the International Conference on Recycling of Metals, ASM, 1994: 13 - 20.

[15] Schweers M E, Onuska J C, Hanewald R K. A pyrometallurgical process for recycling cadmium containing batteries. Proceedings of the HMC - South'92, New Orleans, 1992: 333 - 335.

[16] Nguyen T T. Process for the simultaneous recovery of manganese dioxide and zinc. US 4992149, 19900716.

[17] Fröhlic S, Sewing D. The BATENUS process for recycling mixed battery waste. Journal of Power Sources, 1995, 57: 27 - 30.

[18] Lindermann W, Dombrowsky C, Sewing D, et al. The BATENUS process for recycling battery waste. Iron Control and Disposal in Hydrometallurgical Processes. Montreal: Canadian Institute of Mining, Metallurgy and Petroleum, 1994: 197 - 204.

[19] Martín D, García M A, Díaz G, et al. A new zinc solvent extraction application: Spent domestic batteries treatment plant. Proceedings of the International Solvent Extraction Conference, ISEC'99, Vol. 1, Cox M., Hidalgo M, and Valiente M, (eds.), London: Society of Chemical Industry, 2000: 201 - 206.

[20] Overview of AngloBase Metals. 20060327. http://www.investis.com/aa/docs/aabaseanlys.pdf.

[21] Anglo American Corp. American PLC invests US $ 454 million in Skorpion Zinc Mine. Press Release, 20000907.

[22] García M A, Mejías A, Martin D, et al. Upcoming zinc mine projects: The key for success is ZINCEX solvent extraction. Lead - Zinc 2000, Dutrizac J E, Gonzalez J A, Henke D M, James S E, Siegmund A H J. The Minerals, Metals and Materials Society. Warrendale, PA, 2000: 751 - 761.

[23] Borg G, Kärner K, Buxton M, et al. Geology of the Skorpion supergene zinc deposit, Southern Namibia. Economic Geology, 2003, 98: 749 - 771.

[24] Krause W, Effenberger H, Bernhardt H - J, et al. Skorpionite, $Ca_3Zn_2(PO_4)_2CO_3(OH)_2 \cdot H_2O$, a new mineral from Namibia: Description and crystal structure. Eur J Mineral, 2008, 20: 271 - 280.

[25] Sole K, Fuls H, Gnoinski J. Skorpion Zinc: Mine - to - metal zinc production via solvent extraction.

[26] Fletcher A W, Gage R C. Dealing with a siliceous crud problem in solvent extraction. Hydrometallurgy, 1985, 15: 5 - 9.

[27] Baxter K G, Richmond G D, White M. Design and operation of a pinned bed clarifier in solvent extraction. http://www.bateman.com/globaltech_tech_papers_2.php.

[28] Roymec technologies partners with Skorpion zinc to solve PLS clarification problems. www.roytecsa.com/Skorpion%20PBC-June2010.pdf.

[29] Skorpion reaps benefits from new Multi-million-dollar Pinned Bed Clarifiers. http://www.republikein.com.na/suiderland/skorpion-reaps-benefits-from-new-multi-million-dollar-pinned-bed-clarifiers.97143.php.

[30] Musadaidzwa J M, Tshiningayamwe E I. Skorpion zinc solvent extraction: The upset conditions. The Journal of The Southern African Institute of Mining and Metallurgy, 2009, 109: 691-695.

[31] Fuls H F, Nong K. Fibre media rapid filtration equipment at skorpion Zinc. Lead and Zinc 2008, 220-236.

[32] Musadaidzwa J M, Tshiningayamwe E I. Skorpion zinc solvent extraction: The upset conditions. Base Metals Conference 2009. The Southern African Institute of Mining and Metallurgy, 2009: 245-257.

[33] Mackinnon D J, Brannen J M, Lakshmanan V I. The effects of chloride ion and organic extractants on electrowon zinc deposits. Journal of Applied Electrochemistry, 1980, 10: 321-334.

[34] 沈湘黔，姚吉升，周忠华. 二(2-乙基己基)磷酸在锌电积过程中的行为. 有色金属，1988(3): 50-54.

[35] Neira M, O'keefe T J, Watson J L. Solvent extraction reagent entrainment effects on zinc electrowinning from waste oxide leach solutions. Minerals Engineering, 1992, 5(3-5): 521-534.

[36] Gnoinski J, Sole K C. The influence and benefits of an upstream solvent-extraction circuit on the electrowinning of zinc in sulfate media: The Skorpion zinc process. Hydrometallurgy, 2008: 600-605.

[37] Sole K C, Stewart R J, Maluleke R F, et al. Removal of entrained organic phase from zinc electrolyte: Pilot plant comparison of CoMatrix and carbon filtration. Hydrometallurgy, 2007, 89(1-2): 11-20.

[38] Co-Matrix filters for electrolyte filtration. http://www.spintek.com/co-matrix_towers.htm.

[39] Sole K C. Analyses of Skorpion zinc solvent-extraction organic and gel samples, Anglo Research Report, D201104577, 2011.

[40] Alberts E. Stripping rare earth elements and iron from D_2EHPA during zinc solvent extraction. MScEng thesis. Department of Process Engineering, Stellenbosch University, South Africa. 2011.

[41] Alberts E, Dorfling C. Stripping conditions to prevent the accumulation of rare earth elements and iron on the organic phase in the solvent extraction circuit at Skorpion Zinc. Minerals Engineering, 2013, 40: 48-55.

[42] Morais C A, Ciminelli V S T. Process development for the recovery of high-grade lanthanum by solvent extraction. Hydrometallurgy, 2004, 73: 237-244.

[43] Hoh Y, Chuang W, Wang W. Interfacial tension studies on the extraction of lanthanum by D_2EHPA. Hydrometallurgy, 1986, 15: 381-390.

[44] Kumar S, Tulasi G L. Aggregation vs. breakup of the organic phase complex. Hydrometallurgy, 2005, 78(1-2): 79-91.

[45] 沈庆峰，杨显万，舒毓璋，等. 用溶剂萃取法从氧化锌矿浸出渣中回收锌. 中国有色冶金，2006，(5): 24-26.

[46] 舒毓璋，宝国峰，张崎，等. 氧化锌矿的浸出工艺. CN02133663.6，20020825.

[47] 杨龙. 溶剂萃取—传统湿法炼锌工艺联合处理氧化锌矿. 中国有色冶金，2007，(4): 16-19.

[48] 舒毓璋，杨龙. 有机溶剂萃锌与湿法炼锌的联合工艺. ZL200610010938.7.

[49] Diaz G, Martin D, Lombera C. An environmentally safer and profitable solution to the electric arc furnace dust

(EAFD). 4 th European Electric Steel Congress, Madrid, Spain, 1992: 511 -517.

[50] 刘淑芬, 杨声海, 陈永明, 等. 高炉瓦斯泥中锌综合回收新工艺研究——1. 废酸浸出及中和沉铁. 湿法冶金, 2012, 31(2): 110 -114.

[51] 刘淑芬, 杨声海, 陈永明, 等. 高炉瓦斯泥中锌综合回收新工艺研究——2. 萃取及电积. 湿法冶金, 2012.

第7章　其他工艺及应用

7.1　CENIM – LNETI 工艺

西班牙和葡萄牙境内储藏有大量的含 Zn、Pb、Cu、Ag 的复杂多金属硫化矿藏，这些有色金属分散在黄铁矿中，实际选矿生产中不能有效分离和实现高回收率，得到高品位精矿。

西班牙国家冶金技术研究中心（CENIM）和葡萄牙的国家工程技术研究院（LNETI）在欧共体组织的联合研究项目资助下，1988 年研究开发了 CENIM – LNETI 工艺[1-4]。

7.1.1　原料

西班牙和葡萄牙境内几种有代表性的复杂多金属硫化矿的成分见表 7 – 1。

表 7 – 1　CENIM – LNETI 研究的复杂多金属硫化矿的成分[3]/%

成分	Sotiel 矿	Aznalcollar 矿	Aljustrel 矿
Zn	33.5	29.6	19.5
Cu	3.4	3.8	8.3
Pb	7.8	9.9	6.1
Fe	17.1	16.5	21.3
S	31.6	33.8	36.3
As	0.28	0.28	0.30
Sb	0.32	0.40	0.13
Bi	0.01	0.12	0.12
Ag	0.018	0.023	0.012

这些矿中均含有较高的 Zn、Cu、Pb、S 和 Fe。

7.1.2　工艺流程

该法主要用于处理含 Cu、Pb、Zn、Ag 等的复杂硫化矿。处理多金属硫化矿的原则工艺流程见图 7 – 1。

CENIM – LNETI 工艺的新颖之处在于处理这类硫化矿时，使用了浓氯化铵溶

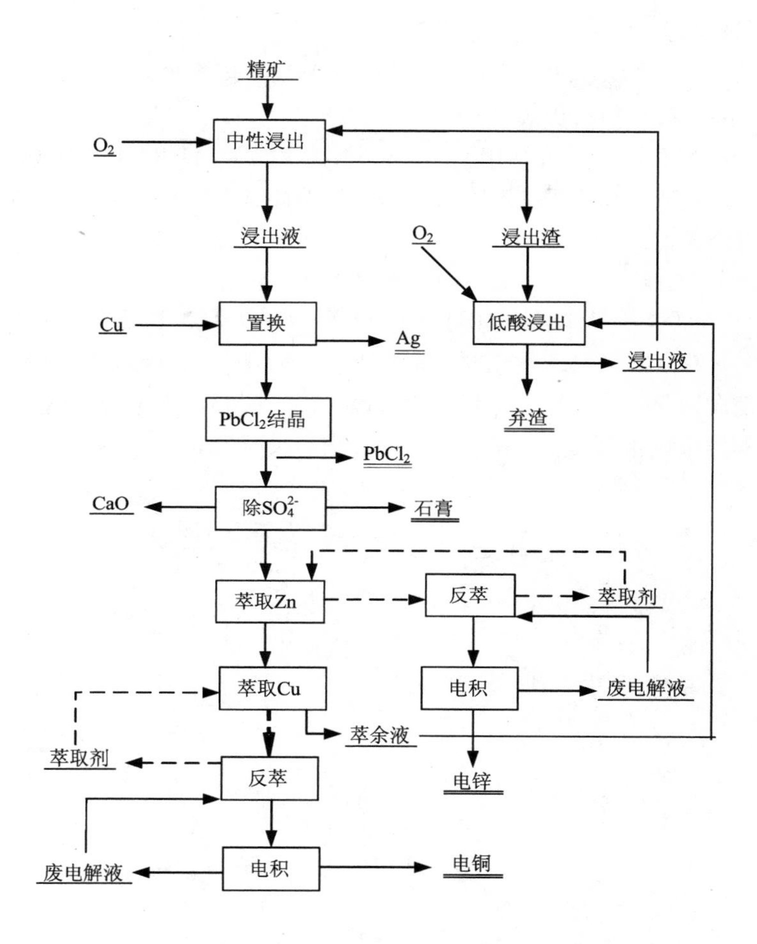

图7-1　CENIM—LNETI工艺的原则工艺流程[1]

液作为浸出剂。实际上，这类浸出剂除含有溶解金属所需要的氯离子外，还提供了可视作弱酸的铵离子，该铵离子可产生用于浸出硫化物的氢离子及氨：

$$NH_4^+ \rightleftharpoons NH_3 + H^+ \quad (7-1)$$

浸出过程中，反应十分复杂。然而，其全过程是依照下述总反应完成的：

$$MeS + 2NH_4^+ + 1/2O_2 = Me^{2+} + NH_3 + S^0 + H_2O \quad (7-2)$$

$$MeS + 2O_2 = MeSO_4 \quad (7-3)$$

由于NH_3的产生，Cu(Ⅱ)、Cu(Ⅰ)、Zn^{2+}、Ag^+等会形成稳定的氨配合物，这就提高了该介质的浸出能力，也说明了pH保持在近中性(pH 6~7)范围内的原因。

7.1.3 萃取工序

Amer 等人[3]对 D_2EHPA 从 $Zn^{2+}-NH_3-NH_4Cl$ 体系萃取锌的过程进行了平衡研究，总的萃取反应可以表述为：

$$Zn(NH_3)_2Cl_2+n\,\overline{(HR)_2}=\!=\!=\overline{(ZnR_2\cdot 2(n-1)HR)}+2NH_4Cl \quad (7-4)$$

式中：n 是萃取剂 D_2EHPA 二聚体$(HR)_2$的化学计量系数；n 与体系的平衡 pH 有关，其经验公式为：

$$n=1.62-0.1\ \text{pH} \quad (7-5)$$

采用20%（0.6 mol/L）D_2EHPA +8%异癸醇+200/260#煤油为萃取剂，从含 Zn^{2+} 24.29 g/L、Cl^- 173.7 g/L 的 $Zn(NH_3)_2^{2+}-NH_4Cl$ 溶液中萃取锌，不同 pH 的萃取平衡曲线见图 7-2。从图 7-2 可以看出，在 pH≤4.0 前，随着 pH 提高，有机相中的锌浓度显著提高；pH≥4.0 后，基本没有变化。

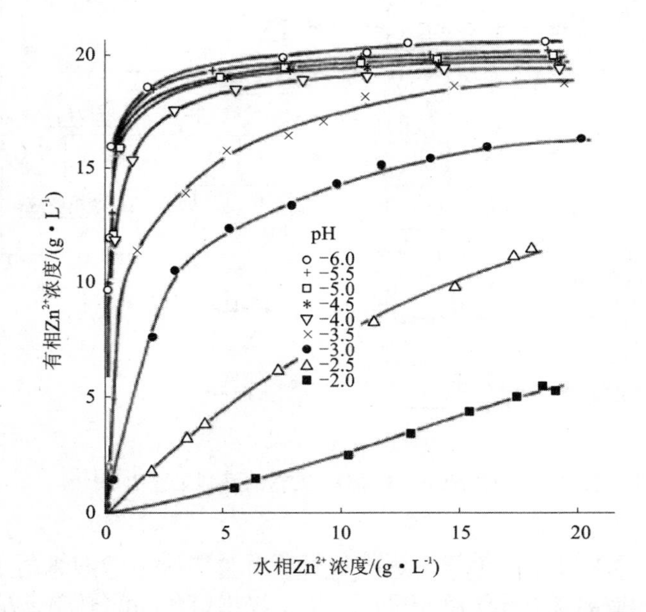

图 7-2 D_2EHPA 从不同 pH 的 $Zn(NH_3)_2^{2+}-NH_4Cl$ 溶液中萃取锌的平衡曲线[3]

萃取剂：20% D_2EHPA +8%异癸醇+200/260#煤油；

溶液（g/L）：Zn^{2+} 24.29，Cl^- 173.7；温度：50℃

模拟实际浸出液成分，采用起始液成分（g/L）：Zn 21.4、Cu 2.5、Ca 0.83、Pb 2.5、Cl^- 175.8 的溶液，在 O/A 0.75∶1、温度 50℃下，0.6 mol/L D_2EHPA 从高浓度氯化铵溶液萃锌时，pH 对 Cu^{2+}、Ca^{2+}、Pb^{2+} 的共萃的影响见图 7-3。在 pH 7 左右下，Ca^{2+} 的萃取率远高于其他杂质元素，Pb^{2+} 的共萃仍比较少，但比低

pH 显著增加；Cu^{2+} 和 Ca^{2+}、Pb^{2+} 萃取行为不一样，在 pH 3～4 时，萃取率最高，pH 6 时共萃最少。

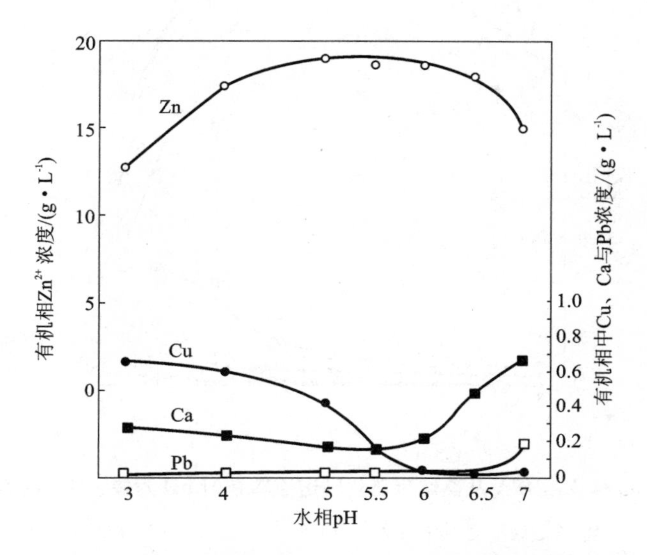

图 7-3　0.6 mol/L D_2EHPA 从高浓度氯化铵溶液萃锌时 pH 对铜、钙、铅的共萃的影响[3]

模拟实际浸出液成分，Zn-Mg 液起始浓度(g/L)：Zn^{2+} 18.8、Mg^{2+} 0.99、Cl^- 173；Zn-Ni 液起始浓度(g/L)：Zn^{2+} 20.6、Ni^{2+} 0.95、Cl^- 173；Zn-Co 液起始浓度(g/L)：Zn^{2+} 19.0、Co^{2+} 1.18、Cl^- 174，在 O/A 0.75:1、温度 50°C 条件下，采用 0.6 mol/L D_2EHPA 从高浓度氯化铵溶液萃锌时，pH 对 Mg^{2+}、Ni^{2+}、Co^{2+} 的共萃的影响见图 7-4。在高 pH 下，对 Mg^{2+} 萃取与对 Ca^{2+} 的萃取一样，有较高的萃取率；而 Ni^{2+}、Co^{2+} 的萃取率很小。

对负载有机相进行 5 次洗涤，溶液与水相中 Cl^- 浓度及脱除率见表 7-2。

表 7-2　负载有机相水洗脱氯[3]

	有机相 Cl^-/(mg·L^{-1})	水相 Cl^-/(g·L^{-1})	脱除率/%
起始	1250	—	
第 1 次	100	5.76	92
第 2 次	45	0.28	55
第 3 次	20	0.10	55
第 4 次	15	0.05	25
第 5 次	12	0.045	20

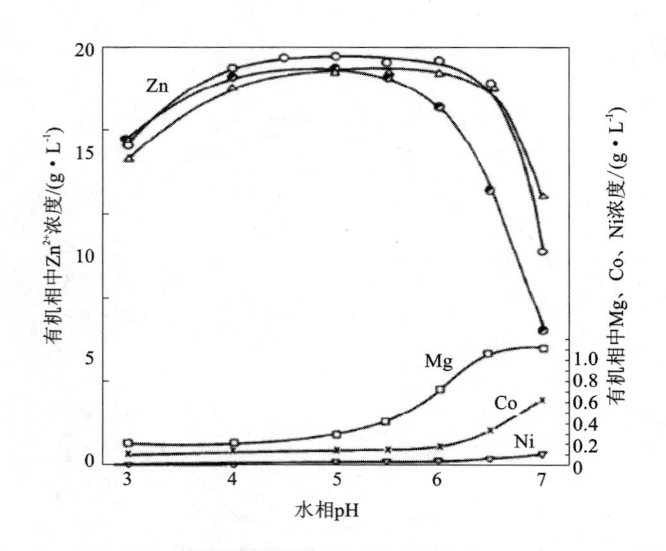

图7-4 0.6 mol/L D_2EHPA 从高浓度氯化铵溶液萃锌时 pH 对镁、镍、钴的共萃的影响[3]

Zn-Mg 液起始浓度(g/L): Zn^{2+} 18.8, Mg^{2+} 0.99, Cl^- 173, Zn^{2+} ◓;

Zn-Ni 液起始浓度(g/L): Zn^{2+} 20.6, Ni^{2+} 0.95, Cl^- 173, Zn^{2+} ○;

Zn-Co 液起始浓度(g/L): Zn^{2+} 19.0, Co^{2+} 1.18, Cl^- 174, Zn^{2+} ▽;

O/A 0.75∶1、温度 50℃

前三次的洗涤效果较好，后两次效果很差，因此选取水洗脱氯次数为3次。在 Zn^{2+} 50 g/L，温度50℃条件下，使用不同硫酸浓度的废电解液：①H_2SO_4 155 g/L；② H_2SO_4 115 g/L；③ H_2SO_4 77 g/L，负载有机相的反萃曲线见图7-5。反萃曲线表明只要两级就可以达到理想反萃效果，实际使用过程中采用3级反萃。

根据以上对萃取过程步骤的研究，CENIM-LNETI 工艺萃取锌阶段采用两级逆流萃取锌、两级逆流洗涤杂质阳离子、三级逆流洗涤氯离子和三级逆流反萃锌，共10级，见图7-6。其中杂质阳离子的洗涤采用含 Zn^{2+} 50 g/L、pH 2~2.5 的 $ZnCl_2$ 溶液。

进行连续试验的起始相组成如下：

有机相：20% D_2EHPA +8% 异癸醇 + 稀释剂 Escaid 102；

水相成分(g/L)：Zn 22.3，Cu 0.92，Pb 3.4，Ca 0.61，Cl^- 159，NH_3 9.7；

$ZnCl_2$ 洗水成分：Zn 50 g/L，pH 2~2.5；

废电解液成分(g/L)：Zn 49.5，H_2SO_4 114；

操作条件如下：

温度 50℃；

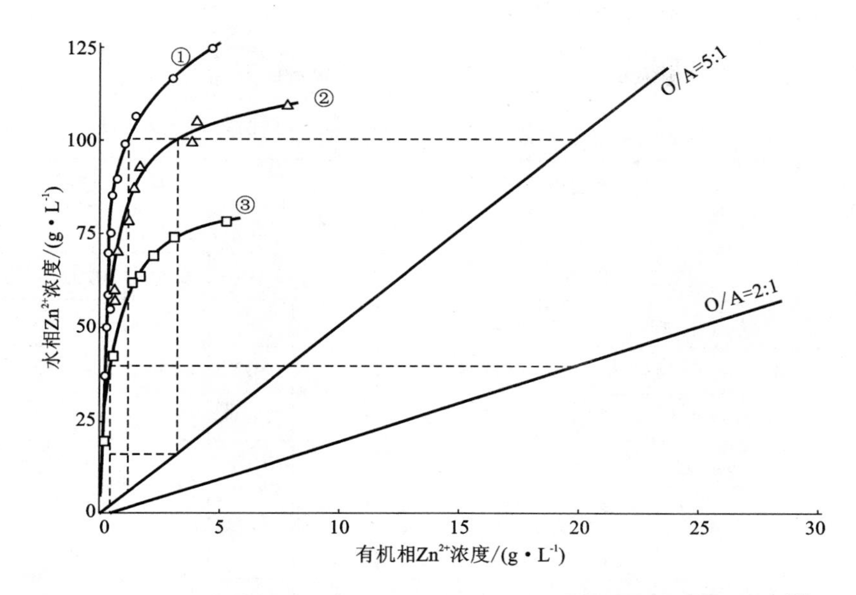

图 7－5　模拟废电解液从 0.6 mol/L D_2EHPA 的负载有机相中反萃锌[3]

曲线①Zn^{2+} 50 g/L，H_2SO_4 155 g/L；②Zn^{2+} 50 g/L，H_2SO_4 115 g/L；

③Zn^{2+} 50 g/L，H_2SO_4 77 g/L；温度 50℃

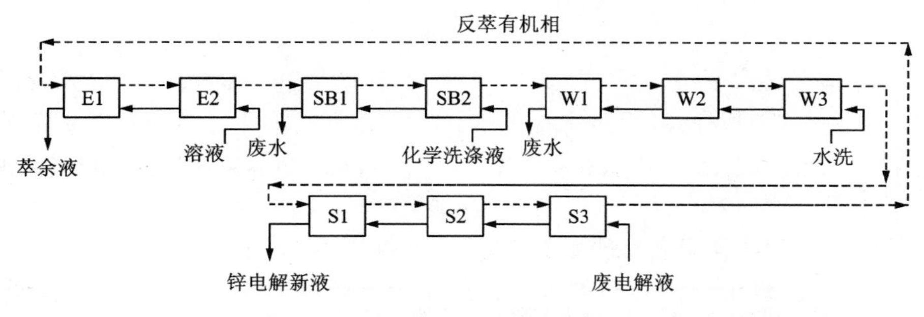

图 7－6　溶剂萃取锌工艺的示意图[3]

持续时间 50 h(5 d×10 h/d)；

料液流速 4.68 L/h；

混合槽停留时间 3 min；

萃取 pH：第一级 pH≈2.5，第二级 pH≈6；

洗水 pH 2～2.5；

O/A：萃取 1.05∶1、混合室* 1∶1，阳离子洗涤 20∶1、混合室* 4∶1，水洗 20∶1、混合室* 4∶1，反萃 2∶1，混合室* 1∶1。

*表示部分水相中间返回。

从复杂硫化矿浸出液中萃取锌的连续试验结果如表 7-3 所示。

表 7-3 从复杂硫化矿浸出液中萃取锌连续试验结果/$(g \cdot L^{-1})$[3]

元素	萃取		杂质洗涤		氯离子洗涤			反萃		
	E1	E2	SB1	SB1	W1	W2	W3	S1	S2	S3
Zn#	3.4	17.5	18.5	19.8	—	—	19.6	1.56	0.32	0.04
Cu#	0.7	0.068	0.033	0.009	—	—	—	—	—	—
Pb#	0.005	0.044	0.012	0.004	—	—	0.007	—	—	—
Ca#	0.37	0.42	0.28	0.06	—	—	0.009	—	—	—
Cl#	—	—	—	1.26	—	—	0.07	—	—	—
Zn*	4.0	7.5	4.62	23.8	—	—	—	88.2	52.7	50.1
Cu*	1.84	2.58	1.17	0.45	—	—	—	—	—	—
Pb*	3.26	3.33	0.72	0.05	—	—	—	—	—	—
Ca*	0.16	0.54	7.4	4.4	—	—	—	—	—	—
Cl*	—	—	—	—	23.6	10.3	1.95	—	—	—

#表示有机相；*表示水相。

萃余液含 Zn^{2+} 约 4 g/L，弱酸性(pH 约 2.5)溶液进一步提取铜，使溶液酸度提高，有利于返回弱酸浸出过程提取锌；Cu^{2+} 离子在第一级萃取锌时被部分萃取，在第二级萃取锌时，有机相中的 Cu^{2+} 被 Zn^{2+} 置换进入溶液，使负载有机相含铜量降低。

CENIM-LNETI 工艺处理复杂硫化矿，存在以下优点：

①浸出过程对有价金属的选择性好。浸出作业采用两段逆流，在 105℃、150 kPa、中性或酸性条件下进行，减小了硫酸根的生成，这在高 pH(碱性介质)条件下是不可能的；全部铁及其他杂质(如 As、Sb 和 Sn)以针铁矿形式留于浸出渣中，而只有与 NH_3形成配合物的 Cu^{2+}、Zn^{2+}、Cd^{2+}、Ag^+和与 Cl^-形成配合物的 Zn^{2+}、Cu^+、Pb^{2+}、Ag^+被选择性浸出，可获得适于进一步处理的十分纯净的浸出液，并有可能改善产品质量、缩短流程；

②金属回收率高。使用适度的操作条件，Cu、Pb、Zn 和 Ag 即可获得较高的浸出率，且均在 95% 以上。

③在含铜溶液中使用 D_2EHPA 可选择性萃取锌，在溶剂萃取系统中，包含有从负载有机相中脱除钙、铜、铅和氯化物的洗脱段。锌的反萃是使用锌废电解液

在硫酸盐介质中完成的。在使用空气或 O_2 对亚铜离子进行氧化后，用羟基类萃取剂，如 Lix65N 进行铜萃取，在洗去夹带的氯化物之后，使用通常的铜废电解液(Cu 30 g/L、H_2SO_4 180 g/L)反萃。用酸性萃取剂可十分有效地萃取铜与锌，而不需要任何额外的中和剂。这是因为 NH_3 与萃取剂放出的 H^+ 反应，自行控制了 pH 值，从下列反应可看出：

$$\overline{(RH)_2} + Me(NH_3)_2^{2+} \xlongequal{} \overline{R_2Me} + 2NH_4^+ \tag{7-6}$$

氯化铵可再生，并作为浸出剂重复使用。

CENIM－LNETI 工艺处理复杂硫化矿，存在以下缺点：

①工艺流程长，萃取锌前需要把 Cu^{2+} 还原成 Cu^+，而萃锌后为了进一步萃取铜，需要再把 Cu^+ 氧化成 Cu^{2+}。

②在高浓度的 NH_4Cl 中，为了维持 Zn^{2+}、Cu^{2+}、Pb^{2+}、Ag^+ 较高的溶解度，需要较高的温度。温度降低，导致溶液中 $Zn(NH_3)_2Cl_2$ 固体生成。

③浸出过程中有部分硫氧化成 SO_4^{2-}，在高浓度氯化铵环境下，溶液中大量的 Ca^{2+}、SO_4^{2-} 存在，容易生成 $CaSO_4$ 结晶，堵塞管道。

由于存在以上一系列缺点，CENIM－LNETI 工艺处理复杂硫化矿至今没有产业化。

7.2　从铅冶炼氧化锌灰中回收锌

7.2.1　原料

墨西哥佩诺尔斯冶金公司(Met－Mex Peñoles)的 Torreón 炼铅厂的鼓风炉和反射炉产次氧化锌烟灰成分见表 7－4。

表 7－4　墨西哥 Torreón 炼铅厂产次氧化锌烟灰成分/%

元素	鼓风炉烟尘/%	反射炉烟尘/%
Zn	10.6	15.6
Cd	23.8	1.1
As	1.1	8.8
Pb	39.1	30.2
Fe	0.1	0.1
Cl	4.3	0.4
F	0.5	0.3
Na	0.5	8.1
K	2.8	0.7

7.2.2 工艺流程及技术参数

炼铅厂的鼓风炉和反射炉产次氧化锌烟灰分别含锌 10.6% 和 15.6%。1998 年采用佩诺尔斯冶金公司自己开发的浸出/净化技术以及德国鲁奇(Lurgi)开发的溶剂萃取锌技术，已在当地建立年产电锌 5000 t 纯度为 99.99 % 的电锌厂，其采用的原则工艺流程如图 7 - 7 所示。由于鼓风炉次氧化锌烟灰和反射炉产次氧化锌烟灰不同，需要分别处理，目前仅对鼓风炉产次氧化锌烟尘进行处理。

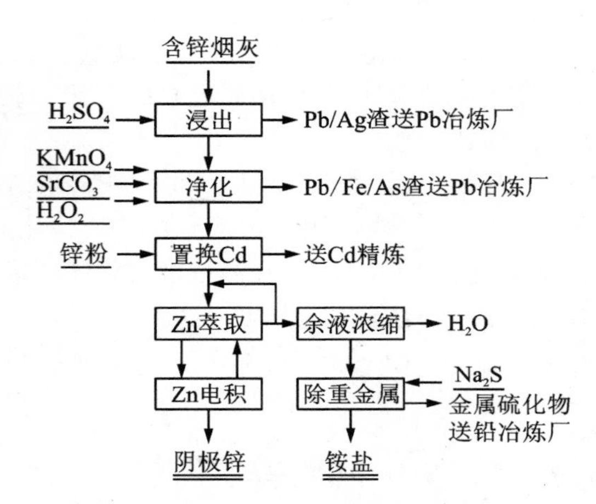

图 7 - 7 佩诺尔斯冶金公司的炼铅烟灰处理原则工艺流程图[5]

7.2.2.1 浸出

采用硫酸浸出鼓风炉产次氧化锌烟灰，其目的是使 Zn、Cd、As 及卤素离子尽可能溶解进入溶液，而 Pb、Ag 残存在渣中返回铅熔炼。

其浸出条件为：

原料粒度 100% 约 20 μm；

时间 30 min；

温度 70 ~ 75℃；

终点 pH 1.0 ~ 1.5。

浸出阶段 Zn、Cd、As、Cl、F 的提取率(%)分别为：90 ~ 93，40 ~ 45，0.07 ~ 0.19，90 ~ 95 和 90 ~ 95。

7.2.2.2 净化

浸出液加入 $SrCO_3$、H_2O_2 和 $KMnO_4$，其条件为：$SrCO_3$ 固体(平均粒度 5.2 μm)浓度 15 kg/m^3、反应时间 30 min。Zn、Cd、Pb、Fe、As 的沉淀入渣率(%)分别为：0、0.87、98、99.0、99.0。

除铁砷后液采用锌粉置换除镉，其条件为：pH 2.0 ~ 3.5，时间 30 min，Cd 的脱除率为99.0%。

7.2.2.3　萃取与反萃

从置换后液中萃取锌所采用的工艺为两级萃取、一级洗涤和两级逆流反萃。

萃取工序：净化液进入萃取箱前，需和萃余液混合稀释至含[Zn^{2+}] 8.0 g/L；采用12% D_2EHPA + 煤油为萃取剂，O/A = 1.5∶1，加入25%的氨水维持水相的pH 2.5~3.0；萃余液含锌0.15 g/L，锌的萃取率 >98%。

洗涤的目的是洗去有机相中负载的卤素离子，采用O/A = 1.5∶1，洗涤水循环使用至Cl^-浓度>4.0 g/L后排放。

反萃：采用含Zn^{2+} 50 g/L的废电解液反萃至Zn^{2+}浓度>90 g/L，其主要成分(g/L)如下：Zn^{2+} 95、Cd^{2+} 0.128、As^{3+} <0.001、Pb^{2+} <0.002、Fe^{2+} <0.002、Cl^- 0.007、F^- 0.002。

7.2.2.4　废液处理

大部分萃余液返回置换后液的稀释配液，10%的萃余液用于回收农用硫酸铵。其回收方法如下，萃余液先通过蒸发浓缩挥发2/3(*V*/*V*)的水。再通过加入Na_2S水溶液除重金属，其条件为，反应时间30 min，Na_2S浓度20%，pH 5~6。Zn、Cd、Pb、As的沉淀率(%)分别为：97~98、99~100、98.5、99~100。

采用溶剂萃取开路锌具有以下优点：杂质从铅冶炼过程中开路后，提高了铅冶炼处理"脏"铅精矿的能力。开路的杂质金属以可以销售的产品回收，如硫酸锌溶液、金属镉与农用硫酸铵。环境更优越，采用溶剂萃取处理烟灰能够更有效地处理原料和减少空气中的有害烟尘。

7.3　从人造纤维厂弱酸性污水中萃取锌

在生产人造丝过程中，锌在酸性纺丝浴中做为纤维素凝结的阻滞剂，产生的弱酸性废水含有硫酸、硫酸钠、硫酸锌。每个工厂每小时产生pH 1.5~2.0，Zn^{2+} 0.1~1.0 g/L的酸性废水几立方米；这酸性废水还含有表面活性物质、有机纤维和无机硫化物固体。有文献报道利用OH^-或S^{2-}沉淀、离子交换[6,7]从酸性废水中脱除Zn^{2+}。瑞典人采用二辛基磷酸或D_2EHPA为萃取剂从人造丝酸性废水中提取锌，开发了Valberg工艺[8,9]，其流程见图7-8。

萃取工序采用25% D_2EHPA + 煤油为萃取剂，萃取级数2~3级，控制pH>2时，Zn^{2+}的萃取率>95%。用硫酸溶液反萃，调节反萃液流速，使反萃液中Zn^{2+}浓度提高到50 g/L或更高。这样，得到的$ZnSO_4$溶液可以直接返回纺丝浴中。萃取过程中，Zn^{2+}的萃取率与pH有关，pH越低，Zn^{2+}的萃取率越低。另外由于每萃取一个Zn^{2+}，释放出两个H^+，因此，溶液中H^+浓度越高，Zn^{2+}的萃取率越低。这意味着，萃取过程中没有中和到pH>2，残存在萃余液中的Zn^{2+}浓度太高，达不到环保标准。

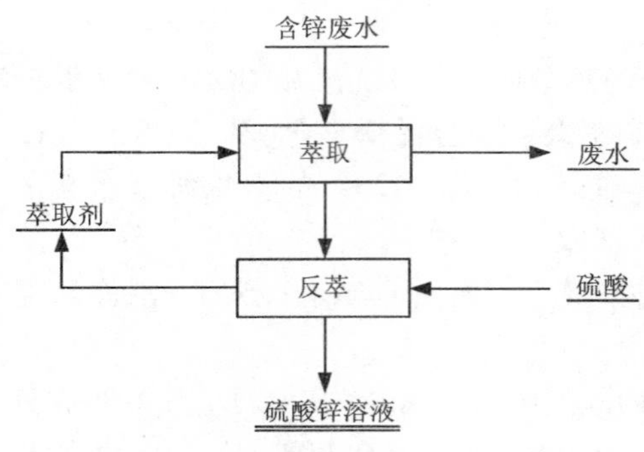

图7-8 从人造纤维厂弱酸性污水中萃取锌[9]

图7-9 荷兰 Enka AKZO 的锌溶剂萃取厂[8]

这个工艺的主要挑战在于怎样处理废水中的污染物，如果不正确处理会产生第三相或非常稳定的乳胶。采用本工艺曾在瑞典 Svenska Rayon AB 与荷兰 Enka AKZO 分别建立过一个工厂(见图7-9)，但由于人造丝厂的停产而被迫关闭。

7.4 粗硫酸镍溶液中脱除 Zn^{2+} 等杂质元素

为了从含铁、铜、锌和锰等多种杂质的低浓度粗硫酸镍溶液中脱除这些杂质元素，Senapati D 等[10]采用萃取除铁，再中和除铁，最后萃取除铜、锌、钴和锰的工序得到纯的硫酸镍溶液。这种低浓度粗硫酸镍溶液成分(g/L)为：Fe^{3+} 7.04、Ni^{2+} 2.82、Co^{2+} 0.184、Mn^{2+} 1.26、Zn^{2+} 0.05、Cu^{2+} 0.03。绘制温度30℃、有机相 Cyanex 272 0.2 mol/L、30%皂化条件下的 Fe^{3+} 的萃取等温线，依据 McCabe - Thiele 法得到 O/A = 5∶1 的理论萃取级数为2级时，Fe^{3+} 的萃取率可以达到95%；控制终点 pH 2.9、采用二级萃取，模拟溶液中的 Fe^{3+} 可以降低到0.25 g/L，有机相中共萃的其他金属浓度 <5.0 mg/L。负载铁的溶液采用 15 g/L H_2SO_4、O/A = 1∶1、三级反萃，Fe^{3+} 反萃率100%。萃余液加碱中和至 pH 5.5 完全沉淀 Fe^{3+}，滤液成分(g/L)为：Ni^{2+} 2.82、Co^{2+} 0.184、Mn^{2+} 0.126、Zn^{2+} 0.0375、Cu^{2+} 0.0015。沉淀后液采用0.2 mol/L Cyanex 272、60%皂化，O/A = 1∶2、温度30℃，一级萃取 Cu^{2+}、Zn^{2+}、Mn^{2+}、Co^{2+} 的萃取率分别为99%、100%、97.5%和98.2%。负载杂质的有机相采用 5 g/L H_2SO_4、O/A = 1∶2、一级就可完全反萃。整个工艺流程镍的损失率 <0.5%。

萃取剂 Cyanex 272 具有比 PC88A 、D_2EHPA 更好的从硫酸盐溶液中分离 Ni^{2+} 和 Co^{2+} 的效果，其分离系数 $\beta_{Co/Ni}$ Cyanex 272≫ PC88A ≫D_2EHPA。Flett D S[11]报道的资料显示，在萃取剂浓度为0.1 mol/L、稀释剂 Shell MSB 210、Me^{2+} 浓度为0.02 mol/L、温度25℃、pH 4.0、O/A = 1∶1，Cyanex 272、PC88A、D_2EHPA

对 Ni^{2+}、Co^{2+} 的分离系数 $\beta_{Co/Ni}$ 分别为 7000、280 与 14。因此，萃取剂 Cyanex 272 被广泛用于硫酸镍、钴混合溶液中 Co^{2+} 和 Ni^{2+} 的分离[12, 13]，如澳大利亚 Murrin Murrin 公司采用加压酸浸红土镍矿得到的溶液，采用硫化沉淀有价金属得到混合硫化物，再用硫酸溶解硫化物得到含杂质 Zn^{2+}、Co^{2+} 的高浓度粗硫酸镍溶液[14]。Zhu Z W 等[15]对从含 Zn^{2+}、Co^{2+} 的高浓度粗硫酸镍溶液中，采用 Cyanex 272 分离杂质 Zn^{2+}、Co^{2+} 的工艺条件进行了详细实验室研究。模拟溶液成分(g/L)为：Ni^{2+} 100、Co^{2+} 1.44、Zn^{2+} 0.8；萃取有机相为 10(V/V)% Cyanex 272 + 5% TBP + Shellsol D70，在 A/O = 2∶1、40℃ 条件下，Zn^{2+}、Co^{2+}、Ni^{2+} 的 pH－金属萃取率曲线见图 7－10。从图可以看出，在 pH 6.0 时，Ni^{2+} 的萃取率 <1%，而 Zn^{2+} 的萃取率几乎为 100%、Co^{2+} 的萃取率约 90%。依据图 7－10 数据，可以计算不同 pH 下 Zn^{2+}、Co^{2+} 与 Ni^{2+} 的分离系数 $\beta_{Zn/Ni}$、$\beta_{Co/Ni}$，见表 7－5。

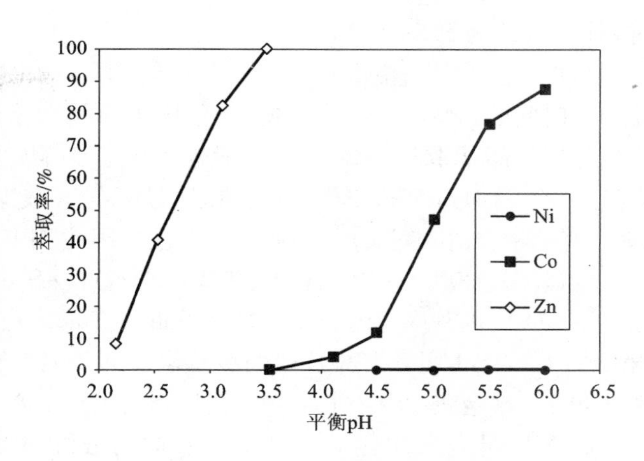

图 7－10　pH－金属萃取率曲线

10%　Cyanex 272 + 5% TBP + Shellsol D70、A/O = 2∶1、40℃

表 7－5　不同 pH 下 Zn^{2+}、Co^{2+} 与 Ni^{2+} 的分离系数

平衡 pH	$\beta_{Co/Ni}$	$\beta_{Zn/Ni}$	反应率*/%
4.5	1390	>10000	24.6
5.0	1157	>10000	44.2
5.5	2448	>10000	52.8
6.0	3081	>10000	68.9

* 为参与形成萃合物的萃取剂占总萃取剂的比率。

在 pH 4.5～6.0 时，$\beta_{Zn/Ni}$ 均大于 10000；在 pH 6.0 时，$\beta_{Co/Ni}$ >3000，这说明通过控制萃取条件 Zn^{2+}、Co^{2+} 与 Ni^{2+} 可以实现很好的分离。随着 pH 升高，萃取剂的反应率增加，在 pH 提高到 6.5 时，有机相萃取达到饱和，导致相分离困难。因此，为了获得高的 Co^{2+} 的萃取率，以及高的 Co^{2+} 与 Ni^{2+} 分离系数 $\beta_{Co/Ni}$，萃取过程控制 pH 为 5.5 ~6.1。

另外，还研究了相改善剂 TBP 对不同 pH 下 Zn^{2+}、Co^{2+}、Ni^{2+} 的萃取率、两相分层时间的影响，试验结果表明：TBP 对金属离子的平衡萃取率没有影响，对有机相连续的萃取过程的两相澄清效果没有影响；但对水相连续的萃取过程，TBP 从 0% 增加到 5%，有机相澄清时间从 340 s 减少到 280 s，继续增加 TBP 到 7%，有机相澄清时间又增加到 320 s 以上，因此 TBP 的最佳用量为 5%。

绘制温度 40℃、10% Cyanex 272 +5% TBP + Shellsol D70、水相 pH 为 6.0 的条件下，Co^{2+} 的萃取等温线，依据 McCabe - Thiele 法得到 A/O =2∶1，理论上从含 Co^{2+} 1.44 g/L 的水相中经过两级萃取，Co^{2+} 可以降低到 10 mg/L。Co^{2+} 的萃取率 >99%，萃余液中 Ni/Co >10^4，满足镍电积对杂质 Co^{2+} 含量的要求。负载有机相中的 Ni^{2+} 可以采用含 Co^{2+} 1.5 g/L 的溶液洗涤，通过 3 级洗涤后有机相中 Co/Ni >700。反萃过程采用含 H_2SO_4 105 g/L 的溶液、O/A = 10∶1，通过 3 级反萃，Zn^{2+} 反萃率 >99%，终点 pH 约 0.9。因此，Zhu Z W 等[15] 推荐的用 10% Cyanex 272 +5% TBP + Shellsol D70 从含 Zn^{2+}、Co^{2+} 的高浓度粗硫酸镍溶液脱除杂质的最佳萃取流程及工艺参数见图 7 - 11。

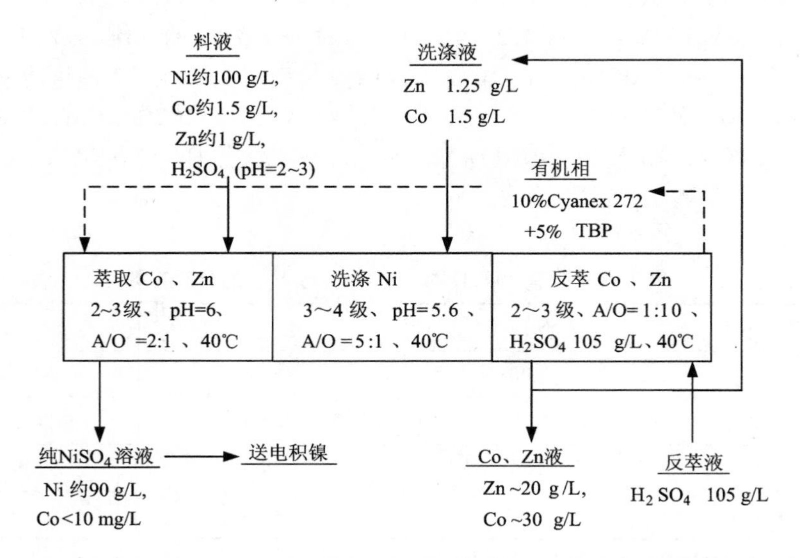

图 7 -11　Cyanex 272 从粗 $NiSO_4$ 溶液萃取 Zn^{2+}、Co^{2+} 的流程及工艺参数

参考文献

[1] Limpo J L, Figueiredo J M, Amer S, etal. The CENIM – LNETI process: A new process for the hydrometallurgical treatment of complexsulphides in ammonium chloride solutions. Hydrometallurgy, 1993, 28(2): 149 – 161.

[2] Limpo J L, Amer S, Figueiredo J M, etal. Hydrometallurgical treatment of complex sulphide ores using highly concentrated ammonium chloride solutions. ICHM'92. Changsha, China, 1992, 2: 302 – 309.

[3] Amer S, Figueiredo J M, Luis A. The recovery of zinc from the leach liquors of the CENIM – LNETI process by solvent extraction with di(2 – ethylhexyl)phosphoric acid. Hydrometallurgy, 1995, 37(3): 323 – 337.

[4] Amer S, Luis A, Cuadra A, etal. The use of bis(– 2 – ethylhexyl)phosphoric acid for the extraction of zinc from concentrated ammonium chloride solutions. Rev Metal(Madrid), 1994, 30(1): 27 – 37.

[5] Fernάndez del Río I S. Recovery of zinc and cadmium from lead smelter furnace dusts at Met – Mex Peñoles by a solvent extraction process. Zinc and Lead 2000. Dutrizac J E, Gonzalez J A, Bolton G L, Hancock P, Montreal: Canadian Institute of Mining, Metallurgy and Petroleum: 677 – 686.

[6] Jha M K, Upadhyay R R, Lee JC, etal. Treatment of rayon waste effluent for the removal of Zn and Ca using Indion BSR resin. Desalination, 2008, 228(1 – 3): 97 – 107.

[7] Jha M K, Kumar V, Maharaj L, etal. Studies on leaching and recycling of zinc from rayon waste sludge. Ind Eng Chem Res, 2004, 43(5): 1284 – 1295.

[8] Rosenzweig M. Swedes recover zinc from rayon wastes. Chem Eng, 1975, 82(9): 48F – 48I.

[9] Reinhardt H, Ottertun H, Troëng T. Solvent extraction process for recovery of zinc from a weakly acidic effluent. J Chem Eng, Symp Ser, 1975, 41, W1.

[10] Senapati D, Roy Chaudhury G, Bhaskara Sarma P V R. Purification of nickel sulphate solutions containing iron, copper, cobalt, zinc and manganese. J Chem Technol Biotechnol, 1994, 59(4): 335 – 339.

[11] Flett D S. Solvent extraction in hydrometallurgy: The role of organophosphorus extractants. J Organomet Chem, 2005, 690: 2426 – 2438.

[12] Rickelton W A, Flett D S and West D W, Cobalt – nickel separation by solvent extraction with bis(2, 4, 4 – trimethylpentyl)phosphinic acid. Solv Extr Ion Exch, 1984, 2: 815 – 838.

[13] Park K H, Mohapatra D, Process for cobalt separation and recovery in the presence of nickel from sulfate solutions by Cyanex 272. Met Mater Int, 2006, 12: 441 – 446.

[14] Motteram G, RyanBerezowsky M R, d Raudsepp R. Murrin Murrin nickel and cobalt project: Project development overview. Nickel and Cobalt Pressure Leaching and Hydrometallurgy Forum, May, 1996, Perth, Western Australia, Alta Metallurgical Service.

[15] Zhu Z W, Pranolo Y, Zhang WS, etal. Separation of cobalt and zinc from concentrated nickel sulfate solutions with Cyanex 272. J Chem Technol Biotechnol, 2011, 86: 75 – 81.

第 8 章　有机相的脱除方法与设备

8.1　有机相对锌电积的影响

萃取分离、富集锌的过程是有机相和水相混合的过程，水相中的目标金属离子 Zn^{2+} 优先进入有机相中，而杂质金属离子残存在萃余的水相中，利用两相密度不同将两相分开。在实际工业生产过程中，由于溶液处理量大、设计时单位面积澄清速率选值大以及有机相中 Re + Fe 富集等原因，水相中夹带的有机相来不及彻底分层，进入排出的溶液中，带来以下几个必须解决的问题：①萃余液返回浸出时，进入萃余液的萃取剂会被吸附进入浸出渣中，引起萃取剂的损失，增加成本；②被有机相带入的杂质进入反萃后的硫酸锌溶液，影响产品质量；③反萃后液中残存的有机相对电积锌产生严重影响，降低电流效率，甚至引起阴极烧板。

锌电积过程中发生有机物引起的烧板，具有以下“症状”[1]：阴极锌下部与阴极锌边缘有返溶迹象，阴极锌正面灰暗，背面有光泽，电流效率下降、电耗异常上升。严重时出现返溶烧板，甚至剧烈的返溶，槽温短时间内急剧上升，可在几个小时内突然发作，现场酸雾突起，槽内沸腾翻白，槽内可放炮起火(氢爆)。阴极锌普遍表面发黑，表面有针状小孔，阴极锌背面或有黑色湿水印，阴极锌疏松、发软，可不成片；严重时全部返溶完而无锌产出。同时溶液浑浊，有大量黑色泡沫，以及或大或小的密集白泡沫，有明显的较多的悬浮物、油污。有时在新液储罐上部与下部出口能观察到很多细小泡沫，在排除常规杂质及稀散金属杂质锇、铊以及生产、技术、管理、操作方面的原因后，可以推断为有机物及油类富集达到临界浓度而引起返溶。经过减产并采取一些措施后，包括消耗掉一些有机物、油类，几天后又逐渐好转。

溶剂萃取过程中，水相中的油一般以悬浮油、分散油、乳化油和溶解油四种形态存在。悬浮油珠粒径一般较大，大于 100 μm，易于上浮，形成油层或油膜，容易分离回收。分散油油珠粒径一般 10 ~ 100 μm，呈微小油珠形态悬浮于溶液中，不稳定，静置和聚积后形成浮油；乳化油油珠 < 10 μm，一般为 0.1 ~ 0.2 μm，当溶液中含有表面活性剂时，油珠往往成为稳定的乳状液。溶液中油粒在水流冲击搅拌下，吸附细微固体颗粒或表面活性剂而形成，其亲水性差异较大。在油粒表面形成定向排列并具有双电层结构的亲水性保护膜，保护膜所带的同号电荷互相排斥，使油粒不能接触和变大，形成稳定的水包油型浑浊乳状液。溶解油油珠比乳化油油珠小，可小到几个纳米，是溶于溶液的油微粒。易吸附沉

于电解槽底的阳极泥、溜槽、罐壁的结晶等处而变得光滑、闪亮。

萃取剂的溶解损失取决于萃取剂的溶解度，与萃取剂的结构有关[2]，受温度、水相的酸度和盐的浓度等因素的影响。大多数萃取剂在水相溶解损失的量通常很少，如在水相 pH 为 2 的条件下，$D_2EHPA(P_{204})$在水相中的溶解度为7 mg/L。

工业生产过程中，小规模的生产可以采用活性炭吸附脱除进入水相中的有机相，但活性炭只能一次性使用，有机相无法回收利用，而且大规模生产时劳动强度大。

8.2　除油方法

溶剂萃取锌过程得到的反萃液、萃余液中含有有机物，对于有机相大颗粒悬浮油可以采用纯物理的方法去除，如静置、斜板除油、恒流式除油器等。斜板除油是根据溶液浅层沉降原理，设计斜板隔油槽。槽体呈倒锥体形，槽内沿纵向设置斜板，当溶液通过斜板区时，油粒沿波纹斜板的波峰底侧上浮，水溶液沿波谷流动。液面上的油层由集油管收集并进入油回收槽，溶液则汇入集水槽排出，该方法可除去溶液中粒径大于 60 μm 的油粒。恒流式除油器去除溶液中的悬浮油、分散油。当溶液进入溢流布液系统时，均匀上升，然后自上而下通过恒流区，被分离的油粒逐步上升，液面上的油层由于液面上升溢流进入隔油槽而去除。下面主要介绍溶液中分散油、乳化油和溶解油的脱除。

8.2.1　阻截除油法

(1)阻截除油技术的原理

阻截除油是一种不同于吸附的全新的油水分离技术，独特的 HK 纤维浸没于水中，被水活化，发生水合反应，在表面形成一层均匀、致密、牢固的结合水膜，它具有极强的憎油特性，表现出非常敏感的油水鉴别选择性。纤维的表面形成以 HK 纤维为骨架、结合水为组织的一个有机整体。当含油的水要透过这张膜时，给水以适当的压力，进水侧的水分子即可与膜内水分子发生置换透过，而油等憎水性分散质则不能与膜内水分子发生置换被选择性的阻截，这种效应被定义为动态选择阻透膜效应。从现象上看，这是一种在一定条件下用水来过滤水的水处理工艺。由于成膜纤维被结合水膜严密覆裹，被阻挡下来的油粒不能吸附到 HK 膜上造成污染，只能存留在膜外表面逐渐聚积而浮升，从而实现油水分离[3]。

阻截除油系统装置共四级，由 4 ~5 个罐串联组成，根据除油精度要求，可用不同的 HK 阻截膜制成相应的阻截除油单元，分离不同分散程度的油。第一级为抗御和缓解事故冲击用屏障段，主要起大油量时的预屏障缓冲负荷的作用，同时滤除水相中的悬浮物，保护后续处理段，内装长效填料，可再生；第二级为富集阻截段，用来去除水中的悬浮油和较大颗粒的乳化分散油粒；第三级为复合阻截段，用来分离乳化油；第四级为扫描捕集及终端禁油段，在这里水相中高度分散的油分(化学溶解扩散)被捕集、凝聚后由高精度阻截膜单元分离去除，从而确保出水含油小于0.5 mg/L。

阻截除油过程是一个纯物理过程，无需药剂。国内多家特大型石化企业工业应用实践证明，该装置具有很强的抗冲击负荷能力，进水含油量在较大幅度范围内(0～1000 mg/L)波动时均能保持出水含油量在指标范围内。全周期内无反洗，无再生操作，运行管理简便，可实现无人岗位操作，能在较高的水温下运行，唯一能耗是进液泵耗电。阻截除油具有自动排除油污染事故的自我净化能力；整个油水分离、回收过程以及除油精度的设定均在量化控制下进行；除油精度有0.1 mg/L、0.5 mg/L、2 mg/L、5 mg/L和10 mg/L五个等级；pH适用范围2～12；处理量10～300 m^3/h。

(2)应用

某硫酸镍溶液采用Cyanex 272萃取除钴等杂质，并用离心萃取器做为分离杂质的工艺设备[3]。离心萃取器利用2000 r/min以上的高速旋转产生的离心力取代重力，加速了两相的混合，同时也加剧了两相的乳化。对离心萃取器萃余液进行了阻截除油试验，先期安装了四组设备，后期又增加了一组设备，共五组。第一期试验除油前液含油137.6 mg/L，除油后液含油7.9～8.0 mg/L；第二期试验除油前液含油153.6 mg/L，除油后液含油<1 mg/L。

某氯化镍溶液采用N_{235}萃取剂，在混合澄清萃取箱里提纯净化。对萃余液使用5组装置进行了阻截除油试验，试验结果：除油前液含油6.9～13.28 mg/L，除油后液含油0.33～0.063 mg/L。

8.2.2 气浮除油法

气浮除油就是通入压缩空气至溶液中，在溶液中产生大量的细微气泡，细微气泡与溶液中的悬浮油粒相黏附，形成整体密度小于溶液的气泡——油粒复合体。大量的悬浮粒子以气泡为媒介，一起上浮至溶液表面，形成漂浮油层，经机械装置将其收集至集油槽，水溶液从装置底部排出。当溶液中溶气量一定时，微气泡的总面积与其直径的平方成反比。另外，理论分析与试验均表明，微气泡直径越小，气泡吸附悬浮物的趋势越强，吸附力越大，这可以用界面能理论来解释，微气泡总面积呈几何级数增加等效于废水中水、液、气三相总界面呈几何级数增加，于是它们通过吸附降低表面能的趋势大幅增强。

依据气浮的原理为获得更高的释气率、更小的气泡直径、更稳定的气泡，有些厂家对溶气释放系统做了细微的改进。近几年来，从溶液除油中引进涡凹气浮采用机械曝气[4]，高频共轨喷射强溶切割技术，利用高速旋转产生强大离心力，微米级空气集成喷射系统，使溶气水浓度仅在3 s内达到理论最大值且无浓度梯度。

气浮法回收水相中夹带的有机相十分有效[5,6]，该方法可回收95%的夹带有机相，使溶液含油从140 mg/L 降至10 mg/L。缺点是消耗动力，大约为0.22 kW·h/m^3。

Sorensen J L 等[7]通过气浮除油法来处理水溶液中的夹带有机相，特别是萃取铜后的电解液，结果表明气浮除油法能除去水相中80%的有机物。

浮选设备能产生大量的气泡，造成空洞，并使溶液良好混合[8]。气泡小于0.4 mm，可以有效地从溶液中吸附有机物。运行时，当槽表面出现一层泡沫时，真空度下降，吸气量减少；泡沫层降低，此时真空度又上升，如此不断地反复起伏。富含有机物的液体流入一个大槽，吸附有机物的气泡上浮，有机物富集在液面之上，再溢流到收集槽。澳大利亚蒙特阿沙铜矿的工厂最先安装了这种装置，开始时用加压空气，后改为常压。目前最大的装置在飞利浦道奇公司，直径6.5 m。液体从高位槽流入，压力达150 kPa。

8.2.3 超声波除油法

(1)超声波除油的原理

利用超声波破乳，除去乳化油。溶液中存在的乳化油，在油粒表面会形成定向排列并具有双电层结构的亲水性保护膜，保护膜带有互相排斥的同号电荷，阻止了油粒的接触碰撞和聚集，从而形成了稳定的水包油型浑浊乳状液，只有破乳后才能分离。破乳的方法主要有两种：一种是使乳状液油粒的双电层受到压缩或表面电荷被中和，微粒由排斥状态转变为能接触碰撞的聚集状态；另一种是使乳状液界面膜破裂或被另一种不会形成牢固界面膜的表面活性物质替代，使油粒释放、聚集。

超声波是指频率高于20 kHz的声波，在液体中波长为0.015~10 cm(相当于15 kHz~10 MHz)，远远大于分子的尺寸。超声波通过介质时，会产生一系列的物理、化学效应。足够强度的超声波通过液体时，当声波负压半周期的声压幅值超过液体内部静压强时，存在于液体中的微小气泡(空化核)会迅速增大，在相继而来的声波正压相中气泡又绝热压缩而崩灭，在崩灭瞬间产生极短暂的强压力脉冲，气泡周围微小空间形成局部热点，其温度高达5000K，压力达50 MPa，持续数微秒之后，该热点随之冷却，冷却率达10^9 K/s，伴有强大的冲击波(对均相液体媒质)和时速达400 km的射流(对非均相液体媒质)。当超声波通过有微小油粒的流体介质时，其中的油粒开始与介质一起振动，但由于大小不同的粒子具有不同的振动速度，油粒将相互碰撞、黏合，体积和重量均增大，当粒子变大已不能随超声波振动时，只能作无规则的运动，继续碰撞、黏合、变大，最后上浮，形成悬浮油。

超声波除油去除率可达80%以上，最低油浓度可除至1 mg/L，但对其他有机物的碳去除率却不高，可能是一部分长碳链有机物转化为短碳链有机物，溶液总碳与有机碳下降幅度较小。

(2)应用

云南祥云飞龙公司[9]从氧化锌浸出渣洗水中萃取富集锌的生产中，反萃液使用的主要脱油设备分为：隔板脱油、超声波除油和纤维球吸附脱油三部分，经过脱油处理后的水溶液有机物含量可在1 mg/L以下，P_{204}的损失为2 kg/t Zn左右。

丁叶民等[10]发明了一种萃取除油专用系统，包括恒流式隔油器，超声波气浮除油器和纤维球过滤器，该系统不会引入新的杂质，无污染，能耗低，除油效率高，有机物回收率高，并可实现自动化操作。唐圣辉[11]等通过超声波破乳和气浮联合装置，来除去萃取后的硫酸铜溶液，使溶液中有机物含量从0.01%降至小于0.002%。徐为民[12]等发明了一种除去无机盐溶液中微量有机物的方法。该方法通过澄清、超声波破乳、气浮除油等组合式除油工序后，再用中空纤维丝除去微量有机物，通过该方法可使溶液中有机物含量降低至1～2 mg/L。

8.2.4 树脂(纤维)吸附法

(1)树脂(纤维)吸附法的原理

树脂(纤维)相对于活性炭而言，具有再生方便、可重复利用的优点，因而在除去水体中有机物方面得到了广泛的应用。常用的树脂有大孔吸附树脂、超高交联吸附树脂以及高吸油树脂。

大孔吸附树脂[13]是一类不含离子交换基团，具有大孔结构的高分子吸附剂。其理化性质稳定，不溶于酸、碱及有机溶剂，对有机物有浓缩、分离的作用，且不受无机盐类及强离子、低分子化合物的干扰。其吸附作用与活性炭相似，与范德华力或氢键有关。根据树脂的表面性质，大孔吸附树脂可以分为非极性、中极性和极性三类。非极性吸附树脂是由偶极距很小的单体聚合而得，不含任何功能基团，孔表面的疏水性较强，最适用于从极性溶剂(如水)中吸附非极性物质。中极性吸附树脂含有酯基，其表面兼有疏水和亲水部分，既可从极性溶剂中吸附非极性物质，也可以从非极性溶剂中吸附极性物质。极性树脂含有酰胺基、氰基、酚羟基等含N、O、S极性功能基，它们通过静电相互作用吸附极性物质。

超高交联吸附树脂[14]与大孔吸附树脂相比对许多有机物具有更高的吸附容量，通常认为是因为超高交联吸附树脂具有较高的比表面积。研究表明，大孔吸附树脂的吸附位点主要集中在中孔区，而超高交联吸附树脂的吸附位点主要集中在纳米级的微孔区，正是这些纳米级微孔的存在，导致超高交联吸附树脂对有机物具有较高的吸附容量。采用氨基、羧基、磺酸基、酚羟基、含氧基团等基团对超高交联吸附树脂进行化学修饰制得的系列新型离子交换与吸附双重功能树脂，使之对该类有机物同时具有疏水、静电、配合等多种非共价作用力。

高吸油树脂[15]作为一种自溶胀型吸油材料，具有可吸油种多，吸油时不吸水，体积小和回收方便等诸多优点，无论是粒状固体型、水浆型还是包覆型都可用来吸附水溶液中的有机物。高吸油树脂是一种低交联度的聚合物，它的亲油基团和有机物之间的亲合作用是高吸油树脂的吸油推动力。虽然高吸油树脂的吸油机理与高吸水性树脂的吸水机理本质上是相似的，但是高吸水性树脂是利用作用较强的氢键吸收水分，而高吸油树脂只能利用分子间较弱的范德华力。因此，高吸油树脂不可能像高吸水性树脂那样饱和吸油倍数(树脂饱和吸油时所吸收的油量与树脂原质量之比)可达数百倍甚至上千倍，其吸收倍数要少得多，一般只能达到几十倍。另外高吸油树脂是利用其分子网状结构的伸展来实现它的吸油保油性能。因此，高吸油树脂的吸油保油性能不仅与其侧基亲油基团的亲油能力有关，也与树脂分子的空间网状结构有较大的关系。高吸油树脂吸油过程可分为四个阶段[16]：①初始阶段，吸油速率受分子扩散控制，此时少量油分子进入树脂，大分子链段未展开；②第二阶段，吸油速率由分子扩散控制向热力学控制转化，此时大量的油分子进入树脂，大分子链段逐渐展开，网络依靠共价键交联点、物理交联区以及缠结连接；③第三阶段，吸油速率受动力学控制；④第四阶段，饱和阶段，大分子达到饱和溶胀。由吸油过程分析可见，当热力学推动力和网络弹性回缩力平衡时，树脂达到饱和溶胀，因此决定树脂饱和吸油倍率的影响因素是树脂和有机物之间溶剂化作用力及树脂交联结构，即交联度和交联密度。

被吸附的有机物选用适当的方式即可完全洗脱[17]，树脂可重复利用。一般对酸性溶质选用稀碱作脱附剂，对碱性溶质选用稀酸作脱附剂，而对于脂溶性溶质则选用有机溶剂作脱附剂。乙醇是一种无毒的优良溶剂，几乎不被树脂吸收，是常用的吸油树脂的脱附剂。高浓度脱附液可直接送生产车间再用也可加以综合利用，实现污染物的资源化；而低浓度脱附液可作下一批次的脱附剂循环使用。

树脂吸附法的优点[18]：① 应用范围宽，适用性好。有机物浓度从几毫克每升到上万毫克每升均可进行处理，且吸附效果不受溶液中所含无机盐的影响，在非水体系中也可应用。② 吸附效率高，解吸再生容易，不产生二次污染。③ 性能稳定，机械强度好、使用寿命长。树脂有较高的耐氧化、耐酸碱、耐有机溶剂的性能，在正常情况下年损耗率小于5%。④ 有利于综合利用，实现废弃物资源化。采用树脂吸附后可以对有机物进行回收，增加经济效益。⑤ 工艺简单，操作方便，运行费用较低。

(2)树脂吸附法的应用

李爱民等[19]发明了一种树脂吸附高效除油的方法，该树脂属于超高交联聚苯乙烯系树脂，含油原液在温度为10～40℃和流量为2～15 BV/h的条件下，通过该吸油树脂后油含量可以降至1 mg/L以下，除油率可达98%，而且吸附后的树脂可通过蒸汽或脱附剂再生，脱附率大于98%，油回收率大于80%。赵志安等[2]发明了一种过滤法除油工艺，其步骤为：将待分离的油水流经装有表面积聚性滤料的第一级过滤器过滤除油，再将流出液流经装有内孔深度吸附型滤料的第二级过滤器。其中表面积聚性滤料是指凝胶树脂，如改性聚丙烯粒子或改性聚乙烯粒子，内孔深度吸附型滤料是指大孔交联聚苯乙烯树脂或活性炭颗粒。结果表明通过两级过滤器后可使流出液含油小于1 mg/L。而且一旦树脂吸附饱和，可采用蒸汽(120～150℃)加热1 h，使油分蒸发，或采用1.5 BV，体积浓度为70%～90%的乙醇逆流再生。Adou A F Y 等[21]对通过加入表面活性剂来强化聚丙烯树脂对废水中有机物的吸附进行了研究，结果表明有机物与表面活性剂生成了疏水性分子，从而有利于吸附在聚丙烯的疏水表面上。修慧敏[22]等比较了SD500型树脂和活性炭两种吸附剂在水中吸附有机物的性能，结果表明SD500具有更高的吸附容量，而且容易洗脱，可重复使用。同时该树脂稳定性好，运行9个周期后，其理化性质仍保持良好。

李爱民[23]等研究了一种改性含氧高交联聚苯乙烯系树脂(NJ－8)对水溶液中4种酚类有机物的吸附热力学性能。由于经过改性，该树脂的比表面积增大，并产生了部分极性，其平衡吸附量约为未改性的XAD－4的2倍，而且还测定了吸附过程中焓、熵、吉布斯自由能的改变，结果表明NJ－8有更低的熵变和吉布斯自由能变化，这也说明改性后的NJ－8更容易吸附酚类有机物。Zhang L[24]等合成了一种胺化的大孔吸附树脂，来吸附难降解有机物，由于含有氨基基团和大量的介孔，该树脂有很高的吸附容量，同时还发现吸附质与吸附剂之间的静电吸引是吸附的主要作用来源。树脂吸附饱和后可通过0.2 mol/L的氢氧化钠高效地再生。牛进龙等[25]研究了丙烯酸酯类吸附材料对石油化工生产过程中冷凝液中的有机物的吸附效果，中试结果表明，在吸附材料填充率为75%、水力流速为20 m/h的条件下，采用下进水方式，该系统可有效脱除冷凝液中的有机物，出水TOC浓度<1.0 mg/L。而且这种吸附材料易再生，使用寿命长，运行10个周期后仍无明显下降趋势。Zhang Q L[26]等对比了活性炭和聚苯乙烯大孔吸附树脂对水体中有机污染物的吸附效果。结果表明相比大孔吸附树脂，溶液的pH对活性炭的吸附容量影响更大，而且树脂在脱色方面比活性炭更有效，吸附饱和后树脂可通过氢氧化钠高效再生。

8.2.5 活性炭吸附法

(1)活性炭吸附有机物原理

炭吸附剂使用的材料主要有活性炭、焦粉或挥发窑渣中回用的废焦粉，吸附效果可达60%以上，吸附剂在达到穿透容量后可用蒸汽活化再生。通常以活性炭为吸附剂，因此，下文以活性炭为代表加以介绍。

活性炭[27, 28]作为一种非极性吸附剂，是一种多孔径的碳化物，具有丰富的孔隙结构，良好的吸附特性和稳定的化学性质，可以耐强酸、强碱，能经受水浸、高温、高压作用，不易破碎。它的吸附作用包括物理和化学吸附，与其他吸附剂相比，活性炭具有巨大的比表面积和特别发达的微孔。通常活性炭的比表面积高达800～2000 m^2/g，这是活性炭吸附能力强，吸附容量大的主要原因。活性炭因其内部具有丰富的孔隙和较大的比表面积，因而对水中非极性、弱极性有机物具有良好的吸附性能，可吸附含油废水中的分散油、乳化油和溶解油，同时可吸附废水中其他有机物，对油的吸附容量可达 30 ~ 80 mg/g，因此在萃取除油中得到了广泛的应用。

活性炭脱除电解液中有机相是一个物理吸附过程[29]，其吸附是利用了活性炭有大量微孔和孔道的性质，溶液中的有机相在接触活性炭的微孔时被吸附。由于吸附过程是物理吸附，同时电解液中有机相含量比较低，活性炭的比表面高，吸附速度比较快。同时，由于吸附过程是物理吸附，被吸附物在活性炭上的结合力小，在搅拌强度大时吸附的有机相分子可能从活性炭上解吸下来，因此在活性炭吸附有机物的过程中，搅拌强度适宜即可。

(2)活性炭吸附法的应用

Neira M 等[30]研究了反萃后液中 D_2EHPA 对循环伏安曲线、电锌形貌的影响。发现通过活性炭吸附可以有效的脱除溶液中的 D_2EHPA，在活性炭添加量为 3 g/L、室温、搅拌时间 30 min 的条件下，电流效率相对于从不加活性炭时的 85.6% 上升至 93.4%。采用 Zincex 工艺的西班牙 Quimigal 厂与 MQN 厂[31]，使用型号为 CECA 产的 Acticarbone BGP－8/16，粒径 0.2 ~ 3.0 mm，比表面积 750 m^2/g (BET)活性炭，使电解液中的有机相从 20 mg/L 降低到 1 mg/L。依据活性炭对有机相的饱和吸附容量设计除油的操作周期为 15 天，然而在实际生产中达到 45 天。这是由于大部分有机相聚结在活性炭柱的上部，形成有一有机物层，每次反洗时这层有机物与活性炭中电解液一起返回第一次萃取的反萃后液混合澄清槽中。这样，电解液中夹带的 2/3 的有机物通过聚结脱除得到回收，而剩余的被活性炭吸附，活性炭操作周期延长为之前的 2 倍。活性炭处理电解液的成本为 $1.5/t金属锌。

刘志祥[32]通过加入活性炭来除去铟萃余液中的有机物，结果表明在搅拌时间为 30 min，活性炭加入量为 0.5 g/L 时，有机物脱除率为 85%。何贻柏[33]通过活性炭吸附萃锗余液中的有机物，结果表明其吸附性能良好，经过 4 ~ 6 min 的吸附，吸附率可达 84.7% ~ 89%。刘红卫[34]通过活性炭吸附反萃液中的有机物 (P_{204})，在吸附温度为常温，吸附时间为 0.5 h，活性炭添加量为 2 g/L 的条件下，有机物含量从 264 mg/L 降至 0.7 mg/L，保证了锌电积的顺利进行。Wallace H F[35]等针对钴的反萃液，先通过重力作用除去大部分夹带有机相，然后再用活性炭吸附残余的有机物。

活性炭能够有效地去除电解液中的有机物，但是由于吸附有机物后的活性炭没有合适的再生方案，只能一次性使用，而且有机相难以回收利用，暂只能堆存或火法处理。

8.3 组合式除油方法与设备

在 $ZnSO_4 - H_2SO_4$ 水溶液电积锌生产过程中，溶液中有机物含量越低，对阴极电锌形貌的影响越小，电流效率越高，所以有机物(除骨胶外)及油类愈少愈好。考虑到多种有机物的叠加效应，株洲冶炼集团股份有限公司提出了硫酸体系电积锌新液的有机物含量控制的控制标准[1]：总碳(TC) < 12 mg/L，无机碳(IC)一般为 2 mg/L、有机碳(TOC) < 10 mg/L；其中含油量控制 < 0.005 mg/L，脂肪酸 < 1 mg/L，P_{204} < 0.05 mg/L；其他黄药、丁基黄药、黑药、2#油含量均 < 1 mg/L 为佳。因此，在实际生产过程中，一般采用多种方法集成，达到深度除油的目的，以下对国内外几种集成除油的方法与设备加以简单介绍。

8.3.1 CoMatrix 过滤除油器

SpinTek Filtration 公司设计生产的 CoMatrix 除油器由两部分组成，上部为 Matrix Packing，下部为双层过滤器[36]，其内部结构示意图见图 8－1。

上部的 Matrix Packing 装置，是由聚丙烯材质制作的、设计孔径大小的海绵状结构，孔斜向下方，当溶液通过孔内时，油粒沿着孔洞壁上浮，水溶液向下流动，液面上的油层由集油管收集并进入油回收槽，Matrix Packing 装置的作用原理见图 8－2。因此，Matrix Packing 主要作用是脱除电解液中大滴的有机相液滴。

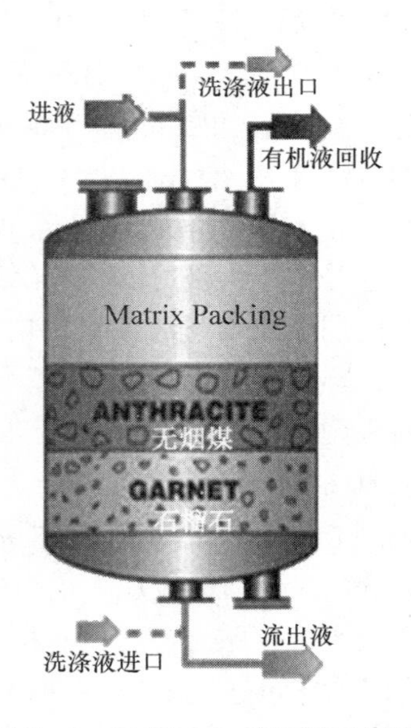

图 8－1　CoMatrix 除油器示意图

下部双层过滤器，其中上层为无烟煤，主要吸附电解液中的剩余有机物；下层为石榴石，主要过滤电解液中的悬浮物。Sole K C 等[37]的试验结果表明：Matrix Packing 能将反萃液中的有机物浓度稳定降至 10 mg/L 左右，而双层过滤器则吸附效果有限，仅能在低流速下吸附少量有机物。

Skorpion 锌厂采用 CoMatrix 除油器与活性炭除油器结合，在液体流速 ≤12 m/h 的条件下，则具有很好的吸附效果和稳定性以及优良的过滤悬浮物效果，能将电解液中有机物浓度降至 1.0 mg/L 以下。

8.3.2 DI－SEP®溶剂萃取电解液过滤除油器

Smith & Loveless Inc. 公司生产的 DI－SEP®溶剂萃取电解液过滤除油器自 20 世纪 80 年代用于铜电积厂电解液的净化以来，在南美洲、北美洲、澳大利亚的一

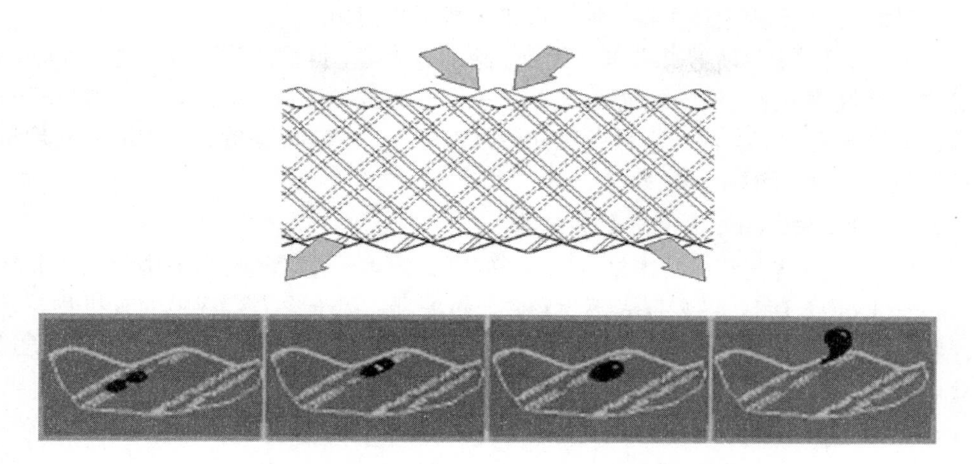

图8－2　Matrix板表面聚合有机物液滴的示意图

些湿法炼铜厂得到了应用，除油效率在90%以上。DI－SEP®除油器在一个箱内上部为溶气气浮除油、下部为双层双介质过滤器，其内部结构与上部溶气气浮除油示意图见图8－3[38]。

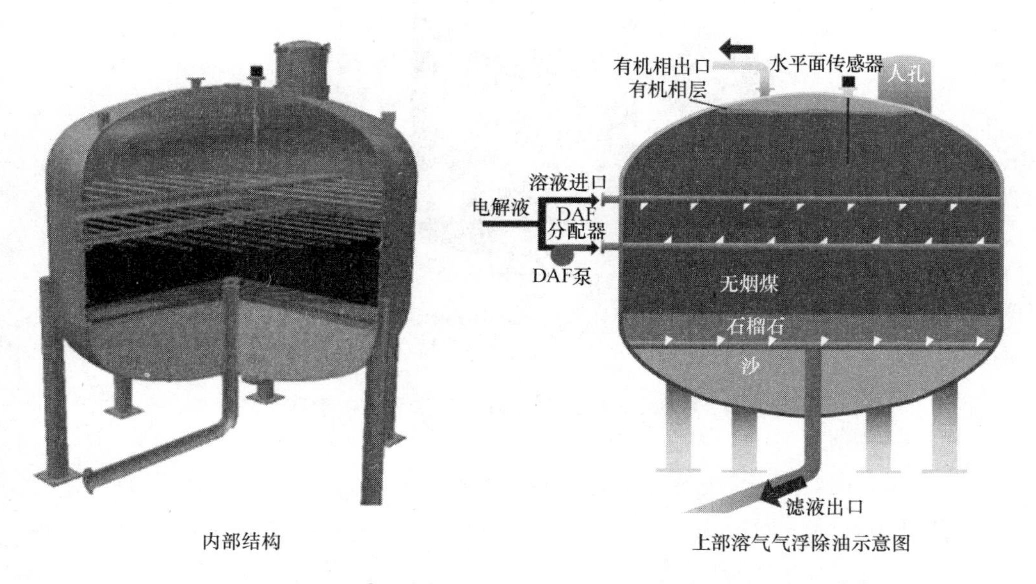

图8－3　DI－SEP®除油器内部结构与上部溶气气浮除油示意图[38]

含油电解液通过进液分布器与DAF分配器同时进入箱体。料液通过中部的DAF泵使气体溶解于电解液一起泵入，溶解在溶液中的空气进入箱体内附着在有机/气体上，上升到箱体上部，通过有机相排出口流出。

DI－SEP®滤除油器具有以下优点：除油效果好，典型的除油效率达99%；明显的提高效率，比一般的除油器提高2～6倍；反洗频率低，关停时间少；可轻易的接入到现有的工艺流程。设备直径可以为1.5～4.72 m不等，单体设备处理量每天最大可达5450 m^3/d。

8.3.3 Outotec Larox® DM除油装置

Outotec的溶剂萃取技术结合Larox的过滤技术开发了从反萃液中除油的装置Outotec Larox® DM。该装置底部为双介质过滤器，用于除去溶液中的有机物与悬浮物。上层为无烟煤，主要吸附电解液中的剩余有机物，下层为石榴石，主要过滤电解液中的悬浮物。其结构示意图见图8－4[39]。

图8－4 Outotec Larox® DM除油装置结构示意图[39]

Outotec Larox® DM装置具有以下优点：高过滤质量、低操作成本、全自动运行、低维护成本，同时可以通过Outotec Larox® DM装置并联使用，快速扩展产能。

Outotec Larox® DM装置的双介质过滤器上吸附的有机物采用电积后液反洗，反洗后液进入到萃取后的澄清池。直径为5.2 m的Outotec Larox® DM装置的产能为275 m^3/h；通过Outotec Larox® DM装置除油以后，溶液中有机物可以降低到几毫克每升。双介质过滤器使用的无烟煤的使用年限为24个月，石榴石的使用时间更长。

8.3.4　XC－CSB 型除油系统

江苏宜兴市星晨水汽净化设备有限公司设计了一种用于冶炼行业萃取除油的 XC－CSB 专用系统[40－42]，包括隔油器、破乳除油器、过滤器。隔油器为恒流式隔油器，破乳除油器为超声波气浮除油器，过滤器为纤维球过滤器。三设备前后依次管道连通，设备连接图见图 8－5[40]；其主要设备超声波气浮除油器结构示意图，见图 8－6[41]，设备规格及性能参数见表 8－1。

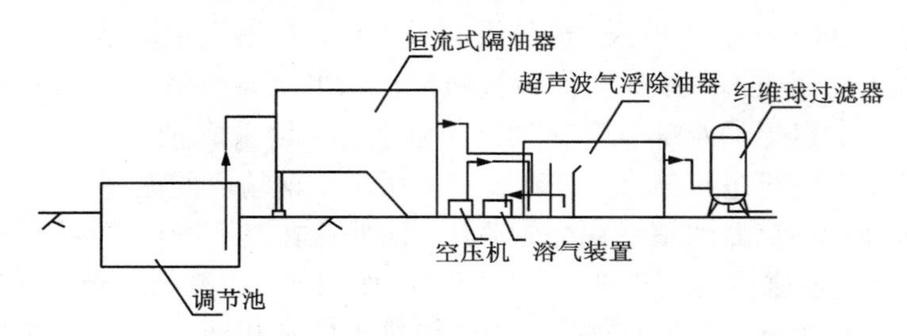

图 8－5　设备连接图

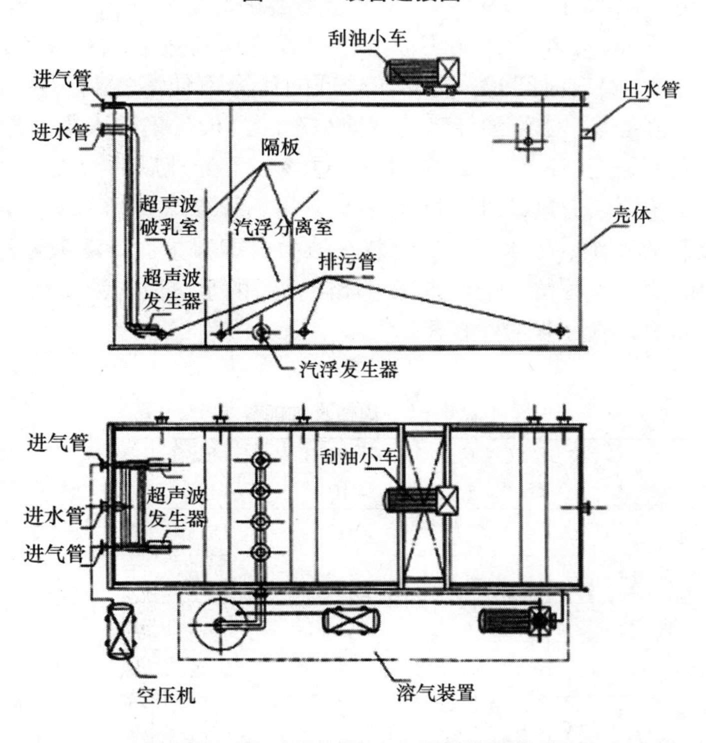

图 8－6　超声波气浮除油器结构示意图

(1)应用一：硫酸镍溶液萃取杂质后溶液除油。

国内某厂通过萃取分离技术萃取硫酸镍溶液中的Cu、Fe、Pb等杂质，萃余液蒸发结晶生产满足标准HG/T 2824—1997的I类优质结晶硫酸镍[43]。因萃余液含油，必须采取除油措施。采用活性炭吸附除油时，容量有限，活性炭一次性使用，更换次数较多，效率较低，导致产品质量不稳定。该厂采用宜兴市星晨水汽净化设备有限公司生产的除油装置，除油后的水溶液含油≤1 mg/L。具体工艺过程如下：①溶液先由布水系统进入斜板隔油槽，槽内斜板间距100 mm，安装倾角45°，溶液自上而下通过斜板区，油粒沿斜板上升，汇集到集油顶盖内，再经槽尾的溢流管进入油回收槽。水相沿斜板底由槽首水平流向槽尾，经溢流堰汇入水相贮槽。溶液中的悬浮油及部分乳化油基本被脱除，溶液含油可≤10 mg/L。②隔油处理后的水溶液再进行破乳，破乳装置采用不锈钢超声波振荡器。气振空压机的强大气流经过震荡器的不锈钢金属薄片，使薄片在其平衡位置做上下周期性强烈振动，产生足够强度的超声波，在超声波的作用下，油粒相互碰撞、黏合，并从溶液中分离解吸出来。实践证明，自隔油槽排出的水相溶液经超声波破乳后，溶液中乳化油的破除率可达到90%。③经超声波破乳后的溶液进入组合式超声波气浮装置的气浮部分，组合式超声波气浮装置采用高效溶气释放器，气泡均匀、直径小、密度大、稳定时间长，能够在较低的压力下使溶气利用率大幅度提高，脱油效果好、能耗低。飘浮油经自动刮油小车的刮板收集进入集油槽，水溶液从装置底部进入下一道工序。实践表明，经过该装置处理后的溶液含油≤5 mg/L。④气浮除油后的溶液通过纤维球过滤深度净化。纤维球直径*D*50 mm，是一种疏松状的轻质高效亲油、疏水介质，封装在压力过滤器里面。溶液通过纤维球时，从前级逃逸的油类被截留。经纤维球过滤除油后的水溶液含油≤1 mg/L。该技术无需添加除油剂，不污染原料溶液。

表8-1　规格及性能参数

No	项目	单位	XC-CSB-5	XC-CSB-10	XC-CSB-15	XC-CSB-20	XC-CSB-25
1	处理量	m^3/h	5	10	15	20	25
2	进水含油	mg/L	<200				
3	出水含油	mg/L	<2				
4	气振时间	min	<30				
5	进水管	mm	32	40	50	65	80
6	出水管	mm	32	40	50	65	80

续表8-1

No	项目	单位	XC-CSB-5	XC-CSB-10	XC-CSB-15	XC-CSB-20	XC-CSB-25
7	进气管	mm	25				
8	空压机功率	kW	4	7.5	7.5	7.5	7.5
9	空压机数量	台	1	1	1	1	1
10	刮渣机功率	kW	0.75				
11	外形尺寸	m	ϕ2000×3000	ϕ2600×3550	ϕ2800×3750	ϕ2800×4250	ϕ2800×4750
配套							
12	油渣水分离槽	台	1				
13	排水泵数量	台	1				
14	排水泵型号	建议	20CQ-15F				

(2)应用二：硫酸钴萃取溶液除油。

国内某厂用萃取净化后的含钴溶液生产优质电积钴，当溶液中含油超标时，携带杂质离子的油粒黏附在阴极板上，不仅影响阴极片纯度，使电钴杂质含量超标，达不到一号电钴要求，而且严重影响电钴物理性能，使电钴变脆、分层，表面暴皮、长气孔、长瘤子、烧板等。采用宜兴市星晨水汽净化设备有限公司生产的除油设备，经斜板隔油、超声波气浮除油、纤维球过滤除油处理含油的钴溶液后，完全能够满足生产要求。由于回收后的有机相可重新返回使用，萃取剂单耗大大降低至0.05 kg/t 钴，经济效益显著。

范春龙[44]等通过超声波除油技术来处理经萃取后的氯化镍溶液，经过斜板除油、超声波破乳、气浮除油和纤维丝吸附除油等步骤，使溶液中的有机物含量降至2~5 mg/L。

8.3.5 SH系列冶炼萃取组合除油装置

宜兴市恒能环境科技有限公司生产的SH系列冶炼萃取组合除油装置主要包括隔油澄清槽、气振破乳、气浮装置、纤维球过滤四个技术单元，在不同的单元除去不同形态的有机相。前3个技术单元集成在一个装置中，采用PP材质，纤维球过滤器采用钢衬PE材质。

隔油澄清槽主要是去除溶液中的悬浮油、分散油。依据溶液浅层沉降原理，处理的溶液由池首平流向池尾，经溢流槽汇入出液槽，停留时间不大于30 min，不仅可以分离粒径 >60 μm 的油粒而且处理能力提高2~4倍。气振可以使油粒与介质一起振动，由于大小不同的油粒具有不同的振动速度，油粒将相互碰撞、黏合，体积和重量均增大。然后油粒变大到不能随气振震动，只能做无规则运行，继续碰撞、黏合、变大，最后上浮，形成浮油。乳化油的去除率约 85%。经过气振破乳的含油溶液进入气浮装置，该设备利用高效溶气释放器，在溶液中产生足够数量的细微气泡，细微气泡与溶液中的悬浮油黏附，形成整体密度小于溶液的“气泡颗粒”复合体，使悬浮粒子随气泡一起浮到溶液面。

经过澄清槽、气振破乳、气浮装置后已经除去大部分浮油、分散油及乳化油，再经过一级、二级体内装有的再生式纤维球过滤器，其结构图见图 8 - 7，使溶液中的溶解油彻底被吸附。除油后液中有机物含量 <1 mg/L，过滤器装置的反冲洗采用气水反冲或溶气水反冲。

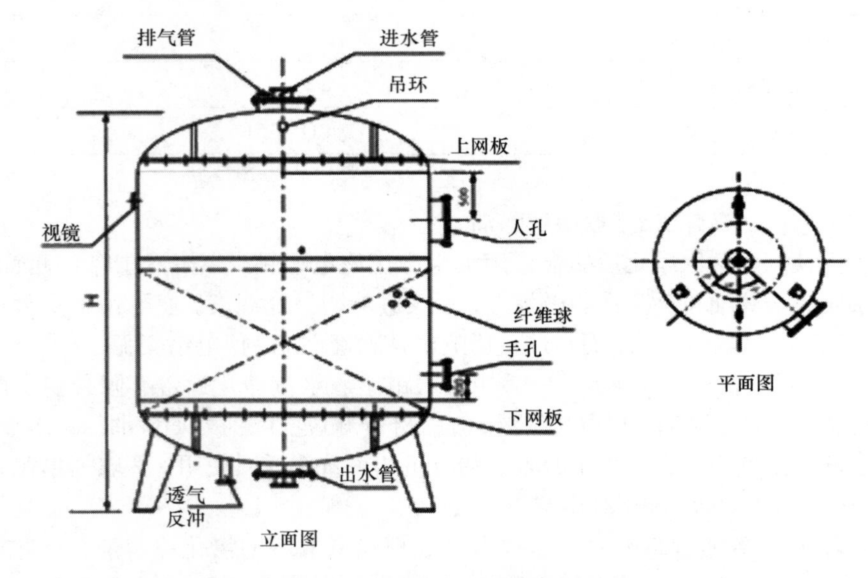

图 8 - 7　纤维球过滤器结构图

SH 系列冶炼萃取组合除油装置规格及尺寸见表 8 - 2，配套设备尺寸见表 8 - 3。

表 8 - 2　SH 系列冶炼萃取组合除油装置规格及尺寸表

型号	处理量 /($m^3 \cdot h^{-1}$)	尺寸/m (长×宽×高)	进水 DN1	出水 DN2	连通管 DN3	自重 /kg
SH - I	1 ~ 3	3 × 1.8 × 1.95	50	50	65	2200
SH - II	3 ~ 5	3.9 × 1.8 × 1.95	65	65	80	2800

续表 8－2

型号	处理量 /($m^3 \cdot h^{-1}$)	尺寸/m (长×宽×高)	进水 DN1	出水 DN2	连通管 DN3	自重 /kg
SH－III	5～10	4.1×2×1.95	65	65	80	3700
SH－IV	10～15	4.7×2.2×1.95	80	80	100	4800
SH－V	15～20	4.7×2.7×1.95	100	100	125	5300
SH－VI	20～30	5.7×2.9×1.95	100	100	125	5900
SH－VII	30～40	5.8×4×1.95	100	100	125	6500
SH－VIII	40～60	6.9×4.4×1.95	125	125	150	7100
SH－IX	60～80	7.3×4.4×1.95	150	150	200	7600
SH－X	80～100	8.1×4.4×1.95	150	150	200	8500
SH－XI	100～120	8.4×4.6×1.95	200	200	250	9200

表 8－3　SH 系列冶炼萃取组合除油装置配套设备尺寸表

型号	纤维球过滤器尺寸/mm	释放混合器尺寸/mm
SH－I	$\phi800 \times H3000$	$\phi400 \times H2800$
SH－II	$\phi1000 \times H3200$	$\phi400 \times H3000$
SH－III	$\phi1200 \times H3800$	$\phi500 \times H3300$
SH－IV	$\phi1600 \times H4050$	$\phi600 \times H3300$
SH－V	$\phi2000 \times H4050$	$\phi600 \times H3300$
SH－VI	$\phi2200 \times H4200$	$\phi700 \times H3300$
SH－VII	$\phi2400 \times H4300$	$\phi800 \times H3500$
SH－VIII	$\phi2800 \times H4480$	$\phi800 \times H3500$
SH－IX	$\phi3000 \times H4550$	$\phi900 \times H3500$
SH－X	$\phi3200 \times H4800$	$\phi1000 \times H3500$
SH－XI	$\phi3600 \times H5200$	$\phi1200 \times H3500$

8.3.6　LF 型无动力油水分离器

LF 型无动力油水分离装置应用“紊流变层流”原理，在无动力的前提下，在含油水相大流量不间断同步(油水同速即相对层流)经分油装置的瞬间，油珠借助水相高速流动时的动能，连续碰撞，由小变大，由此加速不同比重的油与水的分流和分层，达到油水分离的目的。LF 型无动力油水分离装置原理示意图见图 8－8。

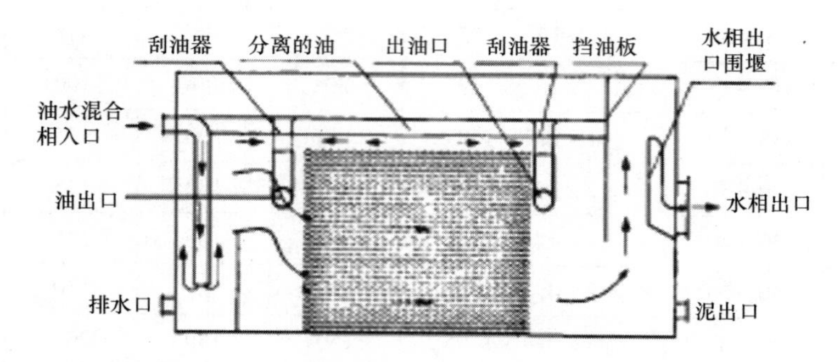

图 8－8　LF 型无动力油水分离装置工作原理示意图

该装置不用电、无动力、无隔油池，为重力油水分离器，是对借助气浮、离心旋流、膜过滤、电磁吸附等外在动力而实现油水分离的传统工艺的创新，它利用水相流经装置时形成的水位落差作为动能，可以自动出油。其结构紧凑，接口连接简单，占地面积小。处理 50 ~ 100 m^3/h 含油水相仅占地 16 ~ 25 m^2，为隔油池面积的 1/2 ~ 1/3。其主要技术参数如下：

油黏度	2×10^{-4} m^2/s
进水含油	5 g/L
出水含油	5 ~ 10 mg/L*
100% 可被除去油滴直径	≥ 20 μm
进油方式	液位差自流
工作温度	15 ~ 60℃
工作压力	常压
含油相对密度	平均≤0.98
分离效率	90% ~ 98%
处理量	100 m^3/h
排油方式	自流

* 采用边界层原理，进水含油范围宽。

8.3.7　SEPT 油水分离器

SEPT 油水分离器能够实现 100% 自动油水分离。它是依据 Stoke's（斯托克斯)原理，当油水混合物通过其核心介质时，小油滴吸附于亲油介质表面，逐渐加大其直径；小水滴吸附于亲水介质表面，逐渐加大其直径。到核心介质的出口处液油已达到原油滴直径的100多倍甚至更大直径，油滴上升速度迅速提高，从而实现油水快速分离。

SEPT油水分离器对于需处理溶液的比例组成无限制，唯一要求的是两相的密度差大于0.05。该装置占地面积小，每小时处理量可达1.2～100 m^3，无需更换或弃置任何滤纸、介质和滤袋，仅需一年清洗一次介质。可实现全自动化排水和排油，无需专人管理。一般情况下对分散油的脱除效果达到10 mg/L。

参考文献

[1] 何旭漓. 有机物及油类对锌电解沉积的影响分析. 湖南有色金属，2010，26(4)：30－33.

[2] Principe F, Demopoulos G P. The solubility and stability of organophosphoric acid extractants in H_2SO_4 and HCl media. Hydrometallurgy, 2003, 68: 115－124.

[3] 蔺国盛，刘淑媛. 有色冶金萃取水相除油工艺及设备. 中国有色冶金，2008(4)：26－29.

[4] 宫磊. NCAF涡凹型气浮设备的开发及应用研究[硕士学位论文]. 昆明理工大学，2002.

[5] 杨佼庸，刘大星. 萃取[M]. 北京：冶金工业出版社，1988：460－469.

[6] 魏在山，徐晓军，宁平，徐金球. 气浮法处理废水的研究及其进展. 安全与环境学报，2001，1(4)：14－17.

[7] Sorensen J L, Yarbro M D, Glockner C A. Method for removal of organic solvents from aqueous process streams. US 4874534, 19891017.

[8] 朱屯. 现代铜湿法冶金[M]. 北京：冶金工业出版社，2002：125－155.

[9] 沈庆峰，杨显万，舒毓璋，等. 用溶剂萃取法从氧化锌矿浸出渣中回收锌. 中国有色冶金，2006(5)：24－26.

[10] 丁叶民，沈乾堂. 一种冶炼业萃取除油专用系统. ZL 200420079137.2, 20050824.

[11] 唐圣辉，黄秀兰. 硫酸铜溶液萃取除油装置的应用. 矿山机械，2009，37(20)：65－66.

[12] 徐为民，齐少伟，张双泉. 一种萃取净化后的无机盐溶液除去微量有机物的方法. ZL 2006lol52792. X, 20070314.

[13] 姚日鹏，陈凤慧，高超. 大孔吸附树脂在废水处理中的应用. 中国环境管理干部学院学报，2009，19(1)：63－68.

[14] 张全兴，陈金龙，李爱民. 树脂对化工废水中有毒有机化合物的吸附作用机理与技术研究. 高分子学报，2008，(7)：651－655.

[15] 朱学文，郑淑君. 高吸油树脂研究进展. 化学推进剂与高分子材料，2004，2(1)：15－18.

[16] 卢娟. 乳液型高吸油树脂的制备、性能及应用[硕士学位论文]. 杭州：浙江大学，2006.

[17] 张全兴，陈金龙，许昭怡等. 树脂吸附法处理有毒有机化工废水及其资源化研究. 高分子通报，2005(4)：116－121.

[18] 张萍. 大孔吸附树脂处理颜料废水的实验研究[硕士学位论文]. 济南：山东师范大学，2009.

[19] 李爱民，王春，石洪雁. 一种树脂吸附高效除油方法. ZL 200610041364. X, 20070221.

[20] 赵志安，张劲光. 过滤法除油工艺. ZL200910051075.1, 20091021.

[21] Adou A F Y, Muhandiki V S, Shimizu Y, et al. A new economical method to remove humic substances in water: Adsorption onto a recycled polymeric material with surfactant addition. Water Science and Technology, 2001, 43(11): 1-7.
[22] 修慧敏, 徐斌, 胡锦强. 争光牌SD500代替活性炭去除水中有机物试验研究. 武汉大学学报(工学版), 2003, 36(22): 174-176.
[23] Li A M, Wu H S, Zhang Q X, etal. Thermodynamic study of adsorption of phenolic compounds from aqueous solution by a water-cornpatible hypercrosslinked polymeric adsorbent. Chinese Journal of Polymer Science, 2004, 22(3): 259-267.
[24] Zhang L, Li A M, Wang J N, et al. A novel aminated polymeric adsorbent for removing refractory dissolved organic matter from landfill leachate treatment plant. Journal of Environmental Sciences(China), 2009, 21(8): 1089-1095.
[25] 牛进龙, 管进喜, 贾媛媛. 可再生吸附法脱除冷凝液中有机物中试研究. 中国给水排水, 2008, 24(17): 84-56.
[26] Zhang Q L, Chuang K T. Adsorption of organic pollutants from effluents of a kraft pulp mill on activated carbon and polymer resin. Advanees in Environmental Researeh, 2001, 5(3): 251-258.
[27] 郭常颖, 赵鹏程, 肖靖. 几种吸附材料在含油废水处理中的应用. 环境科学与管理, 2010, 35(3): 96-98.
[28] 李建. 锌氨浸出液的深度净化及模拟电解液中有机物的脱除研究[硕士论文]. 中南大学, 2011.
[29] 杨大锦. 低品位锌矿堆浸—萃取—电积工艺研究[博士学位论文]. 昆明: 昆明理工大学, 2006.
[30] Neira M, O'keefe T J, Watson J L. Solvent extraction reagent entrainment effects on zinc electrowinning from waste oxide leach solutions. Minerals Engineering, 1992, 5(3-5): 521-534.
[31] Nogueira E D, Regife J M, Blythe P M. Zincex-the development of a secondary zinc process. Chemistry and Industry, 1980(2): 63-67.
[32] 刘志祥. 活性炭吸附法脱除铟萃余液中有机物的探索与实践. 湖南有色金属, 2005, 21(3): 11-13.
[33] 何贻柏. 萃锗余液中有机物对锌电解的影响及其衍生物的消除. 株冶科技, 1995, 23(4): 23-28.
[34] 刘红卫. 低品位氧化锌矿湿法冶金新工艺研究[硕士学位论文]. 长沙: 中南大学, 2004.
[35] Wallae H F. Hydrometallurgical process for the production of cobalt powder from mixed meta sulphides. US Patent, US 4108640, 19780822.
[36] Sole K C, Stewart R J, Maluleke R F, etal. Removal of entrained organic phase from zinc electrolyte: Pilot plant comparison of CoMatrix and carbon filtration. Hydrometallurgy, 2007, 89(1-2): 11-20.
[37] Co-Matrix™ filters for electrolyte filtration. SpinTek Filtration, Inc. Delkor South America Ltd.
[38] http://www.di-sepsx.com/advantage.htm#
[39] Outotec Larox® DM electrolyte filters for SX-EW. http://www.outotec.com/ImageVaultFiles/id_758/d_1/cf_2/OTE_Outotec_Larox_DM_electrolyte_filters_for_SX-EW.PDF
[40] 丁叶民, 沈乾堂. 一种冶炼业萃取除油专用系统. ZL 200420079137.2, 20050824.
[41] 丁叶民, 沈乾堂. 一种超声波气浮除油器. ZL 200420079136.8, 20050824.
[42] 丁叶民. 一种超声波气浮除油装置. ZL 201220047208.5, 20121010.
[43] 高保军. 萃取水溶液高效除油技术及应用. 中国有色冶金. 2004(3): 18-21.
[44] 范春龙, 梁承宇, 李书山. 一种氯化镍除油方法. ZL 200610152785.X, 20060929.
[45] http://jhhbpw.epsino.com/company/sell/index.php? itemid=440

附表1 平衡数据与物理性质(密度、动态黏度和界面张力)

起始				T /K	平衡							
$[ZnSO_4]$ /(mol·L^{-1})	$[H_2SO_4]$ /(mol·L^{-1})	$[D_2EHPA]$ /(mol·L^{-1})	$[Na_2SO_4]$ /(mol·L^{-1})		$[ZnSO_4]_{aq}$ /(mol·L^{-1})	$[Zn]_{org}$ /(mol·L^{-1})	ρ_{org}/(10^{3}kg·m^{-3})	ρ_{aq}/(10^{3}kg·m^{-3})	ν_{org}/(mm^2·s^{-1})	ν_{aq}/(mm^2·s^{-1})	水相 pH	σ/(mN·m^{-1})
0.0001	0	0.005	0	298	8.2569×10^7	9.9174×10^5	0.74582	0.9972	1.607	0.897	3.66	25.56
0.0001	0	0.01	0	298	4.7401×10^7	9.9526×10^5	0.74613	0.99733	1.598	0.889	3.64	25.28
0.0001	0	0.015	0	298	2.3300×10^7	9.9767×10^5	0.74667	0.99733	1.650	0.950	3.59	24.98
0.0001	0	0.02	0	298	1.0200×10^7	9.9898×10^5	0.74694	0.99734	1.630	0.950	3.58	24.43
0.0001	0	0.03	0	298	5.7430×10^8	9.9943×10^5	0.7476	0.99729	1.679	0.950	3.62	23.52
0.0001	0	0.04	0	298	2.4400×10^8	9.9976×10^5	0.74839	0.99735	1.673	0.950	3.58	23.16
0.0001	0	0.06	0	298	1.0000×10^8	9.9990×10^5	0.74988	0.99731	1.702	0.939	3.50	21.50
0.0001	0	0.1	0	298	1.0000×10^8	9.9990×10^5	0.75281	0.99712	1.722	0.941	3.41	20.24
0.0001	0	0.2	0	298	1.0000×10^8	9.9990×10^5	0.76063	0.99745	1.814	0.939	3.32	15.41
0.005	0	0.005	0	298	3.9653×10^3	1.0347×10^3	0.74576	0.99797	1.644	0.951	2.78	28.96
0.005	0	0.01	0	298	3.0988×10^3	1.9012×10^3	0.74629	0.998	1.647	0.976	2.53	27.55
0.005	0	0.015	0	298	2.4057×10^3	2.5943×10^3	0.74668	0.99791	1.669	0.964	2.42	26.60
0.005	0	0.02	0	298	1.9776×10^3	3.0224×10^3	0.74711	0.99789	1.675	0.963	2.35	26.19
0.005	0	0.03	0	298	1.2895×10^3	3.7105×10^3	0.74778	0.99772	1.677	0.961	2.27	25.07
0.005	0	0.04	0	298	9.3782×10^4	4.0622×10^3	0.74865	0.99778	1.689	0.958	2.22	24.72

起始				T /K	平衡							
[$ZnSO_4$] /(mol · L^{-1})	[H_2SO_4] /(mol · L^{-1})	[D_2EHPA] /(mol · L^{-1})	[Na_2SO_4] /(mol · L^{-1})		[$ZnSO_4$]$_{aq}$ /(mol · L^{-1})	[Zn]$_{org}$ /(mol · L^{-1})	ρ_{org}/(10^3 kg · m^{-3})	ρ_{aq}/(10^3 kg · m^{-3})	ν_{org}/(mm^2 · s^{-1})	ν_{aq}/(mm^2 · s^{-1})	水相 pH	σ/(mN · m^{-1})
0.005	0	0.06	0	298	5.0968×10^4	4.4903×10^3	0.75016	0.99782	1.710	0.957	2.17	24.19
0.005	0	0.1	0	298	1.8502×10^4	4.8150×10^3	0.75324	0.99756	1.748	0.949	2.19	22.42
0.005	0	0.2	0	298	4.0775×10^4	4.5923×10^3	0.76093	0.9978	1.861	0.942	2.20	20.65
0.05	0	0.005	0	298	4.9847×10^2	1.5291×10^4	0.74593	1.00501	1.646	0.998	2.76	28.76
0.05	0	0.01	0	298	4.5872×10^2	4.1284×10^3	0.74639	1.00503	1.636	0.922	2.55	27.99
0.05	0	0.015	0	298	4.4750×10^2	5.2497×10^3	0.74689	1.00486	1.610	0.926	2.41	28.07
0.05	0	0.02	0	298	4.2712×10^2	7.2885×10^3	0.74728	1.00482	1.616	0.977	2.30	27.96
0.05	0	0.03	0	298	4.2508×10^2	7.4924×10^3	0.74807	1.00479	1.770	0.940	2.12	26.89
0.05	0	0.04	0	298	4.0673×10^2	9.3272×10^3	0.74898	1.00464	1.680	0.970	2.05	25.20
0.05	0	0.06	0	298	3.8226×10^2	1.1774×10^2	0.75076	1.00448	1.702	0.963	1.86	24.49
0.05	0	0.1	0	298	3.4251×10^2	1.5749×10^2	0.75433	1.00382	1.739	0.957	1.73	23.20
0.05	0	0.2	0	298	2.4363×10^2	2.5637×10^2	0.7623	1.0031	1.849	0.989	1.57	19.84
0.0001	0.0005	0.005	0	298	1.7533×10^5	8.2467×10^5	0.74574	0.9973	1.644	0.940	2.96	27.05
0.0001	0.0005	0.02	0	298	2.4465×10^6	9.7554×10^5	0.74692	0.99737	1.659	0.941	2.95	22.57
0.0001	0.0005	0.05	0	298	2.2426×10^6	9.7757×10^5	0.74928	0.99746	1.676	0.935	2.94	22.43
0.0001	0.0005	0.1	0	298	6.1162×10^8	9.9939×10^5	0.75276	0.99705	1.725	0.857	3.00	20.04
0.0001	0.0005	0.2	0	298	2.0387×10^8	9.9980×10^5	0.76026	0.99732	1.807	0.850	2.93	18.95
0.005	0.0005	0.005	0	298	4.1081×10^3	8.9195×10^4	0.74592	0.99821	1.597	0.849	2.60	27.92
0.005	0.0005	0.02	0	298	2.3547×10^3	2.6453×10^3	0.74707	0.99801	1.655	0.956	2.31	24.74

起始				T /K	平衡							
$[ZnSO_4]$ /(mol·L^{-1})	$[H_2SO_4]$ /(mol·L^{-1})	$[D_2EHPA]$ /(mol·L^{-1})	$[Na_2SO_4]$ /(mol·L^{-1})		$[ZnSO_4]_{aq}$ /(mol·L^{-1})	$[Zn]_{org}$ /(mol·L^{-1})	ρ_{org}/(10^3 kg·m^{-3})	ρ_{aq}/(10^3 kg·m^{-3})	ν_{org}/(mm^2·s^{-1})	ν_{aq}/(mm^2·s^{-1})	水相 pH	σ/(mN·m^{-1})
0.005	0.0005	0.05	0	298	9.2762×10^4	4.0724×10^3	0.74936	0.99786	1.674	0.939	2.15	23.59
0.005	0.0005	0.1	0	298	7.9511×10^4	4.2049×10^3	0.75313	0.99783	1.725	0.944	2.11	22.26
0.005	0.0005	0.2	0	298	1.4271×10^4	4.8573×10^3	0.76056	0.99786	1.837	0.940	2.20	19.94
0.05	0.0005	0.005	0	298	5.0765×10^2	0	0.74584	1.00567	1.643	0.957	2.79	29.05
0.05	0.0005	0.02	0	298	4.6585×10^2	3.4149×10^3	0.74725	1.00525	1.636	0.959	2.33	27.57
0.05	0.0005	0.05	0	298	3.9653×10^2	1.0347×10^2	0.74975	1.00447	1.645	0.967	1.98	25.80
0.05	0.0005	0.1	0	298	3.2212×10^2	1.7788×10^2	0.75405	1.00385	1.739	0.997	1.76	23.67
0.05	0.0005	0.2	0	298	2.3445×10^2	2.6555×10^2	0.76203	1.00303	1.845	0.952	1.59	21.89
0.0001	0.001	0.005	0	298	4.4037×10^5	5.5963×10^5	0.74572	0.99735	1.647	0.950	2.72	28.50
0.0001	0.001	0.02	0	298	6.7278×10^6	9.3272×10^5	0.74691	0.99749	1.657	0.950	2.71	25.84
0.0001	0.001	0.05	0	298	3.0581×10^6	9.6942×10^5	0.74908	0.99752	1.677	0.945	2.68	22.91
0.0001	0.001	0.1	0	298	2.9052×10^6	9.7095×10^5	0.75361	0.99752	1.755	0.908	2.71	21.20
0.0001	0.001	0.2	0	298	2.6504×10^6	9.7350×10^5	0.76027	0.99757	1.849	0.897	2.73	19.59
0.005	0.001	0.005	0	298	4.3323×10^3	6.6769×10^4	0.74593	0.99826	1.634	0.894	2.55	28.79
0.005	0.001	0.02	0	298	2.6606×10^3	2.3394×10^3	0.74705	0.99806	1.695	0.957	2.29	25.26
0.005	0.001	0.05	0	298	1.0092×10^3	3.9908×10^3	0.74937	0.99793	1.690	0.961	2.13	24.22
0.005	0.001	0.1	0	298	2.9052×10^4	4.7095×10^3	0.75311	0.9979	1.771	0.963	2.08	22.37
0.005	0.001	0.2	0	298	1.2844×10^4	4.8716×10^3	0.76051	0.9979	1.865	0.966	2.12	19.93
0.05	0.001	0.005	0	298	5.2701×10^2	0	0.74602	1.00564	1.645	0.983	2.67	29.62

起始				T /K	平衡							
[$ZnSO_4$] /(mol·L^{-1})	[H_2SO_4] /(mol·L^{-1})	[D_2EHPA] /(mol·L^{-1})	[Na_2SO_4] /(mol·L^{-1})		[$ZnSO_4$]$_{aq}$ /(mol·L^{-1})	[Zn]$_{org}$ /(mol·L^{-1})	ρ_{org}/(10^3kg·m^{-3})	ρ_{aq}/(10^3kg·m^{-3})	ν_{org}/(mm^2·s^{-1})	ν_{aq}/(mm^2·s^{-1})	水相 pH	σ/(mN·m^{-1})
0.05	0.001	0.02	0	298	4.8471×10^2	1.5291×10^3	0.74725	1.00526	1.653	0.972	2.23	27.83
0.05	0.001	0.05	0	298	4.0979×10^2	9.0214×10^3	0.7498	1.0046	1.717	0.990	1.92	25.18
0.05	0.001	0.1	0	298	3.3435×10^2	1.6565×10^2	0.75405	1.00395	1.764	0.983	1.73	23.56
0.05	0.001	0.2	0	298	2.9256×10^2	2.0744×10^2	0.7621	1.00313	1.852	0.986	1.55	21.70
0.0001	0.01	0.005	0	298	1.0418×10^4	0	0.7458	0.99819	1.647	0.957	1.81	29.71
0.0001	0.01	0.02	0	298	1.0291×10^4	0	0.74677	0.99805	1.674	0.971	1.88	25.68
0.0001	0.01	0.05	0	298	4.9694×10^5	5.0306×10^5	0.74908	0.99815	1.685	0.957	1.86	23.72
0.0001	0.01	0.1	0	298	2.4924×10^5	7.5076×10^5	0.7528	0.9982	1.725	0.948	1.87	21.99
0.0001	0.01	0.2	0	298	1.0550×10^5	8.9450×10^5	0.76026	0.99816	1.867	0.908	1.88	20.62
0.005	0.01	0.005	0	298	5.0856×10^3	0	0.74583	0.9989	1.646	0.911	1.88	29.21
0.005	0.01	0.02	0	298	4.4037×10^3	5.9633×10^4	0.74697	0.99888	1.623	0.904	1.85	26.41
0.005	0.01	0.05	0	298	2.9893×10^3	2.0107×10^3	0.7492	0.99872	1.694	0.968	1.82	24.25
0.005	0.01	0.1	0	298	1.6922×10^3	3.3078×10^3	0.75302	0.99866	1.741	0.964	1.77	22.37
0.005	0.01	0.2	0	298	9.5821×10^4	4.0418×10^3	0.76044	0.99859	1.841	0.957	1.74	20.31
0.05	0.01	0.005	0	298	5.0357×10^2	0	0.74584	1.00625	1.644	0.975	2.02	29.14
0.05	0.01	0.02	0	298	4.8318×10^2	1.6820×10^3	0.74708	1.00594	1.666	0.987	1.92	27.11
0.05	0.01	0.05	0	298	4.2202×10^2	7.7982×10^3	0.74954	1.00545	1.690	0.986	1.76	25.11
0.05	0.01	0.1	0	298	3.5168×10^2	1.4832×10^2	0.75355	1.0048	1.742	0.978	1.62	23.37
0.05	0.01	0.2	0	298	2.7523×10^2	2.2477×10^2	0.76099	1.004	1.844	0.975	1.49	21.57

起始				T /K	平衡							
[$ZnSO_4$] /(mol·L^{-1})	[H_2SO_4] /(mol·L^{-1})	[D_2EHPA] /(mol·L^{-1})	[Na_2SO_4] /(mol·L^{-1})		[$ZnSO_4$]$_{aq}$ /(mol·L^{-1})	[Zn]$_{org}$ /(mol·L^{-1})	ρ_{org}/(10^3kg·m^{-3})	ρ_{aq}/(10^3kg·m^{-3})	ν_{org}/(mm^2·s^{-1})	ν_{aq}/(mm^2·s^{-1})	水相 pH	σ/(mN·m^{-1})
0.05	0.0005	0.1	0.1	298	3.0071×10^2	1.9929×10^2	0.7575	1.01557	1.764	0.956	1.94	23.73
0.05	0.0005	0.1	0.2	298	2.9460×10^2	2.0540×10^2	0.75359	1.02732	1.748	1.001	2.04	23.51
0.05	0.0005	0.1	0.5	298	2.7217×10^2	2.2783×10^2	0.75383	1.06305	1.760	1.076	2.18	22.79
0.05	0.0005	0.1	1	298	2.6198×10^2	2.3802×10^2	0.75364	1.12016	1.764	1.381	2.31	21.79
0.05	0.0005	0.1	1.5	298	2.6096×10^2	2.3904×10^2	0.75399	1.17354	1.766	1.681	2.39	21.64
0.05	0.0005	0.1	2	298	2.5994×10^2	2.4006×10^2	0.75376	1.22631	1.767	2.113	2.42	21.60
0	0.0005	0	0	283	0	0	0.76202	1.00394	2.125	1.416	3.00	40.09
0.05	0.0005	0	0	283	5.0765×10^2	0	0.76185	1.01238	2.124	1.461	3.30	39.68
0	0.0005	0.2	0	283	0	0	0.77726	1.00398	2.422	1.425	3.05	18.69
0.05	0.0005	0.2	0	283	2.3344×10^2	2.6656×10^2	0.77884	1.00962	2.444	1.458	1.65	19.81
0	0.0005	0	0	293	0	0	0.74823	0.99658	1.650	0.912	3.01	41.71
0.05	0.0005	0	0	293	5.0968×10^2	0	0.7448	1.00443	1.785	1.120	3.29	37.80
0	0.0005	0.2	0	293	0	0	0.75891	0.99613	2.013	1.087	3.03	19.60
0.05	0.0005	0.2	0	293	1.5902×10^2	3.4098×10^2	0.76002	1.00166	2.024	1.113	1.56	21.21
0	0.0005	0	0	303	0	0	0.7411	0.99566	1.554	0.891	3.12	40.19
0.05	0.0005	0	0	303	5.1784×10^2	0	0.74111	1.00393	1.552	0.912	3.41	34.37
0	0.0005	0.2	0	303	0	0	0.75513	0.99432	1.720	0.888	2.99	19.92
0.05	0.0005	0.2	0	303	2.4363×10^2	2.5637×10^2	0.75704	1.00096	1.740	0.899	1.68	22.11
0	0.0005	0	1	283	0	0	0.77009	1.12262	2.125	1.325	3.99	42.87

起始				T /K	平衡							
$[ZnSO_4]$ /(mol·L^{-1})	$[H_2SO_4]$ /(mol·L^{-1})	$[D_2EHPA]$ /(mol·L^{-1})	$[Na_2SO_4]$ /(mol·L^{-1})		$[ZnSO_4]_{aq}$ /(mol·L^{-1})	$[Zn]_{org}$ /(mol·L^{-1})	ρ_{org}/(10^3 kg·m^{-3})	ρ_{aq}/(10^3 kg·m^{-3})	ν_{org}/(mm^2·s^{-1})	ν_{aq}/(mm^2·s^{-1})	水相 pH	σ/(mN·m^{-1})
0.05	0.0005	0	1	283	4.9439×10^2	5.6065×10^4	0.76359	1.1327	2.145	2.059	3.97	39.92
0	0.0005	0.2	1	283	0	0	0.76872	1.12015	2.448	1.880	3.10	23.54
0.05	0.0005	0.2	1	283	1.5545×10^2	3.4455×10^2	0.77031	1.12047	2.459	1.908	2.17	18.64
0	0.0005	0	1	293	0	0	0.74847	1.11735	1.798	1.548	3.97	36.63
0.05	0.0005	0	1	293	5.1274×10^2	0	0.7484	1.12474	1.794	1.589	3.91	42.41
0	0.0005	0.2	1	293	0	0	0.76272	1.11564	2.035	1.512	3.10	23.55
0.05	0.0005	0.2	1	293	1.7125×10^2	3.2875×10^2	0.76478	1.11991	2.049	1.536	2.12	19.15
0	0.0005	0	1	303	0	0	0.74143	1.10905	1.543	1.227	3.98	26.99
0.05	0.0005	0	1	303	5.0255×10^2	0	0.74113	1.11916	1.546	1.256	3.94	37.14
0	0.0005	0.2	1	303	0	0	0.75555	1.11236	1.728	1.209	3.10	19.26
0.05	0.0005	0.2	1	303	1.4781×10^2	3.5219×10^2	0.75776	1.11537	1.741	1.249	2.09	20.32

附表 2　动力学数据(298K)

时间/s	流速 /(mmol · m^{-2}s^{-1})	[Zn]$_{aq}$ /(mol · L^{-1})	[Zn]$_{org}$ /(mol · L^{-1})	[D_2EHPA] /(mol · L^{-1})	[SO_4^{2-}] /(mol · L^{-1})	[H^+] /(mol · L^{-1})
0	2.01×10^6	2.00×10^4	0	0.01	0.0007	0.001
600	1.79×10^6	1.89×10^4	1.08×10^5			
1200	1.61×10^6	1.78×10^4	2.22×10^5			
1800	1.45×10^6	1.67×10^4	3.32×10^5			
3600	1.10×10^6	1.44×10^4	5.61×10^5			
5400	8.58×10^7	1.25×10^4	7.48×10^5			
7200	6.90×10^7	1.08×10^4	9.24×10^5			
9000	5.66×10^7	9.38×10^5	1.06×10^4			
0	4.01×10^6	4.00×10^4	0	0.01	0.0009	0.001
600	3.52×10^6	3.70×10^4	3.00×10^5			
1200	3.10×10^6	3.41×10^4	5.90×10^5			
1800	2.76×10^6	3.30×10^4	6.97×10^5			
3600	2.02×10^6	2.85×10^4	1.15×10^4			
5400	1.54×10^6	2.48×10^4	1.52×10^4			
7200	1.21×10^6	2.21×10^4	1.79×10^4			
9000	9.76×10^7	1.90×10^4	2.10×10^4			
0	1.02×10^6	1.00×10^4	0	0.01	0.0011	0.002
600	8.95×10^7	9.62×10^5	3.77×10^6			
1200	7.95×10^7	9.05×10^5	9.48×10^6			
1800	7.11×10^7	8.58×10^5	1.42×10^5			
3600	5.26×10^7	7.32×10^5	2.68×10^5			
5400	4.04×10^7	6.46×10^5	3.54×10^5			
7200	3.21×10^7	5.71×10^5	4.29×10^5			
9000	2.60×10^7	5.14×10^5	4.86×10^5			

时间/s	流速/$(mmol \cdot m^{-2}s^{-1})$	$[Zn]_{aq}$/$(mol \cdot L^{-1})$	$[Zn]_{org}$/$(mol \cdot L^{-1})$	$[D_2EHPA]$/$(mol \cdot L^{-1})$	$[SO_4^{2-}]$/$(mol \cdot L^{-1})$	$[H^+]$/$(mol \cdot L^{-1})$
0	9.96×10^7	1.00×10^4	0	0.01	0.0016	0.003
600	8.06×10^7	9.38×10^5	6.22×10^6			
1200	6.65×10^7	8.89×10^5	1.11×10^5			
1800	5.59×10^7	8.50×10^5	1.50×10^5			
3600	3.57×10^7	7.58×10^5	2.42×10^5			
5400	2.48×10^7	7.01×10^5	2.99×10^5			
7200	1.82×10^7	6.59×10^5	3.41×10^5			
9000	1.39×10^7	6.28×10^5	3.72×10^5			
0	3.59×10^7	1.04×10^4	0	0.01	0.0021	0.004
600	3.47×10^7	1.02×10^4	1.66×10^6			
1200	3.36×10^7	1.01×10^4	3.29×10^6			
1800	3.26×10^7	9.81×10^5	5.94×10^6			
3600	2.96×10^7	9.05×10^5	1.35×10^5			
5400	2.71×10^7	8.69×10^5	1.72×10^5			
7200	2.49×10^7	7.99×10^5	2.41×10^5			
9000	2.29×10^7	7.56×10^5	2.84×10^5			
0	3.38×10^7	1.00×10^4	0	0.002	0.0006	0.001
600	3.16×10^7	9.89×10^5	1.12×10^6			
1200	2.97×10^7	9.68×10^5	3.16×10^6			
1800	2.79×10^7	9.44×10^5	5.61×10^6			
3600	2.34×10^7	9.05×10^5	9.48×10^6			
5400	1.99×10^7	8.56×10^5	1.44×10^5			
7200	1.71×10^7	8.13×10^5	1.87×10^5			
9000	1.49×10^7	7.87×10^5	2.13×10^5			
0	5.20×10^7	1.00×10^4	0	0.003	0.0006	0.001
600	4.92×10^7	9.77×10^5	2.35×10^6			
1200	4.67×10^7	9.44×10^5	5.61×10^6			
1800	4.43×10^7	9.19×10^5	8.05×10^6			

时间/s	流速 /(mmol·$m^{-2}s^{-1}$)	$[Zn]_{aq}$ /(mol·L^{-1})	$[Zn]_{org}$ /(mol·L^{-1})	$[D_2EHPA]$ /(mol·L^{-1})	$[SO_4^{2-}]$ /(mol·L^{-1})	$[H^+]$ /(mol·L^{-1})
3600	3.83×10^7	8.22×10^5	1.78×10^5			
5400	3.34×10^7	7.69×10^5	2.31×10^5			
7200	2.93×10^7	6.95×10^5	3.05×10^5			
9000	2.60×10^7	6.48×10^5	3.52×10^5			
0	8.04×10^7	1.00×10^4	0	0.004	0.0006	0.001
600	7.28×10^7	9.42×10^5	5.81×10^6			
1200	6.62×10^7	9.01×10^5	9.89×10^6			
1800	6.05×10^7	8.50×10^5	1.50×10^5			
3600	4.72×10^7	7.48×10^5	2.52×10^5			
5400	3.78×10^7	6.63×10^5	3.37×10^5			
7200	3.10×10^7	5.95×10^5	4.05×10^5			
9000	2.58×10^7	5.44×10^5	4.56×10^5			
0	1.05×10^6	1.00×10^4	0	0.006	0.0006	0.001
600	9.36×10^7	9.30×10^5	7.03×10^6			
1200	8.37×10^7	8.62×10^5	1.38×10^5			
1800	7.52×10^7	8.18×10^5	1.82×10^5			
3600	5.63×10^7	6.99×10^5	3.01×10^5			
5400	4.38×10^7	5.89×10^5	4.11×10^5			
7200	3.50×10^7	5.04×10^5	4.96×10^5			
9000	2.86×10^7	4.46×10^5	5.54×10^5			
0	1.76×10^6	1.00×10^4	0	0.02	0.0006	0.001
600	1.44×10^6	9.22×10^5	7.85×10^6			
1200	1.19×10^6	8.44×10^5	1.56×10^5			
1800	1.01×10^6	7.40×10^5	2.60×10^5			
3600	6.49×10^7	6.14×10^5	3.86×10^5			
5400	4.53×10^7	5.10×10^5	4.90×10^5			
7200	3.34×10^7	4.06×10^5	5.94×10^5			
9000	2.56×10^7	3.53×10^5	6.47×10^5			

时间/s	流速 /(mmol · $m^{-2}s^{-1}$)	$[Zn]_{aq}$ /(mol · L^{-1})	$[Zn]_{org}$ /(mol · L^{-1})	$[D_2EHPA]$ /(mol · L^{-1})	$[SO_4^{2-}]$ /(mol · L^{-1})	$[H^+]$ /(mol · L^{-1})
0	7.15×10^5	5.00×10^3	0	0.06	0.007	0.004
600	5.79×10^5	4.32×10^3	6.78×10^4			
1200	4.78×10^5	3.92×10^3	1.08×10^3			
1800	4.02×10^5	3.71×10^3	1.29×10^3			
3600	2.57×10^5	3.04×10^3	1.96×10^3			
5400	1.78×10^5	2.64×10^3	2.36×10^3			
7200	1.31×10^5	2.28×10^3	2.72×10^3			
9000	1.00×10^5	2.07×10^3	2.93×10^3			
0	2.50×10^5	5.00×10^3	0	0.06	0.008	0.006
600	2.37×10^5	4.67×10^3	3.31×10^4			
1200	2.26×10^5	4.54×10^3	4.64×10^4			
1800	2.15×10^5	4.35×10^3	6.47×10^4			
3600	1.87×10^5	4.00×10^3	1.00×10^3			
5400	1.64×10^5	3.59×10^3	1.41×10^3			
7200	1.45×10^5	3.32×10^3	1.68×10^3			
9000	1.29×10^5	3.07×10^3	1.93×10^3			
0	4.93×10^5	5.00×10^3	0	0.06	0.009	0.008
600	4.12×10^5	4.43×10^3	5.66×10^4			
1200	3.49×10^5	4.21×10^3	7.90×10^4			
1800	2.99×10^5	3.95×10^3	1.06×10^3			
3600	2.01×10^5	3.47×10^3	1.53×10^3			
5400	1.44×10^5	3.17×10^3	1.83×10^3			
7200	1.08×10^5	2.94×10^3	2.06×10^3			
9000	8.43×10^6	2.67×10^3	2.33×10^3			
0	2.55×10^5	5.00×10^3	0	0.06	0.011	0.012
600	2.35×10^5	4.61×10^3	3.93×10^4			
1200	2.17×10^5	4.48×10^3	5.25×10^4			
1800	2.01×10^5	4.33×10^3	6.68×10^4			

时间/s	流速 /(mmol · $m^{-2}s^{-1}$)	$[Zn]_{aq}$ /(mol · L^{-1})	$[Zn]_{org}$ /(mol · L^{-1})	$[D_2EHPA]$ /(mol · L^{-1})	$[SO_4^{2-}]$ /(mol · L^{-1})	$[H^+]$ /(mol · L^{-1})
3600	1.62×10^5	3.91×10^3	1.09×10^3			
5400	1.34×10^5	3.70×10^3	1.30×10^3			
7200	1.12×10^5	3.43×10^3	1.57×10^3			
9000	9.54×10^6	3.23×10^3	1.77×10^3			
0	2.83×10^5	5.00×10^3	0	0.06	0.015	0.02
600	2.36×10^5	4.66×10^3	3.42×10^4			
1200	2.00×10^5	4.52×10^3	4.84×10^4			
1800	1.72×10^5	4.36×10^3	6.37×10^4			
3600	1.15×10^5	4.14×10^3	8.61×10^4			
5400	8.24×10^6	3.95×10^3	1.06×10^3			
7200	6.19×10^6	3.78×10^3	1.22×10^3			
9000	4.82×10^6	3.62×10^3	1.38×10^3			
0	1.59×10^5	5.00×10^3	0	0.006	0.0055	0.001
600	1.20×10^5	4.77×10^3	2.29×10^4			
1200	9.32×10^6	4.69×10^3	3.11×10^4			
1800	7.46×10^6	4.63×10^3	3.72×10^4			
3600	4.31×10^6	4.56×10^3	4.43×10^4			
5400	2.80×10^6	4.49×10^3	5.15×10^4			
7200	1.97×10^6	4.41×10^3	5.86×10^4			
9000	1.46×10^6	4.33×10^3	6.68×10^4			
0	5.36×10^5	5.00×10^3	0	0.01	0.0055	0.001
600	3.56×10^5	4.78×10^3	2.19×10^4			
1200	2.54×10^5	4.59×10^3	4.13×10^4			
1800	1.90×10^5	4.40×10^3	5.96×10^4			
3600	9.63×10^6	4.21×10^3	7.90×10^4			
5400	5.80×10^6	4.02×10^3	9.84×10^4			
7200	3.88×10^6	3.92×10^3	1.08×10^3			
9000	2.77×10^6	3.83×10^3	1.17×10^3			

时间/s	流速/(mmol·$m^{-2}s^{-1}$)	$[Zn]_{aq}$/(mol·L^{-1})	$[Zn]_{org}$/(mol·L^{-1})	$[D_2EHPA]$/(mol·L^{-1})	$[SO_4^{2-}]$/(mol·L^{-1})	$[H^+]$/(mol·L^{-1})
0	2.97×10^{5}	5.00×10^{3}	0	0.015	0.0055	0.001
600	2.48×10^{5}	4.76×10^{3}	2.40×10^{4}			
1200	2.11×10^{5}	4.53×10^{3}	4.74×10^{4}			
1800	1.81×10^{5}	4.51×10^{3}	4.94×10^{4}			
3600	1.22×10^{5}	4.20×10^{3}	8.00×10^{4}			
5400	8.78×10^{6}	3.99×10^{3}	1.01×10^{3}			
7200	6.61×10^{6}	3.84×10^{3}	1.16×10^{3}			
9000	5.16×10^{6}	3.63×10^{3}	1.37×10^{3}			
0	4.95×10^{5}	5.00×10^{3}	0	0.02	0.0055	0.001
600	3.79×10^{5}	4.51×10^{3}	4.94×10^{4}			
1200	2.99×10^{5}	4.26×10^{3}	7.39×10^{4}			
1800	2.42×10^{5}	4.09×10^{3}	9.12×10^{4}			
3600	1.43×10^{5}	3.77×10^{3}	1.23×10^{3}			
5400	9.43×10^{6}	3.53×10^{3}	1.47×10^{3}			
7200	6.68×10^{6}	3.34×10^{3}	1.66×10^{3}			
9000	4.98×10^{6}	3.17×10^{3}	1.83×10^{3}			
0	7.10×10^{5}	5.00×10^{3}	0	0.03	0.0055	0.001
600	5.27×10^{5}	4.45×10^{3}	5.45×10^{4}			
1200	4.07×10^{5}	4.09×10^{3}	9.12×10^{4}			
1800	3.24×10^{5}	3.89×10^{3}	1.11×10^{3}			
3600	1.85×10^{5}	3.49×10^{3}	1.51×10^{3}			
5400	1.19×10^{5}	3.16×10^{3}	1.84×10^{3}			
7200	8.31×10^{6}	2.90×10^{3}	2.11×10^{3}			
9000	6.13×10^{6}	2.70×10^{3}	2.30×10^{3}			
0	7.48×10^{5}	5.00×10^{3}	0	0.04	0.0055	0.001
600	5.91×10^{5}	4.30×10^{3}	6.98×10^{4}			
1200	4.79×10^{5}	3.93×10^{3}	1.07×10^{3}			
1800	3.96×10^{5}	3.63×10^{3}	1.37×10^{3}			

时间/s	流速 /(mmol · $m^{-2}s^{-1}$)	$[Zn]_{aq}$ /(mol · L^{-1})	$[Zn]_{org}$ /(mol · L^{-1})	$[D_2EHPA]$ /(mol · L^{-1})	$[SO_4^{2-}]$ /(mol · L^{-1})	$[H^+]$ /(mol · L^{-1})
3600	2.45×10^5	3.08×10^3	1.92×10^3			
5400	1.66×10^5	2.71×10^3	2.29×10^3			
7200	1.20×10^5	2.28×10^3	2.72×10^3			
9000	9.08×10^6	2.12×10^3	2.88×10^3			
0	6.15×10^5	5.00×10^3	0	0.06	0.0055	0.001
600	5.12×10^5	4.37×10^3	6.27×10^4			
1200	4.33×10^5	4.06×10^3	9.43×10^4			
1800	3.71×10^5	3.80×10^3	1.20×10^3			
3600	2.48×10^5	3.16×10^3	1.84×10^3			
5400	1.77×10^5	2.82×10^3	2.18×10^3			
7200	1.33×10^5	2.48×10^3	2.52×10^3			
9000	1.03×10^5	2.21×10^3	2.79×10^3			
0	8.15×10^5	5.00×10^3	0	0.1	0.0055	0.001
600	6.59×10^5	4.33×10^3	6.68×10^4			
1200	5.45×10^5	3.89×10^3	1.11×10^3			
1800	4.57×10^5	3.62×10^3	1.38×10^3			
3600	2.92×10^5	2.88×10^3	2.12×10^3			
5400	2.03×10^5	2.44×10^3	2.56×10^3			
7200	1.49×10^5	2.00×10^3	3.00×10^3			
9000	1.14×10^5	1.76×10^3	3.24×10^3			
0	4.95×10^4	5.00×10^2	0	0.1	0.0525	0.005
600	3.33×10^4	4.70×10^2	3.01×10^3			
1200	2.39×10^4	4.54×10^2	4.64×10^3			
1800	1.80×10^4	4.32×10^2	6.78×10^3			
3600	9.22×10^5	4.10×10^2	9.02×10^3			
5400	5.59×10^5	4.05×10^2	9.53×10^3			
7200	3.75×10^5	3.86×10^2	1.14×10^2			
9000	2.68×10^5	3.80×10^2	1.20×10^2			

时间/s	流速 /(mmol · $m^{-2}s^{-1}$)	$[Zn]_{aq}$ /(mol · L^{-1})	$[Zn]_{org}$ /(mol · L^{-1})	$[D_2EHPA]$ /(mol · L^{-1})	$[SO_4^{2-}]$ /(mol · L^{-1})	$[H^+]$ /(mol · L^{-1})
0	1.92×10^4	5.00×10^2	0	0.1	0.055	0.01
600	1.72×10^4	4.84×10^2	1.58×10^3			
1200	1.56×10^4	4.79×10^2	2.09×10^3			
1800	1.42×10^4	4.68×10^2	3.21×10^3			
3600	1.09×10^4	4.43×10^2	5.66×10^3			
5400	8.62×10^5	4.32×10^2	6.78×10^3			
7200	7.00×10^5	4.08×10^2	9.23×10^3			
9000	5.79×10^5	4.00×10^2	1.00×10^2			
0	1.83×10^4	5.00×10^2	0	0.1	0.06	0.02
600	1.54×10^4	4.84×10^2	1.58×10^3			
1200	1.31×10^4	4.75×10^2	2.50×10^3			
1800	1.13×10^4	4.69×10^2	3.11×10^3			
3600	7.66×10^5	4.39×10^2	6.07×10^3			
5400	5.53×10^5	4.33×10^2	6.68×10^3			
7200	4.18×10^5	4.26×10^2	7.39×10^3			
9000	3.27×10^5	4.23×10^2	7.70×10^3			
0	1.07×10^3	5.00×10^2	0	0.06	0.051	0.002
600	3.51×10^4	4.60×10^2	4.03×10^3			
1200	1.72×10^4	4.40×10^2	5.96×10^3			
1800	1.02×10^4	4.37×10^2	6.27×10^3			
3600	3.57×10^5	4.27×10^2	7.29×10^3			
5400	1.80×10^5	4.22×10^2	7.80×10^3			
7200	1.08×10^5	4.02×10^2	9.84×10^3			
9000	7.21×10^6	4.13×10^2	8.72×10^3			
0	5.42×10^4	5.00×10^2	0	0.1	0.051	0.002
600	3.72×10^4	4.44×10^2	5.56×10^3			
1200	2.71×10^4	4.38×10^2	6.17×10^3			
1800	2.06×10^4	4.28×10^2	7.19×10^3			

时间/s	流速 /(mmol · $m^{-2}s^{-1}$)	$[Zn]_{aq}$ /(mol · L^{-1})	$[Zn]_{org}$ /(mol · L^{-1})	$[D_2EHPA]$ /(mol · L^{-1})	$[SO_4^{2-}]$ /(mol · L^{-1})	$[H^+]$ /(mol · L^{-1})
3600	1.08×10^4	4.05×10^2	9.53×10^3			
5400	6.62×10^5	3.81×10^2	1.19×10^2			
7200	4.47×10^5	3.66×10^2	1.34×10^2			
9000	3.22×10^5	3.63×10^2	1.37×10^2			
0	4.72×10^4	5.00×10^2	0	0.2	0.051	0.002
600	3.90×10^4	4.41×10^2	5.86×10^3			
1200	3.27×10^4	4.14×10^2	8.61×10^3			
1800	2.79×10^4	4.01×10^2	9.94×10^3			
3600	1.84×10^4	3.50×10^2	1.50×10^2			
5400	1.30×10^4	3.25×10^2	1.75×10^2			
7200	9.69×10^5	2.99×10^2	2.01×10^2			
9000	7.50×10^5	2.80×10^2	2.20×10^2			

图书在版编目(CIP)数据

溶剂萃取锌理论及技术/杨声海编著.
—长沙:中南大学出版社,2015.11
ISBN 978-7-5487-2072-0

Ⅰ.溶... Ⅱ.杨... Ⅲ.锌-溶剂萃取 Ⅳ.TF813

中国版本图书馆 CIP 数据核字(2015)第 297085 号

溶剂萃取锌理论及技术

杨声海 编著

□**责任编辑** 史海燕
□**责任印制** 易红卫
□**出版发行** 中南大学出版社
社址:长沙市麓山南路 邮编:410083
发行科电话:0731-88876770 传真:0731-88710482
□**印　　装** 长沙超峰印务有限公司

□**开　　本** 720×1000 1/16 □**印张** 16.5 □**字数** 319 千字
□**版　　次** 2015 年 11 月第 1 版 □**印次** 2015 年 11 月第 1 次印刷
□**书　　号** ISBN 978-7-5487-2072-0
□**定　　价** 85.00 元